CIGRE Green Books

cigre

国际大电网委员会绿皮书

电网资产管理方法研究

国际大电网委员会电力系统发展及其经济性专业委员会 著

吕 军 周宏宇 杨一鸣 等 译

中国电力出版社
CHINA ELECTRIC POWER PRESS

图书在版编目（CIP）数据

国际大电网委员会绿皮书．电网资产管理方法研究 = CIGRE Green Books Power System Assets : Investment, Management, Methods and Practices / 国际大电网委员会电力系统发展及其经济性专业委员会著；吕军等译．— 北京：中国电力出版社，2024.11

ISBN 978-7-5198-8312-6

Ⅰ．①国…　Ⅱ．①国…　②吕…　Ⅲ．①电力工业－工业企业管理－资产管理－研究　Ⅳ．① TM6

中国国家版本馆 CIP 数据核字（2023）第 246658 号

出版发行：中国电力出版社
地　　址：北京市东城区北京站西街 19 号（邮政编码 100005）
网　　址：http://www.cepp.sgcc.com.cn
责任编辑：莫冰莹（010-63412526）
责任校对：黄　蓓　常燕昆
装帧设计：赵姗姗
责任印制：杨晓东

印　　刷：北京博海升彩色印刷有限公司
版　　次：2024 年 11 月第一版
印　　次：2024 年 11 月北京第一次印刷
开　　本：710 毫米 ×1000 毫米　16 开本
印　　张：21.75
字　　数：283 千字
印　　数：0001—1000 册
定　　价：268.00 元

[新西兰] 格雷姆・安谐尔（Graeme Ancell）
[加拿大] 加里・L・福特（Gary L. Ford）
[美国] 厄尔・S・希尔（Earl S.Hill）
[加拿大] 乔迪・莱文（Jody Levine）
[加拿大] 克里斯托弗・耶里（Christopher Reali）
[荷兰] 埃里克・里克斯（Eric Rijks）
[法国] 杰拉德・桑奇斯（Gérald Sanchis）

编

电网资产管理方法研究

cigre

Springer

翻译工作组

（按照姓氏笔画排序）

王　晨	王　琳	车　萌	申金刚
吕　军	刘　昊	米　熠	李洪江
李　晖	杨一鸣	汪亚平	张贺军
张　艳	陈政琦	季哲伊	周宏宇
项　薇	徐雪松	崔　雪	谭　静

译者序

能源电力关系着国家能源安全和国民经济命脉，是实现中国式现代化的重要支撑。新一轮科技革命和能源革命已经蓬勃兴起，全球能源产业链、供应链深度调整，电力企业经营环境错综复杂。用能需求加速转换，清洁能源大量并网，新型储能规模化应用，新技术和新装备陆续投入使用，电网稳定运行面临巨大冲击。同时，电力监管日趋严格，用电服务要求不断提高，自然灾害导致电网设施损坏事件频发。如何在“保电保供”的前提下，提升电网资产管理质效，实现电网高质量发展，成为各界关注的重要问题。

国际大电网委员会（CIGRE）电力系统发展及其经济性专业委员会（SC C1）编写了《电网资产：投资、管理、方法与实践》绿皮书，对电网资产的投资、管理、方法进行全面介绍，并结合实际案例详细阐述资产管理理念及方法的运用，为中国电力领域的广大资产管理专业人员提供了重要参考。

国网经济技术研究院有限公司作为全国电力系统电网资产管理委员会（SAC/TC 593）秘书处单位、国际电工委员会电力系统电网资产管理技术委员会（IEC/TC 123）国内技术对口单位，为促进国内外技术交流，加快推广国际电网资产管理理念及方法应用，开展《电网资产：投资、管理、方法与实践》英文著作的翻译工作。为方便不同读者群体阅读和使用，将原著分为两册出版，即《电网资产管理方法研究》（原著第 1 部分）、《电网资产管理应用案例研究》（原著第 2 部分）。

《电网资产管理方法研究》阐述了资产管理的演变、业务与监管影响驱动因素、资产管理职能框架，并以战略资产管理、运营资产管理、战术资产管理等不同层面对资产管理方法及实践进行介绍。希望本书能为国内从事资产管理工作的管理人员、专业学者提供有益帮助，共同推动中国企业资产全寿命周期管理工作深化应用。

由于本书所涉知识面广、学科交叉性强，包含大量专业的概念和术语等，且欧美国家在电力市场、电网资产管理方面相对成熟，译者在全面理解原文并充分尊重原著内涵的基础上，翻译尽可能考虑国内专业的要求和中文表达的习惯，以便读者更好地阅读和理解。

由于学识和经验所限，书中难免存在疏漏和不足之处，恳请广大读者批评指正。

译者

2024 年 9 月

CIGRE 主席寄语

CIGRE 是一个全球性的电力系统和设备专家团体，总部设在巴黎。作为一个非营利组织，其成员来自 100 多个国家。CIGRE 在很大程度上是一个虚拟组织，由各自技术领域的专家组成工作组，致力于处理发电和输电行业面临的各类问题。这个独特的团体由 60 个 CIGRE 组织（以下称为国家委员会或 NC）组成的全球网络提供支持。各 NC 还负责为参加 CIGRE 全球知识计划的 250 多个工作组提名各自的最佳本地人才。CIGRE 是一个不受商业因素影响的技术信息来源。工作组负责编写技术手册，也可作为针对具体技术问题的综合性报告。这些手册经过同行评审，具有实用性，可按要求在其成员的公用事业中应用。CIGRE 针对已出版的 700 多本技术手册以及在 CIGRE 会议和研讨会上发表的数千篇技术论文保存了电子档案。

近年来，CIGRE 开始了绿皮书的编写工作。这些书包括来自 CIGRE 和其他通过同行评审的技术出版物以及技术专家资料的汇编，形成了针对更广泛技术领域的最新综合报告。绿皮书《电网资产：投资、管理、方法与实践》，由电力系统发展及其经济性专业委员会（SC C1）编制而成，能够为各种电网资产管理提供广泛参考。

像其他 CIGRE 绿皮书一样，本书包含了来自全球各地的数十位专家的贡献。不论读者身在何处，国际专家们提供了与这些读者有关的技术信息，本书的内容除了直接应用于公用事业和其他公司之外，亦可作为制定国际标准和技术指南的资料来源，并为学术界开发新方法提供指导。

我要感谢电力系统发展及其经济性专业委员会（SC C1）和其他专业委员会，他们参与了本书的编写，或为本书编写贡献了力量。我要特别代表 CIGRE 向 SC C1 前任主席 Konstantin Staschus 表示感谢和感激，感谢他发起并为这一艰巨的项目作出的贡献。

Michel Augonnet

2022-01-29

Michel Augonnet，工程师，1973 年毕业于法国高等电力大学（Centrale Supelec）。在阿尔斯通集团（Alstom Group）（现为 GE）的发电、输电和配电领域工作 42 年，专注于电气系统、控制和仪表、项目管理和销售。Michel 目前是 Super-Grid 研究所（位于法国里昂的电气研究和测试实验室）的所长，AEG 电力系统、Mastergrid SA 的董事会成员，ACTOM (PTY) South Africa 公司的候补董事。Michel 是法国 NC 前任主席兼 CIGRE 主席。

CIGRE 技术委员会主席寄语

本绿皮书汇集了资产管理领域专家提供的知识体系，适用于资产维护和系统开发领域的资产投资合理性评估。

高级公用事业经理和决策者，以及监管过程中的监管者和干预者，越来越需要对系统开发和资产维护投资进行量化的财务合理性论证。老化资产的剩余寿命评估和老化资产的寿命末期管理投资受随机过程影响。通过定义资产寿命终止的主动更换，取决于公用事业公司准备在继续运行资产时承担风险的大小，以及希望通过资本延期实现多少节约。资产投资的合理性论证包括分析可选投资及其时机，以确定基于风险的成本 / 收益基础上的最优投资。本绿皮书中所述的方法为完整业务案例的开发提供了良好的基础，其中包括可轻松适应公用事业情况的电子表格财务框架。此类方法需要合理且完全透明，便于非技术或非财务审查人员和决策者充分理解，从而批准最终的商业案例实施。使用这本 CIGRE 绿皮书，同时具备使用电子表格的基本能力和基本的财务知识，可以使用户成功地进行可信商业案例的分析与项目开发。

本绿皮书由电力系统发展及其经济性专业委员会（SC C1）和其他几个专业委员会重要的行业专家撰写，并涵盖他们详细的案例研究。我借此机会向编者团队、各章节作者以及所有贡献者表示感谢，整个全球技术界都将从中受益。我要特别感谢并祝贺 C1 专业委员会及其主席 Antonio Iliceto 在完成本绿皮书的编写方面发挥的领导作用。

Marcio Szechtman
CIGRE 技术委员会主席

Marcio Szechtman，分别于 1971 年和 1976 年毕业于巴西圣保罗大学并获得电气工程硕士学位。他于 1981 年加入 CIGRE，2002 年至 2008 年担任直流输电与电力电子专业委员会（SC B4）主席。2014 年获得 CIGRE 奖章，2018 年当选为技术委员会主席。Marcio 长期任职于电力系统研发中心，自 2019 年 4 月起被任命为巴西电力公司首席技术官（CTO）。

CIGRE 秘书长寄语

2014 年，我有幸为 CIGRE 第一本绿皮书（《架空线路》）和第二本绿皮书（《高压挤包绝缘电缆用附件》）的发布进行了介绍。2011 年，Konstantin Papailiou 博士首次向技术委员会提出“绿皮书”的想法，即将某一特定领域的技术手册整合成书。与施普林格（Springer）合作，第一本绿皮书作为重要的参考著作出版，并通过该知名国际出版商的庞大网络进行销售。

为了满足专业委员会的不同需求，我们还创建了另外两个绿皮书类别，即“紧凑系列”（更短、更简洁）和“CIGRE 绿皮书技术手册”。CIGRE 出版了超过 850 本技术手册，这些手册可通过网上图书馆（https://e-cigre.org/）获取。该图书馆还可以查看数千篇 CIGRE 会议论文和专题讨论会论文。该图书馆是一个在电力工程相关技术文献领域最全面的、可访问的数据库。未来，专业委员会可能以常规方式发布技术手册，但也可以作为绿皮书出版，以便通过施普林格（Springer）网络分销至 CIGRE 团体以外的地方。

这本关于资产管理方法与实践的新绿皮书是一本重要的参考著作，由电力系统发展及其经济性专业委员会（SC C1）编写，其他几个专业委员会也提供了相关资料。资产管理在过去二十年中不断发展，并根据行业和监管需求持续发展。因此，这本绿皮书，作为一本“活”的电子书，将随着该学科的进步而不断进化。

我为这本书所有的编者、撰稿人和审稿人感到自豪，是他们不懈的努力为本行业提供了如此有价值的资源。

Philippe Adam

秘书长

Philippe Adam 于 2014 年被任命为 CIGRE 秘书长。他毕业于巴黎中央理工学院。1980 年，他在法国电力集团（EDF）开启了自己的职业生涯，当时任职研究工程师，后来晋升为研究 HVDC 和 FACTS 设备的工程师团队管理者。加入 CIGRE 后，最初担任工作组专家，然后成为工作组召集人，为他的专业活动提供了支持。随后，他在法国电力集团（EDF）担任了多个管理职位，2000 年法国电网运营商（RTE）成立时，他被任命为财务和管理控制部经理，并于 2004 年任职国际关系部副主管。从 2011 年到 2014 年，他一直担任 Medgrid 产业计划的基础设施和技术战略总监。2002 年至 2012 年，他担任 CIGRE 技术委员会秘书，2009 年至 2014 年担任 CIGRE 法国国家委员会秘书兼财务主管。

致谢

除了在第 2 部分 * 中直接给予致谢的作者外，编者团队（以下简称编者）还要感谢提供第 2 部分案例研究的公司和 PJM，感谢他们的版权许可，令我们得以使用第 3 章中出现的三个 PJM 人物的相关信息。

此外，编者还对以下人员的帮助、鼓励、支持和贡献表示由衷的感谢：伊夫·莫根（Yves Maugain）、康斯坦丁·斯塔斯库（Konstantin Staschus）、彼得·罗迪（Peter Roddy）、尤里·茨姆伯格（Yury Tsimberg）、康斯坦丁·帕帕里乌（Konstantin Papailiou）、西蒙·莱德（Simon Ryder）、特利·克雷格（Terry Kreig）、比尔·摩尔（Bill Moore）、布莱恩·斯帕林（Brian Sparling）、约翰·雷基（John Lackey）、马克·魏因贝格（Mark Vainberg）、梅根·伦德（Megan Lund）、格尔德·巴尔泽（Gerd Balzer）、马歇尔·克拉克（Marshall Clark）、韦恩·佩珀（Wayne Pepper）及菲利普斯·舒伊特（Philipp Schüett）。

* **译者注** 《电网资产：投资、管理、方法与实践》中文引进版分两册出版。原著第 2 部分内容为中文引进版的第二册《电网资产管理应用案例研究》。

前言

在 ISO 55000 系列和几本早期 SC C1 技术手册中包含了有关资产管理流程和组织方面的信息。但是，这本 CIGRE 绿皮书的主要重点是介绍实用的资产管理方法。为了消除所谓的“视线”，或仅仅满足资产管理过程与实现实际资产管理结果之间的差距，需要使用融合技术、财务和风险分析能力的实用方法来作出更明智的投资决策。

本书第 1 部分 * 描述了资产管理的演变，一直在影响并将持续影响资产管理的业务和监管驱动因素，以及之前的 CIGRE 技术手册中确定的资产管理功能框架。第 1 部分还记录了将各种形式的资产管理工程和技术方面的基本知识，以及使用基于风险的商业案例分析支持资产投资决策所需的财务考虑因素。虽然研究这些基于技术 / 财务 / 风险的方法是有必要的，但是通过实例和详细的案例研究来了解这些方法是如何在实践中应用的，往往更有启发性。这就是绿皮书的这一部分的重点所在。

本书的第 2 部分 ** 涵盖了由公用事业公司、保险公司及编者提供的 12 个案例研究，展示了这些方法在实践中的应用。每个案例研究都在编者的引言中介绍，提供背景信息并与绿皮书第 1 部分实现有效衔接，同时突出了关键要素。本书收集的案例研究尽可能保留了撰稿

* 译者注 《电网资产：投资、管理、方法与实践》中文引进版分两册出版，原著第 1 部分为《电网资产管理方法研究》。

** 译者注 《电网资产：投资、管理、方法与实践》中文引进版分两册出版，原著第 2 部分为《电网资产管理应用案例研究》。

人的意愿，仅对可能引起歧义的语法错误进行了纠正。此外，案例研究还从 A1、A2、A3、B2、B3 和 C1 等几个 CIGRE 专业委员会的设备类型和技术角度阐述了通用方法和特定方法或定制方法，以及这些方法的应用。

资产管理是一门相对较新的学科，随着业务和监管环境的不断变化，不断发展演进。因此，这本绿皮书浓缩了关于资产管理方法可用资料的精华和思考。编者期望随着时间的推移，这项研究能够得到进一步完善，并建议所有相关方通过 CIGRE 的持续努力继续遵守这一准则。

目次

编者概况

格雷姆·安谐尔（Graeme Ancell）博士从事电力行业工作 30 多年。Graeme 是 Ancell Consulting Limited 的所有人，该公司自 2015 年以来一直为新西兰和国际电力行业提供服务。他担任两个 C1 工作组的召集人，同时兼任 C1 专业委员会的成员。

加里·L·福特（Gary L. Ford）博士在安大略水电公司公用事业部门工作了 40 余年，随后与两位同事创立了 PowerNex Associates Inc.，该公司致力于为资产管理、采购及决策支持领域的电力公用事业提供技术咨询服务。自 1981 年以来，他在 CIGRE 的经验包括积极参与工作组 23.02、B3.12、C1.1、C1.16、C1.25、C1.38、B3.38 及 D1.39，最近担任本绿皮书的主编。

厄尔·S·希尔（Earl S. Hill）先生在过去的 30 年里一直担任电力行业的独立顾问。他是三本关于 RCM 和资产管理的 EPRI 出版物的合著者。希尔先生曾参加过 CIGRE 工作组 C1.25 和 C1.34，目前是工作组 C1.43 的成员。希尔先生多年来协助数十家公用事业公司实施维护改进工作，范围遍及除南极洲以外的各大洲。

乔迪·莱文（Jody Levine）女士在前安大略水电公司及其衍生公司工作了大约 30 年。在做了几年的电站设备资产经理后，目前在管理现场支持顾问小组，负责变电站的维护工作。她一直活跃于 CIGRE 工作组 B1.60 和 C1.43，担任 IEEE 400.3 的主席。

克里斯托弗·耶里（Christopher Reali）先生就职于独立电力系统营运公司（加拿大安大略省），担任输电网规划工程经理一职。Christopher 在系统规划方面有超过十年的经验。Christopher 一直活跃于 NPCC、NERC 和 CIGRE 工作组。他是 SC C1 的加拿大国家代表。

埃里克·里克斯（Eric Rijks）先生在荷兰电力公用事业分公司工作了 20 多年，目前就职于荷兰国有电网公司（TenneT）输电系统运营公司。他是工作组 C1.1 的秘书，同时兼任工作组 C1.16 和工作组 C1.25 的召集人，这些工作组已编写了四本具有重大意义的 CIGRE 技术手册，而本绿皮书就是基于这些手册。他被授予技术委员会奖。他持有电气工程硕士学位和内部审计硕士学位。

杰拉德·桑奇斯（Gérald Sanchis）先生在输电行业工作了 30 余年，在法国和德国的 RTE 和 EDF 集团分别担任管理和技术领域的各类职务。他曾深入参与欧洲电网运营商联盟（ENTSO-E）的工作，负责系统开发和研发领域，支持协会主席。他是 CIGRE 的出色成员和 C1.44 的现任召集人，致力于解决全球电网问题。他曾担任研发欧洲项目 e-Highway 2050 的协调员。

撰稿人

布萨约·阿金洛耶（Bsayo Akinloye）
ENMAX，加拿大卡尔加里（加拿大西南部城市）

格雷姆·安谐尔（Graeme Ancell）
Ancell Consulting Ltd.（新西兰惠灵顿）

奥伊辛·阿姆斯特朗（Oisin Armstrong）
爱尔兰都柏林爱尔兰电力供应局（ESB）

弗雷德里克·S·S·布雷斯勒Ⅲ（Frederick S. S.Bresler Ⅲ）
美国宾夕法尼亚州福吉谷 PJM 互联电网有限公司

迈克尔·E·布莱森（Michael E. Bryson）
美国宾夕法尼亚州福吉谷 PJM 互联电网有限公司

陈红（Hong Chen）
美国宾夕法尼亚州福吉谷 PJM 互联电网有限公司

阿妮·乔普拉（Ani Chopra）
AltaLink，加拿大卡尔加里

科林·克拉克（Colin Clark）
AltaLink，加拿大卡尔加里

赫尔曼·德比尔（Herman De Beer）
AusNet Services，澳大利亚墨尔本

安迪·迪金森（Andy Dickinson）
AusNet Services，澳大利亚墨尔本

大卫·M·伊根（David M. Egan）
美国宾夕法尼亚州福吉谷 PJM 互联电网有限公司

加里·L·福特（Gary L. Ford）
PowerNex Associates Inc.（加拿大安大略省多伦多市）

厄尔 · S · 希尔（Earl S. Hill）
Loma Consulting，美国威斯康星州密尔沃基市

约尔格 · 科特曼（Jörg Kottmann）
Axpo Grid AG，瑞士巴登

特伦斯 · 李（Terence Lee）
FM Global，美国伊利诺伊州约翰斯顿

大卫 · 莱宁（David Lehnen）
Axpo Grid AG，瑞士巴登

乔迪 · 莱文（Jody Levine）
加拿大安大略省第一电力公司（加拿大安大略省多伦多市）

丹尼尔 · 摩尔（Daniel Moor）
Axpo Grid AG, 瑞士巴登

杰森 · 诺克托（Jason Noctor）
爱尔兰都柏林爱尔兰电力供应局（ESB）

大卫 · 奥布莱恩（David O'Brien）
爱尔兰都柏林爱尔兰电力供应局（ESB）

鲍勃 · 奥惠斯肯（Bob Okhuijsen）
TenneT，荷兰阿纳姆

康斯坦丁 · O · 帕帕里乌（Konstantin O. Papailiou）
Malters，瑞士

保罗 · 彭塞里尼（Paul Penserini）
Réseau de Transport d' Électricité（RTE），法国巴黎

韦恩 · 佩珀（Wayne Pepper）
Ausgrid，澳大利亚悉尼

特伦斯 · 拉迪米尔（Terence Rademeyer）
FM Global，美国伊利诺伊州约翰斯顿

克里斯托弗 · 耶里（Christopher Reali）
独立电力系统营运公司，加拿大安大略省多伦多市

埃里克·里克斯（Eric Rijks）

TenneT，荷兰阿纳姆

杰拉德·桑奇斯（Gérald Sanchis）

RTE，法国巴黎

亨克·桑德斯（Henk Sanders）

TenneT，荷兰阿纳姆

肯尼斯·塞勒（Kenneth Seiler）

美国宾夕法尼亚州福吉谷 PJM 互联电网有限公司

斯图亚特·塞尔登（Stuart Selden）

美国法特瑞互助保险公司（FM Global），美国伊利诺伊州约翰斯顿

杜鲁门·濑户（Truman Seto）

ENMAX，加拿大卡尔加里（加拿大西南部城市）

约翰·尚恩（John Shann）

Ausgrid，澳大利亚悉尼

布莱恩·D·斯帕林（Brian D. Sparling）

Dynamic Ratings Inc，澳大利亚墨尔本

凯文·万（Kevin Wan）

ENMAX，加拿大卡尔加里（加拿大西南部城市）

1 综述

加里・L・福特（Gary L. Ford）
格雷姆・安谐尔（Graeme Ancell）
厄尔・S・希尔（Earl S. Hill）
乔迪・莱文（Jody Levine）
克里斯托弗・耶里（Christopher Reali）
埃里克・里克斯（Eric Rijks）
杰拉德・桑奇斯（Gérald Sanchis）

加里・L・福特（G. L. Ford）
Power Nex Associates Inc.（加拿大安大略省多伦多市）
电子邮件：GaryFord@pnxa.com

格雷姆・安谐尔（G. Ancell）
Ancell Consulting Ltd.（新西兰惠灵顿）
电子邮件：graeme.ancell@ancellconsulting.nz

厄尔・S・希尔（E. S. Hill）
Loma Consulting（美国威斯康星州密尔沃基市）
电子邮件：eshill@loma-consulting.com

乔迪・莱文（J. Levine）
Hydro One (Canada)（加拿大安大略省多伦多市）
电子邮件：JPL@HydroOne.com

克里斯托弗・耶里（C. Reali）
独立电力系统营运公司（加拿大安大略省多伦多市）
电子邮件：Christopher.Reali@ieso.ca

埃里克・里克斯（E. Rijks）
TenneT（荷兰阿纳姆）
电子邮件：Eric.Rijks@tennet.eu

杰拉德・桑奇斯（G. Sanchis）
RTE（法国巴黎）
电子邮件：gerald.sanchis@rte-france.com

G. Ancell 等人（eds.），电网资产，CIGRE 绿皮书
https://doi.org/10.1007/978-3-030-85514-7_1

目 录

引言

本章为读者提供了有关资产管理演变的背景信息，以及编写本CIGRE绿皮书的必要性。背景部分概括了本绿皮书的大纲及每个章节中提供的信息。本书包括对正在出现或正在发展的资产管理分析方法的详细描述。虽然本书中所述方法描述了实践现状及新兴方法，但同时也指出了公用事业公司、企业以及学术界需要开发更好的方法用于评估风险，以及促进更明智和更有利的商业投资决策。

在过去的几十年里，电力公用事业迅猛发展，也经历了重大变革和挑战。20世纪50年代、60年代和70年代，经济复苏与增长几乎完全集中在系统扩展和开发上。电网资产使用寿命完全在预期寿命期限内，国际大电网委员会（CIGRE）公用事业公司将业务重点放在开发高压（HV）和特高压（EHV）输电系统上，而设备制造商则忙于开发具有更高电压及额定容量的产品。在20世纪80年代，许多国家的系统增长在经济困难时期放缓。20世纪90年代，一些拥有并控制其管辖范围内电力公用事业的政府认为，通过市场调节来控制电价比直接监管效果更好。认识到输电系统具有自然垄断性，而发电方面不受监管的情况下可能效率更高，许多公用事业公司被划分为输电系统运营商（TSOs）、配电系统运营商（DSOs）、独立市场和/或系统运营商（IES&MOs），这些公司继续接受监管；一系列传统发电公司与新发电公司，则在不受监管的电力市场结构中运营。

此外，在整个20世纪90年代，公用事业公司面临着各种财务和竞争压力，要求它们改善财务问责制和预算控制，这导致许多公用事业公司需要进行内部重组，形成以资产为中心的架构。传统组织架构的设计意图在于模拟公用事业公司内部的技术职能，例如，公用事业公司的组织架构可能包括变电站维护部、线路维护部、控制与保护部等。这些部门负责确定各自区域内设备维持所需的任何工作或投资金额，而系统规划部负责系统开发、系统分析（潮流、短路及系统稳定性），旨在确定对线路和变电站等投入任何新投资的必要性。因此，所有这些部门的预算需求主要包括员工成本费用，以及根据前几年的情况或人员配置费的百分比而增加的附加材料费用。在预算方面，这种典型结构灵活性相对较低，支出费用主要集中在人员支持需求上，而非资产的具体需求上。公用事业公司的高级管理人员和监管机构在 90 年代初就意识到，需要改进公用事业公司成本的合理性，同时，还考虑到许多发达国家的系统增长较为平缓，因此，需要提高组织架构和财务的灵活性。许多公用事业公司选择的解决方案是：转向以资产为中心的组织结构。在这种类型的组织结构中，各家公司纷纷将其业务职能定义为：资产所有者、资产经营者、资产管理者和资产服务供应商。资产所有者可以是某一私人公司的母公司，也可以是政府或为上市公司服务的政府部门。资产运营者则是负责整体设施（包括资产管理功能和资产服务功能）正常运营的组织。资产服务供应商是交付所需的资产服务或管理提供必要服务的外部供应商。这种组织形式将资产管理有效地定义为一种职能。当然，上述各种职能部门多年来一直对这些资产进行了非常有效的管理，但自以资产管理为中心的组织成立后，开创了一个全新的技术专业，同时一些新组织机构应运而生，包括资产管理协会，CIGRE 内部的新小组和专注于资产管理及资产管理行业新指南、新标准的其他组织。

例如，在这个时期，CIGRE 组建了一个新工作组——WG37-27（系统老龄化及对规划的影响工作组），重点关注老龄资产的数量及其预期寿命方面的数据统计。人们所认识到的关切和挑战是，鉴于过去 40 年或 50 年间系统发生了重大扩张，大量资产正在接近或超过通常假设的寿命终止期，可靠性逐渐降低，甚至需要进行置换。工作组首次使用了“弓形波”一词来描述即将出现的问题，如图 1-1 所示，是该工作组针对变压器进行的调查结果。

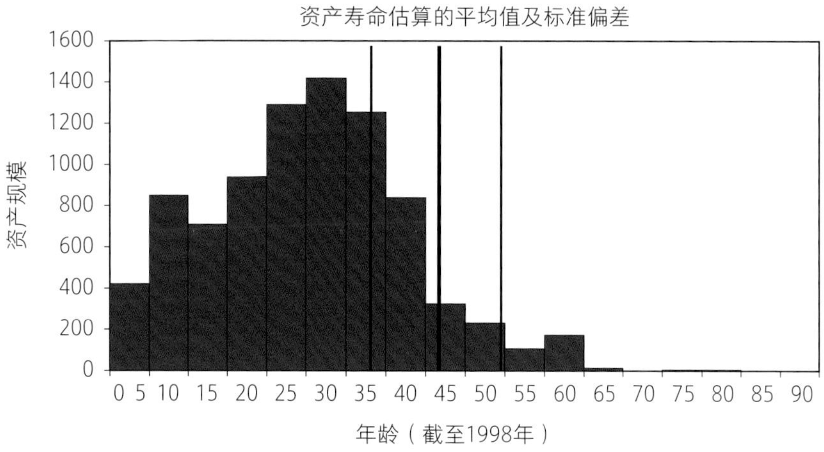

图 1-1　资产年龄结构分布不均（弓形波）
[相关描述见技术手册 176（CIGRE WG37-27）]

大多数其他类型的电力系统资产也存在相同的年龄结构分布情况，TSO 在不断努力试图解决这一问题。资产大规模主动置换涉及成本高昂，还会引发供应和定价问题，更不用说监管限制。在正常的预期寿命结束后继续运营老化资产，故障概率及维护成本会逐年增加，同时由故障维护策略引起的附加可靠性和客户服务问题，也引发了越来越多的业务和监管问题。为了应对这些问题，CIGRE 组建了工作组 C1.1，负责跟进技术手册（TB）176 中所提及的工作，设法找到以下问题的答案：

- 老化设备的剩余寿命是多少？
- 是否有可以延长寿命的补救措施，如果有，在延长寿命方面需要付出何种代价、取得哪些收益？
- 如果继续使用现有的维护方法，预期的故障率是多少，为此需要在备件方面给予多少投资？

显然，有多种可供选择的策略，但这些策略都涉及到效能、成本以及风险之间的权衡，如图 1-2 [来源：TB309（工作组 C1.1,2006）] 所示。

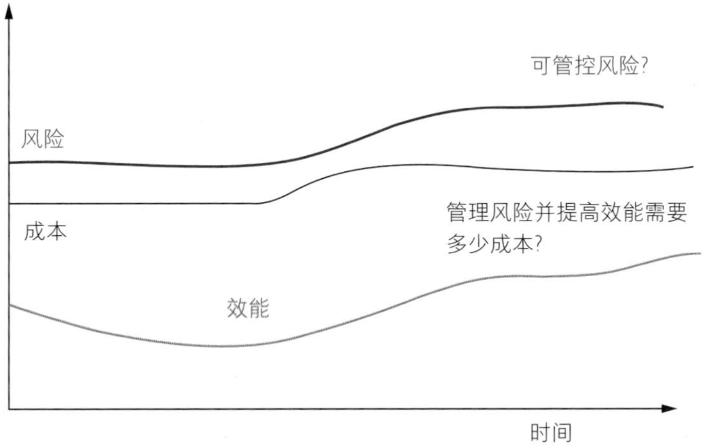

图 1-2　效能、成本以及风险之间的权衡

C1.1 工作组将资产管理挑战界定为风险管理问题，随后的 C1.16 和 C1.25 工作组延续了这一做法。该方法也符合一些外部组织的发展需求，即资产管理协会开发的 PAS 55 和 ISO 开发的 ISO 33000 和 ISO 33010，以及最近取代 PAS 55 的 ISO 55000 系列。此外，1997 年英国财政部发布的具有开创性意义的“绿皮书”（Green Book）是一项监管回应，旨在鼓励运用企业风险管理（ERM）方法进行资产投资量化评估。这份重要的文件（将在第 8 章进一步讨论），在随后的修订版本中进行了更新和细化，目前在英国仍然有效。

随着以资产为中心的组织成为首选的组织结构，在这些组织结构中的资产管理人员的关注点和职能明显存在差异。CIGRE 工作组 C1.16 在其早期工作中就认识到这一点，因为在与岗位为“资产经理”的公用事业人员的讨论中，明显发现他们实际执行的职能显著不同。因此，C1.16 开发了一个资产管理职能框架，有助于保证 TB 422 中使用相同的术语定义来描述三个主要资产管理职能，即战略资产管理、运营资产管理和战术资产管理。

此外，在许多国家，旨在通过竞争促进成本效率提升的资产管理监管改革不断演进，创造了更复杂的商业环境，与 20 世纪占主导地位的垂直整合监管公用事业结构相比，给目前一系列重新监管的非垂直整合公用事业和其他市场参与者，制造了重大的不确定性和潜在的投资协调不足。系统开发计划需要与维持现有基础设施的投资计划相协调。这两项投资均需要与分布式和可再生发电、跨国能源、储能技术、节能技术、改变电网使用并对电网提出新要求的电动汽车（EV）技术以及任何重大管理举措等方面的潜在投资相协调。资产管理职能的整合，以及资产维持投资规划与系统开发投资规划相协调的复杂性，如图 1-3 所示。

战略资产管理职能定义了以资产管理为中心的组织结构，为运营和战术资产管理职能在其范围内执行其各自工作提供了必要的权限和职责。运营和战术职能应共同协调近期和中长期资产投资计划，同时，与系统开发计划职能相互作用和协调。公用事业公司资产管理组织可能不会明确地将这三个关键资产管理职能确定为组织结构内的部门，但为了满足规定规划期间最低限度的监管要求，这三种职能需由公用事业公司履行。

这本绿皮书的书名《电网资产：投资、管理、方法与实践》与本书的重点一致，同时认识到资产管理的发展现状。虽然，在最新的 ISO 55000 系列及其前身 PAS 55 中，已对资产管理过程及其组织问题进行了有效处理，然而，详细描述资产管理中用于支持投资决策方法的出版资料较少。本书旨在提供资产管理职能的方法和实践方面的最新信息，以及资产投资的合理性。编者团队在早期确定的草案标题为“资产管理方法—发展中的工作”，指出资产管理方法还未发展到成熟的技术阶段。与几十年前已发展成为较为成熟技术的架空线、地下电缆、变压器等丛书相比，资产管理方法仍在不断发展中，并在持续应对不断变化的业务和监管环境与需求。因此，CIGRE 绿皮书旨在提供一份全面描述 2021 年资产管理方法实践状态的最新文件。内容包括 CIGRE 在过去二十年间开发的信息，以及由其他技术组织、政府组织和公用

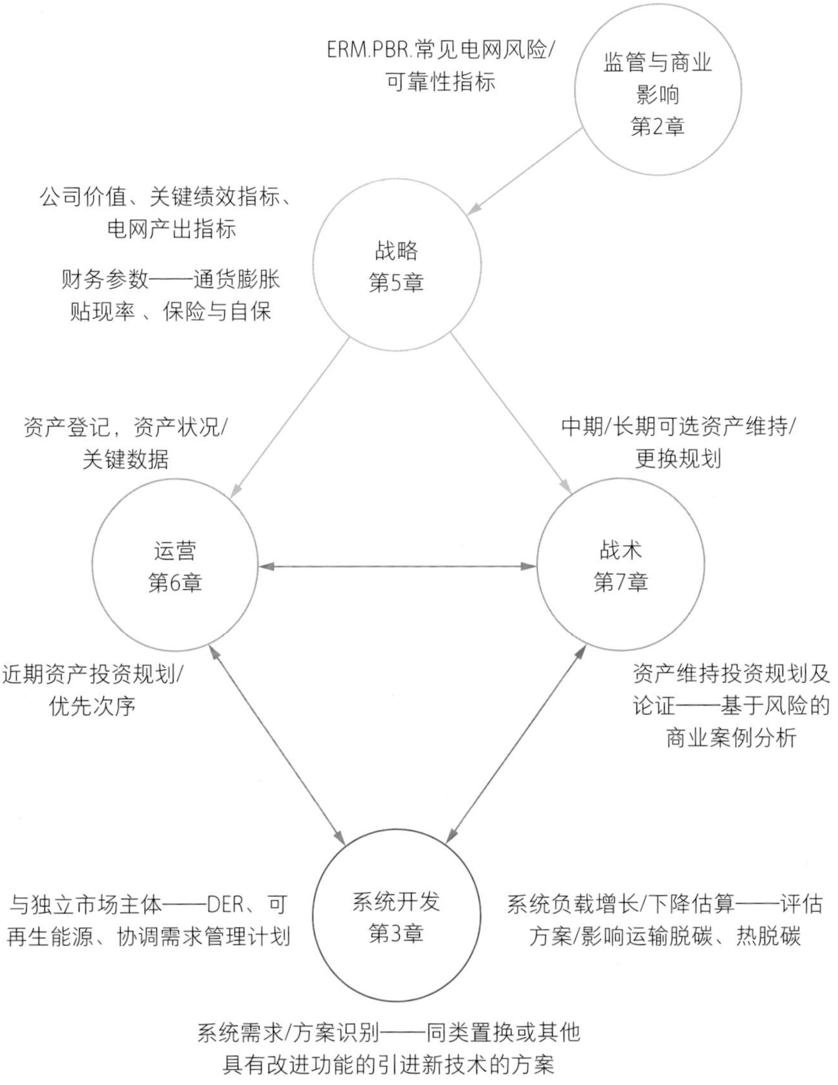

图 1-3 组织的战术资产管理职能与系统开发规划、运营资产管理和战略资产管理职能的协调

事业公司发布的与资产管理方法相关关键信息。其中还包括适应从其他目的改为资产管理目的的新分析方法及财务分析方法。我们希望本CIGRE 绿皮书对所有公用事业公司资产管理投资规划相关所有领域的用户都能产生一定价值。本书设计为手册形式，是一本教程级别的实

用指南，适用于指导资产经理和决策者（包括工程和财务）处理资产管理实践的各个方面。如上文所述，本书的关注点是记录一些实用方法，以弥合“不同视角”或消除仅遵循资产管理流程与通过更明智的投资决策所实现的资产管理结果之间的差距。遵循专业委员会C1的职能范围，本书促进了资产管理在工程和技术方面的协作与融合，以及使用基于风险的商业案例分析，支持资产投资决策所需的财务考虑。

《电网资产管理方法研究》描述了资产管理的演变，一直在影响并将持续影响资产管理的业务和监管驱动因素，以及之前的CIGRE技术手册中确定的资产管理职能框架。虽然研究这些基于技术/财务/风险方法的理论是必要的，但是通过实例和详细的案例研究来了解这些方法是如何在实践中应用的，往往更具启发性。这就是“绿皮书”第2部分（即《电网资产管理应用案例研究》）的重点所在。

《电网资产管理应用案例研究》涵盖了由公用事业公司、保险公司及编者提供的12个案例研究，详细阐释了这些方法在实践中的应用。此外，案例研究还从几个CIGRE专业委员会的技术角度阐述了通用方法和特定方法或定制方法，以及这些方法的应用。

《电网资产管理方法研究》第2章描述了公用事业公司业务和监管环境及其与资产管理的关系。其中涵盖了资产管理标准的影响，由监管机构直接或间接对资产管理实践、能力认可、过程自我评估及组织资产管理成熟度的评价规定。前瞻性业务和监管环境推动了可靠性标准的完善、基于企业风险管理（ERM）的决策、基于绩效的监管、损失负荷的评估等工作，所有这些都可以对资产管理投资驱动因素及决策过程产生重大影响。基于风险的成本效益分析方法受到主要监管机构大力支持，主要公用事业公司已将这种方法用于投资论证与仲裁中。情景法在应对长期投资的不确定性方面起到了非常重要的作用，例如用于评估可选的输电基础设施投资。因此，在组织内确定优先行动时，可以使用风险管理方法。成本效益分析方法提供了有关行动的影响和效益的信息（例如，投资新基础设施，或翻新现有基础设施）。情景法可帮助我们客观看待各种选项，从而有助于不同潜在解决方案之间的比较。

第 3 章讨论了系统开发与资产维持之间的协调、投资，输电系统投资与配电系统投资之间的协调，实物资产投资与需求管理投资之间的协调，可持续投资计划中资本支出与运营支出之间的权衡，以及应用创新和新技术方案解决电网问题和传统电网开发方案的对比。在第 6 章、第 7 章和第 8 章中讨论的资产维持投资的合理性具有不确定性，同时，系统开发投资领域的复杂性和不确定性不断增加。对于系统开发规划，需要提供与资产典型生命周期（即 40 年或更长时间）相比，系统需求如何在不同规划期内变化的信息和分析预测。这一时间范围内的需求预测将受到各国及全球经济变化、重大环境举措（减少供暖和运输中的碳用量）、政府政策举措以及监管机构行动等的重大影响。例如，全球政府支持 2050 年或之后不久的净零排放或气候倡议的趋势将对电力系统开发产生重大影响。在英国国家电网电力系统运营商预测系统需求须遵循可选趋势，如图 1-4 所示。

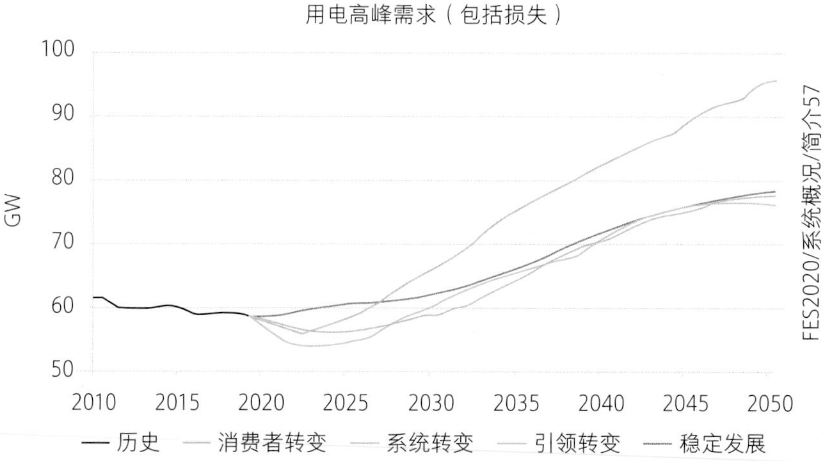

图 1-4 实现 2050 年净零碳排放的各种情境下对英国电力系统负荷的预测情况（英国国家电网 ESO）

这一预测表明，近年来系统需求略有下降，但在接下来的 30 年里会增加大约 30%~60%，这取决于如何积极应对 2050 年净零排放挑战的假设，以及其会遵循相当分散的路径还是选择区域范围的集成路径。尽管共同的净零目标限制了可能存在情景的多样性，但全球各国政府和监管机构均选择采用自己的方法。由于采购和调试电力系统设施和资产所需的交货时间较长，公用事业公司不能采取观望的态度。投资不足或延迟投资存在重大风险，过多或过早投资存在重大成本损失。

除了需求的不确定性外，科学家们还预测到，全球变暖趋势将导致气候条件更加恶劣并且极端天气发生频次更高。这种极端天气会影响电力系统及其客户，并可能导致长时间停电和高昂的维修成本。公用事业公司和监管机构都关注提高电力系统的弹性，但需要投资多少才能建立足够的弹性，则需要仔细权衡风险、收益和成本。

未来几十年系统开发和资产维持投资规划的前景即使不是不可预测的，至少也是不确定的，但尽管如此，每年都需要作出一些关键性的决策。

第 4 章主要讨论了老化基础设施的管理问题。如图 1-5 所示，有几个因素可以影响资产的老化性能。显然，在设计保守性和设备规格、在维护计划和资产预期寿命期内投资多少、设备运营职责与额定容量相关问题等方面，需要考虑和作出资产管理权衡；但所有这些决策都会影响资产的老化性能。

电力系统资产的设计使其能够承受预期的电气应力水平，例如瞬态高压和环境应力，包括极端风、冰 / 雪负载。资产中使用的材料会发生老化损害，导致抗应力能力较低，因此老化资产在电气设计应力和环境应力影响下更容易发生故障，如图 1-6 所示。

资产可能因服务中的灾难性故障或无法修复或修复费用过高的故障而达到寿命终点。如果资产状况评估认为该资产不再能够满足其所要求的性能，且继续运营就存在不可接受的风险，则可以确定该资产

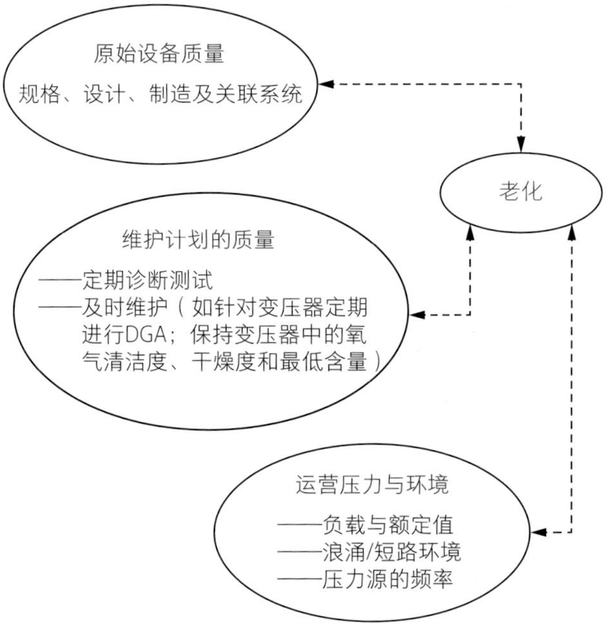

图 1-5　资产老化影响因素（更新依据：工作组 C1.1 2006，图 6.2）

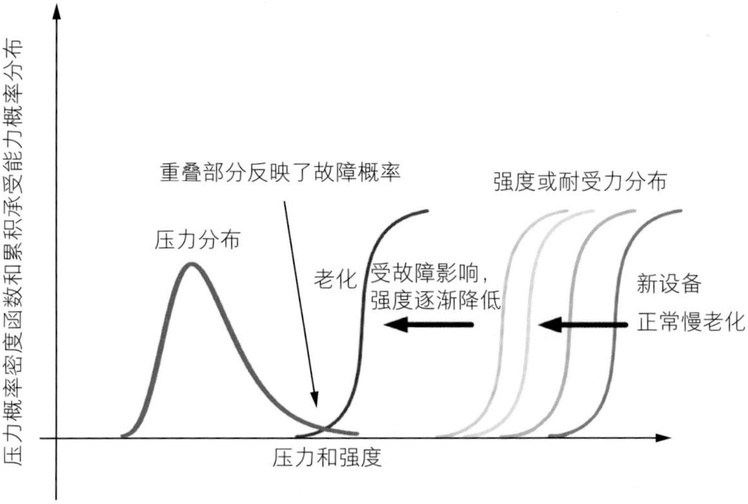

图 1-6　设备寿命终止是设备逐渐老化和功能弱化结果的概念图
（更新依据：工作组 C1.1 2006, 图 6.1）

寿命终止。资产恶化、过时、资产性能需求变更及资产故障的情况下，会发生资产寿命终止。资产会随着时间和使用频次而发生恶化，导致资产绩效降低。当制造商停止生产和支持某一资产时，视为该资产过时。资产绩效要求可能会随着时间推移而变化，现有资产可能无法满足新的绩效要求。资产可以有许多不同类型的故障，某些类型的故障可能会导致资产不可用。

资产绩效恶化将导致资产故障风险增加。资产发生故障，会造成供应损失、资产运行受限，并对公众和工作人员构成危险。资产在运行中发生故障，可能会对拥有资产的组织的环境和声誉造成严重后果。股东和监管机构对资产绩效的趋势，尤其是下降趋势，尤为关注。

全面理解资产在使用中如何老化、影响老化程度的因素、故障模式及运行故障导致的后果，为运营和战术资产管理人员在考虑行动和投资决策时提供了重要的基础信息，如第 6 和第 7 章所述。

第 5 章概述了组织中的战略资产管理职能。战略资产管理职能通过公用事业公司的高级管理团队实现，如果该公用事业公司为政府所有，则所述高级管理团队代表的是政府；如果为股东所有的公司，则所述高级管理团队代表全体股东。资产管理副总裁（可能有、也可能无）这一职位主要战略职责是：

- 致力于以资产为中心的管理模式；
- 建立相应的组织结构；
- 定义关键绩效指标和衡量标准；
- 批准商业案例分析的关键财务参数；
- 决定企业的风险偏好；
- 决定是否进行自我投保，而不是将商业保险作为唯一降低风险的策略等。

这些职责由大多数公用事业公司的高级管理人员执行。所有这些关键决定和举措均需得到首席执行官和执行团队的批准，很可能还需要得到所有者代表 / 股东的董事会批准。

战略资产管理职能主要规定了企业高层管理人员如何确定组织的目标，他们如何确保计划中包括实现这些目标的“措施”，以及他们如何管理与公用事业公司相关的风险等问题。战略资产管理以文件形式的方针和指南向资产管理团队提供了工作方向，并审查将目标转化为组织衡量指标的过程。

公司利益相关方与监管机构为公司目标的实现提供资源投入。高级管理层考虑公司的股东及其“所有者”，但也必须考虑其他广泛利益相关方的愿望。图 1-7 列出了一部分利益相关方，以及他们认为对欧洲公用事业公司非常重要的事项。

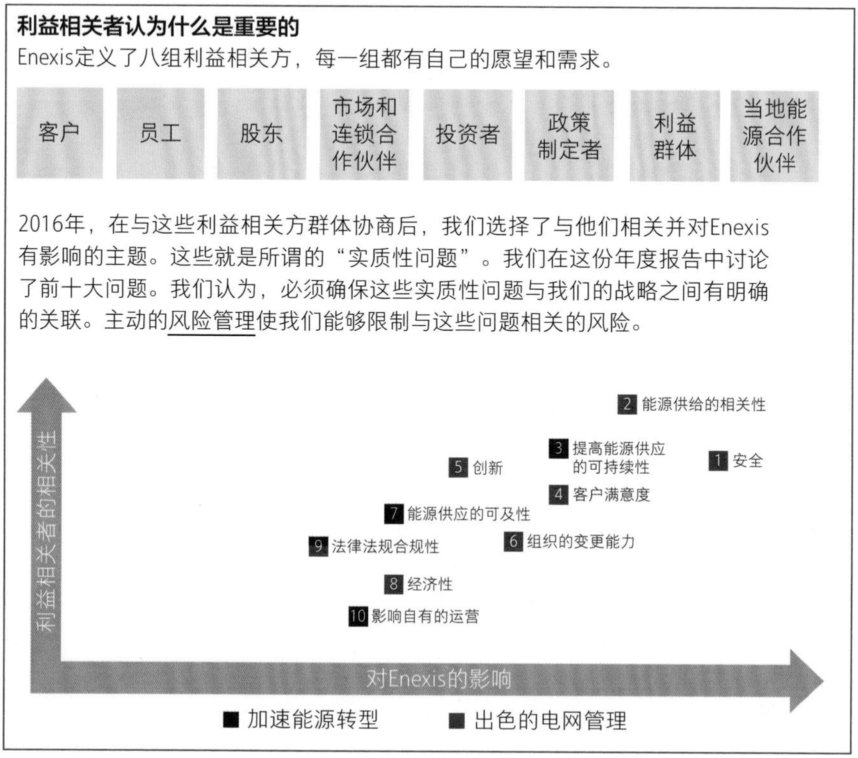
利益相关者认为什么是重要的
Enexis定义了八组利益相关方，每一组都有自己的愿望和需求。
客户
员工
股东
市场和连锁合作伙伴
投资者
政策制定者
利益群体
当地能源合作伙伴
2016年，在与这些利益相关方群体协商后，我们选择了与他们相关并对Enexis有影响的主题。这些就是所谓的“实质性问题”。我们在这份年度报告中讨论了前十大问题。我们认为，必须确保这些实质性问题与我们的战略之间有明确的关联。主动的风险管理使我们能够限制与这些问题相关的风险。
利益相关者的相关性
对Enexis的影响
2 能源供给的相关性
3 提高能源供应的可持续性
1 安全
5 创新
4 客户满意度
7 能源供应的可及性
6 组织的变更能力
9 法律法规合规性
8 经济性
10 影响自有的运营
加速能源转型
出色的电网管理

图 1-7　利益相关方优选事项—— Enexis（《Enexis 2017 年年度报告》）

从目标角度来看，为了确保目标的实现，战略资产管理必须将这些目标付诸实践。为了实现这一目标，高层管理人员创建了一个最终可以实现关键绩效指标（KPIs）（和绩效合同）的框架，这将为管理人员提供公司绩效及运营状况的衡量标准。下表中列出了一家欧洲公司的部分关键绩效指标，以及过去的绩效及下一年的目标。这里所说的目标已经转化为“影响领域”（图 1-8）。

SDG	影响领域	确定的KPI	目标	2018	2017	2016
13	气候		到2020年，我们的变电站、办公室和交通出行将实现气候中和目标。			
		我们的变电站、办公室和交通出行的二氧化碳足迹（二氧化碳净排放量，以吨计）	到2020年完全实现气候中和（SF_6排放量、电网损失、办公室、变电站及我们员工交通出行的能源使用）。	2,037,122	2,095,129	1,709,354
		SF_6泄漏量（%）	在2020年，<0.28%	0.30%	0.28%	0.38%
		SF_6泄漏量(kg)	在2020年，<1,106kg	1,069	934	1,248
12	循环性	减少原始铜的使用	2025年对原生铜使用量[1]的影响减少了25%）	N/A	N/A	N/A
		减少不可回收废物	2025年，不可回收废物[1]的影响	N/A	N/A	N/A
14	自然	对自然[2]的（净）影响	2020年对自然的（净）影响为零	N/A	N/A	N/A
15		油泄漏量（升）	与2017年相比，2020年漏油量减少了50%	6,379	6,860	2,087

[1]不适用，因为我们以2020年为基准年。

[2]该KPI值目前在不断提高。

气候

气候	2018	2017	2016
总碳足迹（CO_2吨数）/输送电量(GWh)	10.5	10.8	9.3
电网损耗(GWh)	5040	5080	4212

图 1-8　环境绩效——TenneT（《TenneT 2018 年》综合年度报告）

有时，最关键 KPI 概括了系统性能，例如以下来自英国能源监管机构（Ofgem）定义的电网产出指标（NOMS）的可靠性目标（图 1-9）:

ii可靠性		
最大限度地减少因电网资产故障而给客户造成的电力损失	2017/18目标 NGET：小于316 MWh SPT：小于225 MWh SHET：小于120 MWh	均低于目标值

图 1-9　可靠性目标和成绩——Ofgem（《英国 2018 年》RIIO Et-1 报告）

为了实现这些目标，高级管理层制定了一系列指导性文件；其中最重要的是战略资产管理计划。图 1-10 所示为来自澳大利亚公用事业公司的目录示例：

目录

图 1-10　战略资产管理计划目录——TasNetworks（技术手册 787，2020）

资产管理将风险固化到决策过程中。公用事业公司在过去总是考虑风险，但通常以不固定和临时方式。从运营资产管理职能中的风险矩阵概念开始（第 6 章），战略资产管理为基于风险的决策提供指导。该项技术帮助公司实现风险发生概率和影响后果的定性评估。

战略资产管理职能还为战术资产管理职能（第 7 章）提供了指导和必要的方向，其中对可选项目的风险进行了更高水平的定量评估。

综上所述，第 5 章主要介绍了资产管理的战略职能。在以资产为中心的组织结构中，高级管理层的领导力应视为关键因素。此外，股东及管控风险的态度也需要明确和传递。第 5 章主要讨论这些问题，此外，还讨论了包括企业财务约束 / 激励、企业商业价值 – 定义和货币化，以及公司的资产保险政策在内的其他主题。

第 6 章“运营资产管理”是指处理较短投资期的资产管理职能，涉及颗粒度最细的资产决策。决策主要围绕优先确定需更换的设备、选择维护活动，以及执行这些活动的最佳时间。运营资产管理是一个持续的过程，如图 1-11 所示。

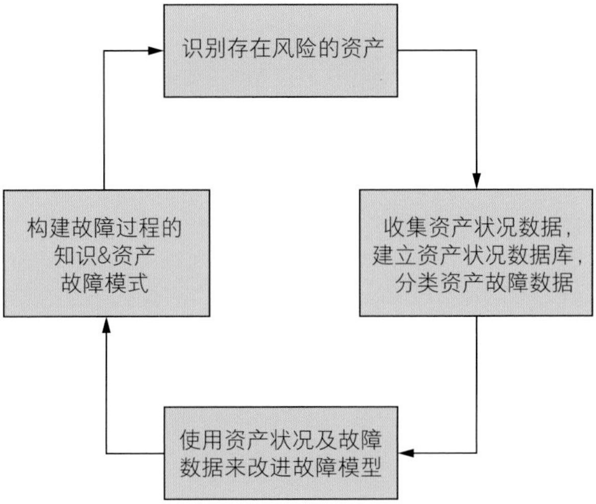

图 1-11　运营层面的资产风险管理

了解故障模式及其概率和后果至关重要。状态评估是决定采取何种缓解措施以及何时采取这些措施的基本条件。需要使用一系列测试和数据收集方法来确定不同资产群体所处的状态。故障模式因资产类型及其相关风险严重程度不同而存在差异，因此，需要采取不同类型的故障修复办法。

需要在收集设备状态及关键性数据方面给予投资，为维护活动和投资的优先级提供量化依据。不同类型的数据范围从静态数据到动态数据，每种类型都有不同的收集和存储要求。运营资产管理侧重于近期资产投资计划，例如，大量维护与少量维护，基于时间的维护与基于状态的维护与以可靠性为中心的维护（RCM）等，以及上述维护类型的组合，资产修复与寿命终止管理，资产过载与寿命损失决策，等等。

分析工具可用于处理健康指数 / 关键性数据，提供数据统计分析报告，以促进资产投资需求的优先级排序。图 1-12 为新西兰使用资产分析软件的图示。

线路和电缆

资产估计状况

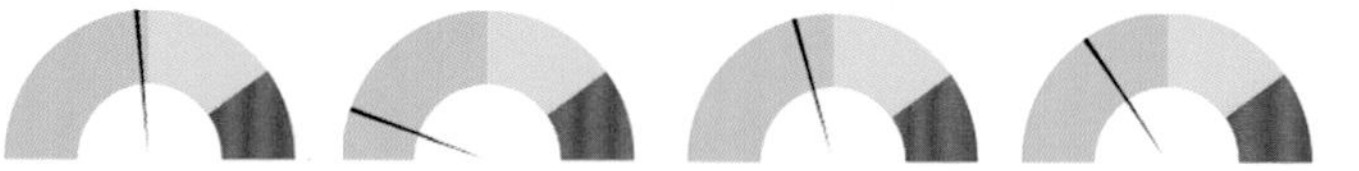

	配电与低压O/H线	配电与低压U/G电缆	次级输电线路与电缆	电线杆
数量	98549km	44096km	11640km	1360973
RAB值	$2446.2m	$2781.1m	$1318.7m	*
平均等级(H1–H5)	3.73	4.28	3.87	4.14
1/2级	3.8%/7.7%	0.2%/3.5%	2.7%/6.2%	1496/3.1%
未知等级	2.9%	1.9%	2.4%	1.6%
平均年限	38年	26年	36年	33年
超过通用值	8931km (9.1%)	555km (1.3%)	1294km (11.1%)	166176(12.2%)
未知年限	0.9%	0.9%	1.696	2.7%
5年置换需求	7.7%	2.0%	5.8%	3.0%
5年置换计划	4.8%	1.3%	4.9%	5.3%
预测repex（平均值）	$175.0m+3%	$53.5m+69%	$36.3m+32%	*
Repex系列				*

*RAB和电线杆的支出包括在配电和低压线路中。

图 1–12 资产分析仪表盘示例

RAB——监管资产基础

运营资产管理人员可以借助资产登记和资产数据管理工具、资产状态评估、资产监测数据及分析、健康指数、临界值预警等，论证和排序近期资产投资决策，以及备品备件的利用 / 计划。

第 7 章侧重于战术资产管理职能，包括在实际资源、财务和监管约束下进行中长期资产规划，协调资产维持和系统开发投资。这是一个复杂的过程，涉及在第 4 章中讨论的对资产老化过程的工程学理解，以及第 8 章中讨论的财务分析以及风险分析理解。该过程的资产维持部分如图 1-13 所示。

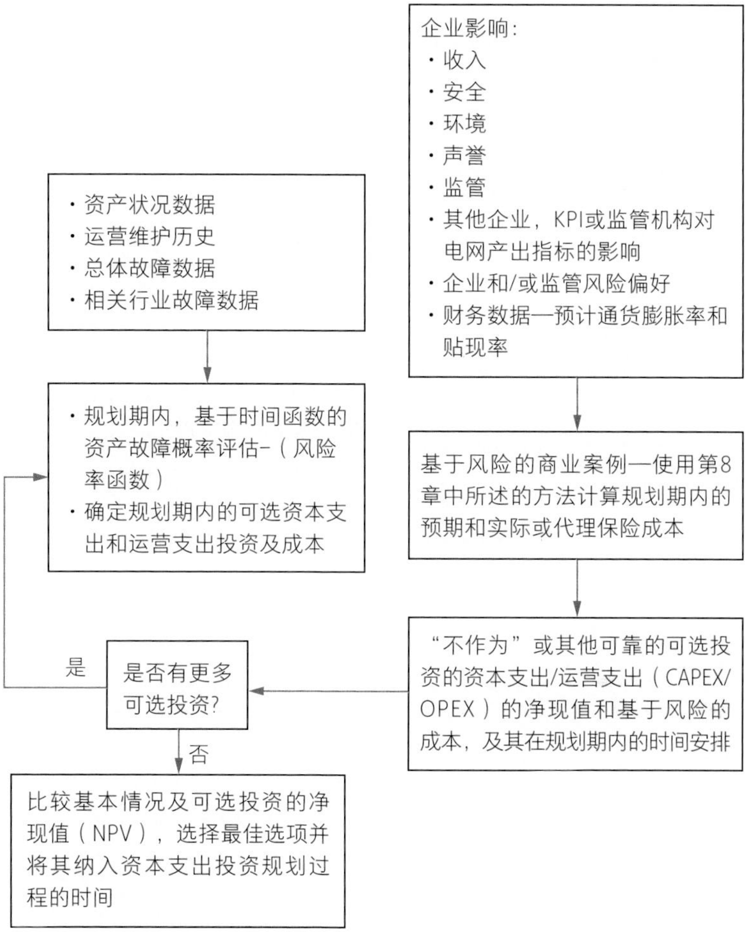

图 1-13　战术资产管理基于技术 / 财务 / 风险的分析过程

所探讨的技术包括风险识别和量化、备件计划、投资时机、绩效衡量和管理、用于控制风险的资产管理投资选项，包括翻新、置换、在线监测运营、现状运营、推迟投资、购买保险及临时解决方案。本章中给出了公用事业公司可选投资策略的示例，如来自澳大利亚公用事业公司 AusNet 的示例，如图 1-14 所示。

选项识别

典型的资产更新选项包括：

▸ **选项1：现状运营**

- 继续维护和运营现有设备。
- 随着资产状况恶化，安全风险和维护成本会随着时间的推移而增加。
- 设置与其他选项相比较的基准风险。

▸ **选项2：资产集中更换**

- 更新置换所有健康状况较差的资产。
- 在许多资产需要更换的情况下，重要站点的改造能够达到单一资产更换所无法实现的项目协同效应。
- 与选项1相比，由于资产状况改善，风险和维护成本将降低。

▸ **选项3：通过资产整修或运营措施推迟更换**

- 为资产故障事件制定应急计划，例如临时负荷转移，配备可用于多个站点使用的备件。
- 增加了维护成本，但减少了资本支出，即资本支出/运营支出（CAPEX/OPEX）的权衡。

概率规划接受风险并对其进行度量

15

图 1-14　AusNet（De Beer）考虑的可选资产投资策略示例

第 8 章描述了基于风险的投资商业案例分析的方法。其中包括投资决策论证方法、决策信息需求、数据可用性、内部数据、行业调查数据、从大数据中挖掘数据、基于风险的商业案例分析过程、方法和工具、商业价值货币化及故障后果、在商业案例分析中判断风险偏好类型，以及敏感性分析。

本书讨论了在各国政府机构推动下商业案例分析指南及要求的演进，以及在早期 CIGRE 技术手册中基于电子表格的商业案例分析应用。本章的内容描述较为详细，便于读者轻松地将各种分析方法用于其各自的实践中，包括如图 1-15 所示带注释的电子表格，适用于稀疏故障数据分析和更复杂的电子表格分析。本章包括如图 1-16 所示的实际工作研究结果案例，这些案例是老化变压器最佳更换时机的研究，这取决于其服务区域及不同财务指标。

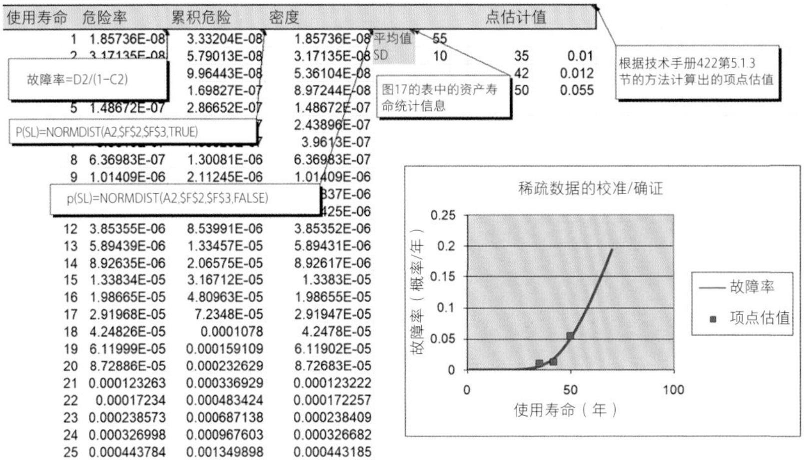

图 1-15　基于资产使用寿命基础统计数据的危险率函数计算以及与稀疏故障数据进行比较的方法

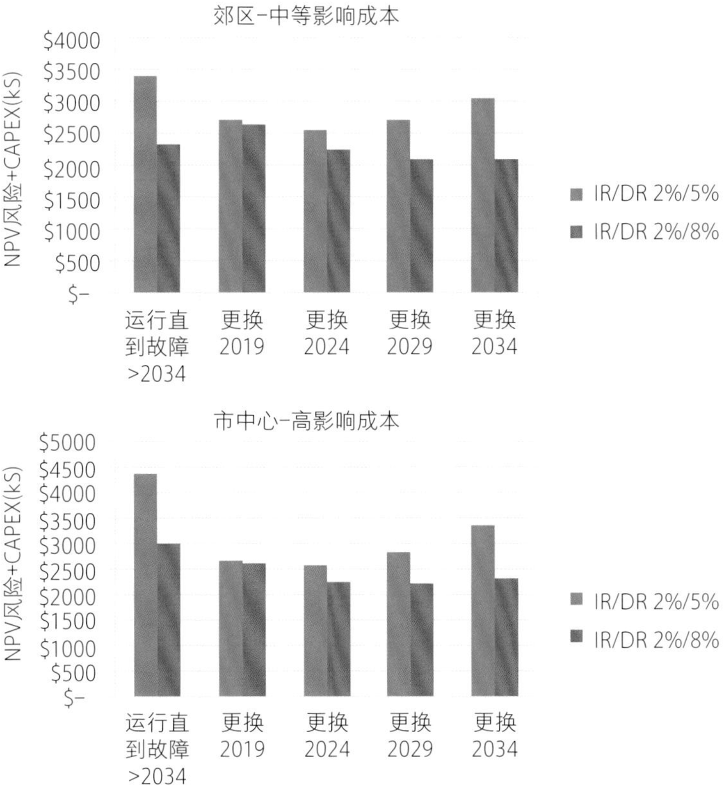

图 1-16　一台电网变压器更换方案实施时机

《电网资产管理方法研究》的结尾第 9 章总结了当前资产管理的实践状况，并展望了未来发展的需求和问题。

《电网资产管理应用案例研究》介绍了 12 个综合资产管理案例研究，详细描述了投资风险管理的方法、趋势及新解决方案，通过 DSO 和 / 或 TSO 以及发电公司的案例研究来阐明差异及常用方法。

参考文献

[1] CIGRE WG37-27 Technical Brochure 176 “Ageing of the System Impact on Planning” 2000.
[2] CIGRE WG C1.1 Technical Brochure 309 “Asset Management of Transmission Systems and Associated CIGRE Activities” 2006.
[3] CIGRE WG C1.16 Technical Brochure 422 “Transmission asset Risk Management” 2010.
[4] HM Treasury the Green Book-Appraisal and Evaluation in Central Government 1997 original revised to currently available 2015 edition. https://www.gov.uk/government/uploads/system/uploads/attachment_data/file/469317/green_book_guidance_public_sector_business_cases_2015_update.pdf
[5] IAM PAS 55 Competency Requirements Framework, 2006.
[6] ISO 33000 Risk Management-Principles and Guidelines on Implementation .
[7] ISO 31010 Risk Management-Risk assessment Techniques.

2 TSO 业务和监管对资产管理的影响

加里・L・福特（Gary L. Ford）
格雷姆・安谐尔（Graeme Ancell）
厄尔・S・希尔（Earl S. Hill）
乔迪・莱文（Jody Levine）
克里斯托弗・耶里（Christopher Reali）
埃里克・里克斯（Eric Rijks）
杰拉德・桑奇斯（Gérald Sanchis）

加里・L・福特 (G.L.Ford)
PowerNex Associates Inc.（加拿大安大略省多伦多市）
e-mail: GaryFord@pnxa.com

格雷姆・安谐尔 (G. Ancell)
Aell Consulting Ltd.(新西兰惠灵顿)
e-mail: graeme.ancell@ancellconsulting.nz

厄尔・S・希尔 (E. S. Hill)
美国威斯康星州密尔沃基市 Loma Consulting
e-mail: eshill@loma-consulting.com

乔迪・莱文 (J. Levine)
加拿大安省第一电力公司（加拿大安大略省多伦多市）
e-mail: JPL@HydroOne.com

克里斯托弗・耶里 (C. Reali)
独立电力系统营运公司（加拿大安大略省多伦多市）
e-mail: Christopher.Reali@ieso.ca

埃里克・里克斯 (E. Rijks)
TenneT（荷兰阿纳姆）
e-mail: Eric.Rijks@tennet.eu

杰拉德・桑奇斯 (G. Sanchis)
RTE（法国巴黎）
e-mail: gerald.sanchis@rte-france.com

G. Ancell 等人 (eds.)，电网资产，CIGRE 绿皮书
https://doi.org/10.1007/978-3-030-85514-7_2

目　录

摘　要

回顾 CIGRE 的相关出版物，可以大致了解监管对资产管理影响的演变过程。因此公用事业公司制定了在固定费用预算内优先考虑需求和行动的方法。最近人们认识到为实现提高可再生能源使用水平，将产生额外的输电需求。这些额外需求催生了新的资产管理方法，改善投资和支出评估的新方法以及优先级的确定。

风险管理方法是组织内部选择优先行动时确认使用的方法。成本效益分析方法提供了有关行动的影响和效益信息。情景法可以帮助我们作出正确的选择，有助于对比不同的潜在解决方案。

2.1 引言

本章介绍并讨论了公用事业公司业务、监管、商业环境及其与公用事业公司资产管理演变过程的关系。包括资产管理标准的影响，由监管机构直接或间接授权对资产管理实践、能力、认证、过程的自我评估及组织资产管理成熟度评价的影响。

本章以 CIGRE 出版物（技术手册或 TB）的摘要开始，这些出版物主要讨论资产管理相关的技术业务和监管问题。本文以引用的出版物为基础。然后，从监管的视角讨论了资产管理的主要驱动因素。本章节的最后一部分介绍了新的资产管理期望的一些内容，同时考虑了公用事业公司的经验，以及业务和监管环境的演变。

2.2 相关 CIGRE 技术手册概述

2.2.1 公用事业公司业务和监管环境

几十年来，传统业务模式是一种综合性的公用事业模式，从发电到客户供应，控制着整个能源输送价值链。在许多国家，这种模式已通过各种形式被取而代之，业务模式越来越以市场和客户为导向。引入了新的实体，例如能源供应商、集成商、用户，优化价值链上的不同焦点。这条新价值链的每位参与者都面临着不同的挑战，且采用不同的业务模式实现不同的目标。

在这一背景下，输电运营商以系统为中心，扮演集成商的新角色。这些运营商既是电网管理者，也是电网开发者，在监管规则的约束下开展运营。

关于资产管理，监管机构通常要求公用事业公司展示其良好实践。为此，可能会提出不同的要求，并期望他们展示领先的资产管理实践，例如公用事业公司认证（如 ISO 55000）、内部审核或外部评价，包括定期发布和更新资产管理计划。

本节从分享最佳实践和经验的角度，介绍了 CIGRE 技术手册，这些手册旨在解决影响资产管理监管问题。

2.2.2 TB 327：监管环境对投资决策和输电的影响

技术手册 327 由工作组 C6.1 于 2007 年出版，内容描述了“监管环境对投资决策和输电的影响”。

标题可帮助读者通过投资授权了解监管环境对资产管理的影响。

监管体系设计必须足够健全，以满足持续激励 TSO 提高效率的目标，同时也为消费者提供可持续且明显的益处。因此，如果监管机构允许的资产投资回报不足，可能会限制 TSO 为项目提供资金的能力。无法收回搁浅输电资产的成本，给输电运营商确保稳健的输电计划带来了更大的压力。

当监管机构决定降低允许用于新项目的资金水平时，最可能推迟的就是改造项目，从而影响未来的输电计划。然而，推迟改造项目可能导致输电计划发生较高的运营业务支出。

2.2.3 TB 474：系统运营商与监管机构的接口

技术手册 474 由工作组 C5.5 于 2011 年出版，主要描述了“系统运营商与监管机构之间的接口”。技术手册概述了 CIGRE 发起的一项关于系统运营商与监管机构之间关系的调查结果，总结了主要的输电网络系统组织模型：输电系统运营商（TSO）模型和独立系统运营商（ISO）模型。

TSO 通常对输电系统拥有所有权和运营权，并负责系统的开发工作。在采用 ISO 模型的司法管辖区，设有独立机构负责输电系统的运营。多方共同拥有输电系统的情况下，这种模型具有其独特的优势。该情况下，在系统运营过程中所做的决定和优先次序会对系统的使用和收入的分配产生不同影响。

TSO 模型在欧洲得到广泛应用，而 ISO 模型则主要应用于北美地区。调查结果强调了对各国而言实现运营成本降低的重要性。发电商受到市场竞争的影响。输电运营商面临着来自监管机构的压力。鉴于输电系统的垄断性，监管机构的目标是让系统运营商以低成本提供高质量和高效率的输电服务。最大限度地利用现有设施的另一个原因是修建新的输电线路难度很大。因此，正在落实创新方案，以最大限度地利用现有系统，同时允许支出延期。

2.2.4 TB 565：电力系统资本投资的监管激励措施

技术手册 565 由工作组 C5.10 于 2013 年发布，主要描述了“电力系统资本投资的监管激励措施”。

该技术手册旨在提供一个框架，分享几个国家的经验，并就鼓励投资电网基础设施和电力生产的监管规定给出实际结论。通过对多个国家开展实证问卷调查，确认了概念工作是受支持的。

就这一点而言，该技术手册澄清并区分了电网扩展相关的投资，以及现有电网维护和更换相关的投资。

为应对未来负荷及生产模式的变化，需在电网扩展方面给予投资。配电网的投资主要是针对特定的客户或某一客户群体，而对输电网的投资往往是因特定电网区域内负荷增加（或目前，因可再生能源投资）而引起的。通常，输电网规划较大程度上基于预测，而较少地基于新并网的单独应用。此外，与配电网的扩展相比，完成输电网的扩展通常需要的时间周期更长。输电项目数量不多但通常规模较大，因此，输电容量呈现不规律增加。

电网维护和更换投资，通常涉及旧设备的翻新或更换（无论是技术上或经济上）。传统意义上，在许多国家，设备在某些特定的使用期限后会进行更换，例如，在其经济寿命终结时。

这种保守的评估导致了一种情况，即可能推迟更换，一方面因为设备和系统的可靠性还很高，另一方面因为会产生高昂的更换费用。还存在另一个极端做法，即只在设备故障的情况下才进行更换。对于能源系统而言，这意味着，在许多情况下将面临直接中断供应、系统可靠性降低，或者两者兼而有之。第三种方法，使用基于状态的维护是一个很好的折中方案。按照这种方法，设备的维护和更换不再基于固定的年限，而是以持续评估设备实际状况和历史状况为依据。该方法基于测量和知识规则，来确定是否需要以及何时应该进行特定设备的维护或更换。

在某些情况下，投资不能定性为上述单一类型的投资，而必须分为两大类。例如，当变压器因老化而需要更换时，可能同时还需要慎重考虑增加其容量。在这种情况下，投资将是出于电网扩展和更换两个原因。

法定义务或系统可靠性合规标准变动也可能引发投资需求。例如，如果新的职业安全规则要求变电站或高压输电线路必须采取额外的安全措施，这可能会产生新的投资需求。此类投资不会造成容量增加，或者老化部件的更换。

2.2.5 TB 597：输电风险管理

技术手册 597 由工作组 C1.25 于 2014 年出版，主要围绕“输电风险管理”展开讨论，重点是监管环境。

用事业公司采用的风险管理方法，有助于根据监管中使用的具体绩效指标，对资产采取的预防措施进行优先排序。对于部分 TSO，监管影响涵盖在业务价值中，根据影响的严重程度纳入用于对预防措施进行分类的业务影响矩阵中。

在其结论中，技术手册建议将资产管理标准（如 ISO 55000）用于输电公司的组织和资产管理流程的治理上。这些标准有利于实现监管机构期望的透明度和澄清要求。该技术手册强调了从长期和短期来看，资产管理的新关键领域，特别是随着间歇性发电的发展出现的新的约束。

2.2.6 TB 667：不断发展的监管框架中的风险管理

技术手册 667 由工作组 C5.15 于 2016 年出版，主要比较了针对不同市场“不断完善的监管框架中的风险管理”。

该技术手册中包含了来自 13 个不同国家的基准，涵盖的主要主题涉及：交易时间框架、交易物流与细节、清算中心和结算，以及违约。

其范围主要是面向市场和金融。内容强调了风险管理方法对监管活动的重要性。

2.2.7 TB 692：市场价格信号与输电投资协调的监管框架

技术手册 692 由工作组 C5.18 于 2017 年出版，主要讨论了“市场价格信号与输电投资协调的监管框架”。该手册由以下三个部分组成：输电组织模型、电力市场和网络电价方案、监管方案。最后一部分是关于监管方案的内容，讨论了与资产管理相关的主题。因此，该手册侧重于成本效益分析和成本分配，这是输电资产投资管理的关键方面。

工作组 C5.18 在 2017 年之前开展的调查表明，在许多领域，需求增长不再是投资的主要驱动因素。新驱动因素是跨境市场的整合、新型间歇性可再生能源发电的整合以及供应安全的改善。因此，许多 TSO 目前面临着对电网输电容量方面的重大投资，而由于能源效率及分散发电的增加，未来输电网络的实际使用率可能会下降。

在过去，建立电网的目的在于确保将电力从大型发电厂单向输送给被动消费者。现如今，部分电网投资是由市场一体化、实施可再生能源及本地自我发电的发展而带来的发电模式演变所驱动的。小型发电机、活跃的消费者和生产消费者的发展大部分处于配电层面，因此，造成输电网的电量减少、变化较大，有时甚至出现负数。输电网越来越多地被用作应对当地电力短缺的保障。因此，尽管输电网的使用减少，但在供暖和运输脱碳的影响下，未来对输电容量的需求仍保持不变，甚至还可能增加。

2.2.8 TB 715：可靠性的未来

技术手册 715 由工作组 C1.27 于 2018 年发布，主要围绕“可靠性的未来：根据为客户和系统运营商提供新的弹性的各类设备及服务的新发展对可靠性的定义”这一主题展开讨论。

根据电网近期的变化，技术手册强调了改变可靠性定义的必要性。

近年来，出现了许多提供能源、容量及其他电网服务的新技术。未来能源组合的很大一部分，很可能是由分布式能源组成的。这些新能源发电最终会取代常规发电，后者传统意义上提供频率响应、电压控制及其他服务。改变可靠性定义的需求受以下几方面因素的驱动：能源发展演进、选择自供电或向系统供电的用户数量剧增，以及各种提供新型运营弹性的新技术。

技术手册中提出了可靠性、充分性和安全性的新定义。确定输电系统运营商（TSO）群体内的共同定义非常重要，因为监管机构应使用这种类型的定义来评估 TSO 的绩效。在过去，一些电网监管机构，如北美电力可靠性公司（NERC）已经给出了自己的定义。CIGRE 提出的新定义具有在大型国际集团内达成共同协议的优势。

2.2.9 TB 726：高渗透分布式电源下配电网的资产管理

技术手册 726 由工作组 C6.27 于 2018 年发布，主要探讨了“高渗透分布式电源下配电网的资产管理”问题。

该技术手册提供了资产管理实践中的当前国际实践概览，并列举了将情景技术应用于高渗透分布式电源下配电网的资产管理的实例。

在结论部分，技术手册强调了监管在通过鼓励创新和新技术部署改善新弹性服务预期发展中的关键作用。

2.2.10 TB 764：未来电网对变电站管理的预期影响

技术手册 764 由工作组 B3.34 于 2019 年发布，探讨了“未来电网对变电站管理的预期影响”。

该技术手册对未来能源场景下，影响未来变电站设计和管理方向的各类因素进行了展望。重点关注能源格局的变化及新技术的发展，试图挑战设计师的传统思维方式，从而影响未来变电站的设计流程和资产管理策略。

在新的监管环境下，建立在临时维护或基于时间的维护、纠正性维护或预防性维护基础上的策略，应用的可能性不大。这些策略通常被认为会增加维护活动的单位成本，并可能导致能源使用效率降低。该技术手册将风险管理作为定义新维护策略的关键驱动因素。此外，还鼓励使用动态评级管理、新传感器和新 IT 工具，旨在最大限度地提高固有的负载能力，进而减少新投资需求。

2.2.11 TB 786：不断变化和不确定环境下的投资决策

技术手册 786 由工作组 C1.22 于 2019 年发布，其主要探讨了“不断变化和不确定的环境下的投资决策”。工作组 C1.22 展开了一项调查，目的在于了解 TSO 在考虑未来低碳需求的情况下在投资过程中作出的改变。就这一点而言，情景应用在解决输电投资决策中的不确定性问题以及取得监管机构的必要审批方面起到了关键作用。

2.3 资产管理的监管驱动因素

2.3.1 TSO / DSO 收入

输电网和配电网通常被认为是一个国家或地区的自然垄断，竞争非常有限，甚至不存在。监管的目的往往是防止电网运营商者从垄断环境下获得超额利润，并确保电网的运营尽可能具有成本效益。

输电网的收入通常由监管规定的输电费率决定。电网输电电价通常是成本的反映，同时应考虑电网的历史成本及当前监管期的预计成本。

电网输电电价需要在提高效率的同时，确保垄断输电运营商收回所产生的成本。成本回收通常是价格结构的核心目标。输电效率主要指成本反射率及为实现电网优化使用而发送给电网使用者的经济信号。

输电电价的结构应能够反映输电成本的结构。成本反射性价格可因地点和时间不同而存在差异。位置信号与不同电网节点之间的拥塞成本及损失的差异有关。时间信号是减少系统峰值负载的有效工具，峰值负载则是电网投资的主要驱动因素。

输电电价回收的成本包括资本支出（CAPEX）和运营费用（OPEX）的融资成本。资本支出通过输电投资的折旧和盈利能力来支付。运营成本包括维护成本、系统运营成本等。输电损耗、辅助服务、系统平衡电量及拥塞管理的成本通常包含在运营成本中。然而，在某些司法管辖区，这些成本从运营成本中剥离出来，在电力市场协定内管理。

TSO 被授权实现投资回报（ROI）。最常用的方法是使用税前名义加权平均资本成本（WACC）来确定可接受的投资回报水平。监管资产基础（RAB）作为公用事业公司监管的基本参数，可以确定授权利润。RAB 是基于监管规则的净投资资本价值。一般而言，RAB 规定了在役资产的所有现有和新投资的报酬。

2.3.2 监管激励下的效率与绩效

大多数监管机构希望提高输电成本和效率的透明度。鼓励 TSO 为商业案例分析制定更严格和定量方法，以证明投资的合理性。

市场竞争通常是激励公司提高效率的主要驱动因素。由于输电系统运营商未面临竞争，监管机构通常将激励或基于绩效的监管作为促进竞争和回报效率的重要工具。

输电运营商的盈利能力和效率高低，可通过比较不同公司绩效来评估，而非简单地审查单个公司的成本。就这方面而言，基准测试为评估垄断活动监管的有效性提供了一种有用的方法。一些监管机构正式要求输配电企业披露足够的信息，支持开展此类绩效和质量比较。

监管机构对输电运营商的期望不仅限于成本，还包括质量。质量和成本 / 收入均须保持在可接受的范围内。这些规定旨在避免以客户体验到的质量为代价的资产投资不足。基于绩效的监管重点强调资产整体绩效的优化，而非简单的财务成本核算。基于绩效的监管旨在用财务规则和激励措施来取代受监管环境下的竞争，鼓励受监管的公司实现特定绩效目标，同时在决定如何实现这些目标方面给公司提供最大自由裁量权。

在实现这些目标方面，拥有更好的流程和系统的公用事业公司，则有望在经济上受益。按照一般规则，基于绩效的监管侧重于服务中断措施，例如系统平均停电时间（SAIDI）、用户平均停电时间（CAIDI）和平均（供电）服务可用率（MAIFI）等客户响应措施及解决计费问题。

基于绩效的监管是一个相对较新的监管模式，需要完善奖惩框架，从而确保对健全输配电网所需的资产、人力资本和技术给予充分投资。

因此，旨在保证供应质量的规则可作为基于激励的监管方案的关键组成部分。目前存在一种普遍的风险，即电网运营商为了节省成本和提高盈利能力，不愿意给自己的电网投资或不采取其他措施来维持或改善供电质量。为应对这种情况，监管机构可以引入有关供电质量的激励监管，包括奖金和罚款制度。供电质量涉及几个指标，例如，电网可靠性、电网性能、服务质量及缺供电量。第 5 章中介绍了供电质量指标的一些实例。

为提高电网的整体效率，监管机构越来越多地选择使用基于激励的监管模式。

2.3.3 监管对资产管理的影响

TSO 企业内开始启用正式资产管理方法，可视为是监管实施的结果。监管驱动因素主要集中在减少运营支出及资本支出的经济合理性上。为此，逐步落实相应的政策实现了维护优化，包括预防性维护到基于状态的维护。正如预期的，这一措施降低了成本。此外，还促进了对资产需求的优化评估，特别是对不同类别的资产进行分类的方法，有助于对各种资产类别的活动确定优先级。然而，随着时间的推移，成本的逐渐降低可能已经达到了极限水平。显然地，无限制地降低成本不可能不对服务业绩和质量造成影响。效率已成为监管的新驱动力。因此，许多监管机构纷纷制定了各种形式的激励监管措施。

此外，在资产管理中使用的方法也逐渐从确定性方法演变为概率方法。因此，风险管理对资产管理至关重要，为制定监管预期的优先事项提供了更有力的理由。

技术与创新也为更好地进行资产估值提供了新的便利。资产决策不仅基于统计数据，还需基于先进传感器提供的资产实际情况。因此，方法和工具的不断改进可以促进资产管理，更好地评估需求，进而满足相关监管规定设定的成本限制。

最后，社会和公众的期望在监管规定的要求中占据了更重要的位置，这给 TSO 带来了新的挑战。

2.4 新监管措施

在过去十年里，在少数司法管辖区，监管机构已经认识到引入更全面监管方法的必要性。采纳这些举措的先驱之一是英国监管机构，英国天然气和电力市场办公室（OFGEM）。以下段落描述了该机构最近的一些举措。

2.4.1 OFGEM 授权的 DNO 通用电网资产指数方法

OFGEM 实施了一项规定，要求配电网运营商（DNO）就资产的健康状况和关键性进行信息交流，通过监管机构提供的一种在配电网中基于状态的故障风险的衡量方法。为此，英国的 DNO 联合制定了一种方法，即所谓的 DNO 通用电网资产指数方法。该方法经 OFGEM 审核批准，并由 OFGEM 负责控制，因此英国的所有 DNO 均使用通用方法来生成 OFGEM 所需的数据。OFGEM 声明的目标是：允许对 DNO 之间的电网资产绩效随着时间的变化进行透明的比较分析，并通过采用翻新或更换等资产干预措施，获得一定程度的资产风险降低。该方法的应用结果将以风险矩阵的形式提供给 OFGEM。

DNO 必须针对其电网中的每一项资产确定每年的故障概率以及

这些资产故障的货币化后果，并将这两项指标结合起来确定风险程度。假定故障的后果包括直接财务成本，以及货币化安全、环境和电网绩效成本。

该方法作为一种为所有 DNO 提供透明、一致的资产风险评估方法，将有望达到 OFGEM 的目标。同样，对故障后果进行有限货币化，尤其是对于安全影响方法，是值得称赞的。然而，对于任何其他目的，或者从必须证明资产投资合理性的资产管理者角度来看，这种方法的作用则是有限的。该方法专为英国的应用而设计的，使用起来较为复杂，并且充满了没有提供技术理由或参考条件的因素，且这些因素可能在其他国家适用也可能不适用。美国公用事业公司以电子自动化方式使用类似方法的经历表明，实际上，这些方法的应用促进了主观因素而不是客观因素的应用，并且有利于促进竞争以达到预期的结果。

DNO 资产指数方法可从 OFGEM 的 URL 上以公共域文件的形式获取。本文件中未给出该方法的所有权及其版权的定义。然而，鉴于开发人员的信誉和可信度，在其认可的基础上，可以得到 OFGEM 的默示背书，其他潜在用户会尝试将该方法用于其他目的和应用，以及其他地理区域。这些潜在的用户应牢记，该文件并未声称该方法适用于本文中所述的特定目的以外的其他目的，以及在其所针对的特定地区。因此，尽管这些方法是典型量化方法的极具吸引力的高级示例，但其应用已经超出了其特定的目的范围，且在英国以外的地区使用时，需要仔细考虑和调整本地框架。

2.4.2 OFGEM 确定的输电系统网络产出指标

产出指标是英国监管框架的一个基本要素。主要产出，如安全性、可靠性和可用性、环境影响、连接、客户满意度和社会义务，监控每个输电运营商（TO）向客户交付终端服务的绩效。电网产出指标（NOMs）带来了间接产出，表明输电运营商（TO）通过一系列预警措施或领先指标为消费者提供了长期的物有所值的服务。这些指标均可用于评估输电系统的基本绩效。

NOMs 的设计是为了证明输电运营商（TO）选定了正确的投资领域，能够有效管理电网风险，确保输电运营商（TO）能够继续提供主要产出和适合未来使用的电网。

由于对电网的投资是一个长期的过程，在资产投资不足对主要产出产生影响之前，会有一段滞后期。例如，如果未按需要进行资产更换，可能需要一段时间资产才会失效，从而影响电网的可靠性。通过使用 NOMs，被许可方可以确定管理其各自资产所需的工作，得出已知电网风险水平，从而保证他们将在未来的价格控制期间保持当前绩效。

苏格兰电力公司记录的方法与 DNO 方法类似，而英国国家电网电力传输公司（NGET）开发了一种更严格的基于风险的方法。NGNET 的方法设计旨在为其现有电网内的主要资产提供总体资产风险估算。其中还包括一个风险交易模型，其用途是为监管设定规划期内的替代性投资计划提供总体资产风险与投资成本的比较。

英国监管机构的这些举措明确表明，监管机构准备详细审查公用事业公司使用的风险管理和资产投资流程的程度。

2.4.3 纽约 REV 背景下的效益—成本分析

2014 年，纽约电力局推出了“改革能源愿景”（REV）的倡议。REV 是在美国纽约州发起的一套为期多年的监管程序和政治倡议。该倡议的目的在于改变纽约电力生产、购买及销售方式，允许可再生能源发电和智能电网技术在电网上的整合（纽约公共服务部）。

鼓励作为电网运营商的公用事业公司使用被禁止的效益－成本分

析（BCA）来证明其投资的合理性，并利用这些措施来响应 REV。

所述 BCA 是对正在考虑的拟议行动的净现值（NPV）进行系统量化。计划采取的具体行动可以是一项投资、一项合同或一项采购组合、备选费率设计或备选操作程序。针对 REV 项目采用的 BCA 应:

- 对假设、考虑的观点、来源及方法保持透明。
- 列出各方承担的所有利益和成本，包括对所在社区的影响。
- 说明哪些效益和成本不包括在整体 BCA 中或量化结果中，以及相关的原因。
- 不对不同的利益和成本进行不必要的合并。
- 旨在评估投资组合，而非单个措施或投资，以考虑资源或措施之间潜在的协同作用和经济效益。
- 反映所考虑的相关时间段内的分布式能源（DER）的预期渗透水平。
- 进行全寿命周期的投资分析，包括对关键假设的敏感性分析。
- 与合理的传统案例或“普通商业”案例进行对比，而不是简单地评估效益和成本。
- 努力提高精细度，即效益和成本构成估值的位置和时间特异性，特别是在对于分布式电网的效益和成本。
- 报告社会成本测算（SCT）、公用事业成本测算（UCT）和费率影响指标（RIM）的结果。
- 允许判断，例如，如果投资未能通过基于所含量化效益的成本测算，则可能适合对非量化效益进行定性评估，以便获得批准。
- 平衡为支持 DER 市场提供稳定投资环境的利益，同时需要具有足够的适应性，以保证效益和成本估值不会过时或不准确。

这种 BCA 方法与欧洲在输电投资评估时使用的 CBA（成本效益分析）方法非常相似。这是下一节内容的主题。

2.4.4 在欧洲实施的共同利益项目

根据纽约州之前适用的案例，欧盟（EU）推出了适用于规划和支持共同利益项目（PCI）的立法，旨在促进欧洲的能源转型和市场整合［欧盟委员会 2020 年］。

PCI 是连接欧盟国家能源系统的重点跨境基础设施项目。该项目旨在帮助欧盟实现其能源政策和气候目标。任何 PCI 项目都必须对至少两个欧盟国家的能源市场和市场整合产生重大影响，促进能源市场竞争，通过能源多样化助力欧盟的能源安全，通过整合可再生能源推动欧盟的气候和能源目标的实现。

根据欧洲法规，欧洲输电系统运营商联盟（ENTSO-E）已经制定并多次更新了用于能源系统范围分析的成本效益分析方法，用以支持 PCI 选择过程。

由 ENTSO-E [ENTSO-E] 开发的 CBA 方法计算了一定数量的指标，而这些指标并不全都以货币等价物表示。除其他外，这些指标包括：

- B1——社会经济福利（SEW）：该指标表示由于随后的拥堵减少，节省的该项目产生的生产成本。针对拥堵，该指标还考虑了，首先是实现的二氧化碳减排价值；其次是减少对可再生能源的削减所带来的收益。
- B5——电力损耗：该指标给出了由于补偿电力损失引起的成本变化，这可以归因于互连项目的调试。尽管就理论上而言，这个指标可以是正的（损失成本减少），也可以是负的（损失成本增加），但在大多数情况下，其代表的是社会成本。
- B6——充裕度（弹性）：这一指标旨在评估供电安全方面的效益，也就是在电力稀缺时期提高电力系统满足电力需求的能力。ENTSO-E 引入了两个指标：

  ——电能不足期望值（EENS, MWh）。

——无法恢复电力供应能力时，额外的备用容量（MW）。

在费用方面，已将项目的投资支出和运营以及维修费用纳入考量。一些成本还可能来自 PCI 调试对系统其余部分的影响（加固、增加所需储备等）。

基于 CBA 的经验，欧盟能源监管合作机构（ACER）通过建立跨境成本分摊规则对这一原则进行了扩展。在这种情况下，基础设施成本由受益国家分担，而不仅仅属于安装基础设施的国家的责任。

2.4.5 安大略省能源局推进能源领域创新的建议书

在能源转型的大环境下，安大略省能源局确定了监管机构可以采取的行动，试图营造一个支持创新的环境，为客户创造价值（安大略省能源局 2018 年）。

因此，已确定了通过以下广泛的行动来支持能源服务创新：

- 通过澄清各方之间的义务以及对客户义务的期望和要求，营造一个透明和公平的竞争环境。
- 通过改变公用事业公司的薪酬核算方式，并引入更系统的估值和定价方法，消除对创新解决方案的障碍。
- 通过向行业参与者提供更详细、及时的信息，鼓励以市场为基础的解决方案和客户选择。
- 通过采取简单及时的方式进行试验，简化监管。

监管改革的不确定性可能会对公用事业公司在资本市场的表现产生负面影响，同时还会影响能源行业对投资者的吸引力。

关注的重点应放在配电领域的创新和监管改革上。然而，确定的一般行动可能超出了配电范围，因为在储能、发电和输电等其他领域也出现了变革的机会。

2.4.6 澳大利亚能源监管机构（AER）资产管理行业实践应用说明

澳大利亚电力监管机构要求，电力公司应在其年度规划报告和其管理的投资举措中披露有关输电网的资产退役、更新（即置换或翻新）及降级的信息。为了响应公用事业公司的要求，AER 制定了应用说明，明确了他们将 NER 要求应用于其电网资产的更换支出计划。“实施指南”就公用事业公司如何满足 NER 要求提供了详细指导和示例，通过基于风险的业务案例分析，证明了电网资产退役和降级决策的谨慎性和效率（AER 2019）。

应用说明本身不具有约束力，而是旨在支持公用事业公司考虑可在指导方针下应用的相关原则和方法。AER 认为，应用说明中所述的原则和方法符合良好的资产管理和风险管理实践要求，支持合理的资产报废计划。因此，在评估替代资产管理投资时，公用事业公司更愿意使用 AER 方法，因为 AER 提到，“该方法将有助于了解 AER 的考虑”。

2.5 总结

世界各地的公用事业企业实施了一系列不同类型的适用法规。监管形式取决于行业结构（例如，纵向整合、隔离或解除管制）以及政府及其国家行业监管机构的要求。即使某些全球趋势是清晰可见的，不同的需求还将持续激励和促进世界各地的不同资产管理方法的衍生。

通过对 CIGRE 的相关出版物的回顾，可以大致了解监管对资产管理影响的演变过程。因此，为了应对输电成本的压力，第一响应通常是推迟资产维护和翻新行动。投资重点仍然是开发新的基础设施。之后，开发出了资产管理标准化（如 ISO 55000）和企业风险管理等新方法，对固定预算内的需求和行动进行优先级排序。随着时间的推移，在提高可再生能源的使用水平时，产生了额外的输电需求。这些额外需求催生了新的资产管理方法，改善投资和支出评估的新方法，以及优先级排序。在这方面，基于风险的成本效益分析方法越来越受欢迎，越来越合适，甚至越来越被需要。公用事业公司和监管机构甚至将其用于论证和仲裁。情景法在应对长期投资（例如对输电基础设施的投资）的不确定性方面起到了非常重要的作用。

通过快速回顾当前的一些全球监管实践和不断变化的要求，可以证实上述说法。因此，风险管理的使用被确认用于组织内优先行动的选择。成本效益分析方法提供有关行动的影响和效益的信息（例如，投资新基础设施，或翻新现有基础设施）。情景法可帮助我们选择正确的行动，从而有助于不同潜在解决方案之间的比较。

参考文献

[1] AER, Industry practice application note Asset replacement planning, January 2019.

[2] Cigre Technical Brochure 327, Impact of regulatory environments on investment decision and transmission, 2007.

[3] Cigre Technical Brochure 474, Interface between System Operators and regulators, 2011.

[4] Cigre Technical Brochure 565, Regulatory incentives for capital Investments in electricity system, 2013.

[5] Cigre Technical Brochure 597, Transmission Risk Management, 2014.

[6] Cigre Technical Brochure 667, The Risk Management in evolving regulatory frameworks, 2016.

[7] Cigre Technical Brochure 692, Market price signals and regulatory frameworks for coordination of transmission Investments, 2017.

[8] Cigre Technical Brochure 715, The Future of reliability: definition of reliability in light of new developments in various devices and services which offer customers and system operators new levels of flexibility, 2018.

[9] Cigre Technical Brochure 726, Asset Management for distribution networks with high penetration of Distributed Energy sources, 2018.

[10] Cigre Technical Brochure 764, Expected impact on substation management from future grids, 2019.

[11] Cigre Technical Brochure 786, Investment decisions in a changing and uncertain environment, 2019.

[12] ENTSO-E Guideline for Cost Benefit Analysis of Grid Development Projects, September 2018.

[13] Ofgem, Distribution System Common Network Asset Indices Methodology, 2017.

[14] Ofgem, Revenue Incentives Innovation Output, Electricity Transmission Annual, Report 2018_2019, February2020.

[15] Project of Common Interest, European Commission, Energy, 2020.

[16] Second Advisory Committee on Innovation, November 2018, Ontario Energy Board Staff white paper on Benefit-Cost Analysis in the reforming energy vision proceeding, July 2015, New York-Department of Public Service.

3 资产管理投资规划

加里・L・福特（Gary L. Ford）
格雷姆・安谐尔（Graeme Ancell）
厄尔・S・希尔（Earl S. Hill）
乔迪・莱文（Jody Levine）
克里斯托弗・耶里（Christopher Reali）
埃里克・里克斯（Eric Rijks）
杰拉德・桑奇斯（Gérald Sanchis）

加里・L・福特（G.L.Ford）（✉）
PowerNex Associates Inc.（加拿大安大略省多伦多市）
e-mail: GaryFord@pnxa.com

格雷姆・安谐尔（G. Ancell）
Aell Consulting Ltd.（新西兰惠灵顿）
e-mail: graeme.ancell@ancellconsulting.nz

厄尔・S・希尔（E. S. Hill）
美国威斯康星州密尔沃基市 Loma Consulting
e-mail: eshill@loma-consulting.com

乔迪・莱文（J. Levine）
加拿大安省第一电力公司（加拿大安大略省多伦多市）
e-mail: JPL@HydroOne.com

克里斯托弗・耶里（C. Reali）
独立电力系统营运公司（加拿大安大略省多伦多市）
e-mail: Christopher.Reali@ieso.ca

埃里克・里克斯（E. Rijks）
TenneT（荷兰阿纳姆）
e-mail: Eric.Rijks@tennet.eu

杰拉德・桑奇斯（G. Sanchis）
RTE（法国巴黎）
e-mail: gerald.sanchis@rte-france.com

G. Ancell 等人（eds.），电网资产，CIGRE 绿皮书
https: //doi.org/10.1007/978-3-030-85514-7_3

目 录

摘　要

虽然资产管理公司正忙于处理中短期（通常少于15年）运营和战术投资，这是公用事业公司和监管机构的重点，但这种资产投资的预期运营寿命非常长（至少为40~50年）。例如，当资产接近使用寿命时，系统对资产的需求可能与50年前甚至更久之前的新资产有着天壤之别，因此，对待报废资产进行对等替换这种做法可能欠妥。这种情况下，需要从长远的系统角度考虑，这也是系统投资规划者所面临的挑战。近几十年来，这一角色已变得愈加复杂。从原来规划安排得很好的基本垂直整合的公用事业，过渡到独立市场实体（发电、输电、配电和独立系统以及市场运营商）的无序配置，使投资规划变得复杂。最近，与气候变化相关的政府举措的不确定性加大了这种复杂性，如到2050年实现零碳排放，将对电力系统的系统开发规划产生深远影响。本章侧重说明上述问题，并讨论资产维持投资规划和系统开发投资规划之间的关系，以及协调这两个职能的必要性。本章探讨综合开发和维持投资规划的相关过程和方法，包括与资本支出和运营支出相关的权衡，投资规模的适当调整，需要考虑“输电系统运营商”（TSO）投资与“输电系统运营商（TSO）-配电系统运营商（DSO）”协调投资的不同方法。除此之外，本章还探讨了用于解决资产管理问题时考虑新兴技术而不是传统电网解决方案的地方。

3.1 引言

世界各地的电力系统都有大量即将达到使用寿命（EoL）的资产。电力系统资产的更换是一项重要决策，它提出了这样一个问题："我们是否认为在未来50多年里，这一资产是否会像过去一样被利用，还是需要按照一种全新方法应对电力系统日后所面临的各种挑战？"如果我们回想一下，在当前的EoL资产投入使用时，电力系统扩展的驱动因素是什么？当某一资产即将报废时，它提供了一个独特的机会：是否对其进行同类替换、升级和加固；是否由创新的或需求侧的设施取而代之？本章不仅说明上述问题，并为读者提供关于将系统开发规划和资产维持投资规划相协调的方法指南。

特别是，本章对以下内容进行了探讨：

- 在现有资产基础和新兴系统需求，以及新兴技术带来的机遇的背景下，定义系统开发投资规划；
- 在解决和管理现有待报废资产的背景下，定义资产维持投资规划；
- 讨论为什么需要进行综合系统开发和资产维持投资规划；
- 探讨综合系统开发和资产维持投资规划的相关过程和方法，包括与资本支出和运营支出相关的权衡，投资规模的适当调整，需要考虑"输电系统运营商"（TSO）投资与"输电系统运营商（TSO）–配电系统运营商（DSO）"协调投资的不同方法；
- 探讨了用于解决资产管理问题时考虑新兴技术而不是传统电网解决方案的地方。

3.2 系统开发投资规划

本章中的“系统开发投资规划”是指为提高电力系统容量、可靠性或市场效率而与电力系统集成的新系统设施的开发。这种投资需求通常源于以下驱动因素：

- 电力需求增长；
- 连接新的发电或负荷；
- 保持系统和客户可靠性，减少出现缺供电量（ENS）情况；
- 减少系统阻塞；
- 整合电力市场。

这种情况下，“系统开发规划”的关键区别在于它是为了优化电力系统容量、可靠性和市场效率。这种优化确保了电力系统未来的需求得到满足，新的负荷和发电系统获得连接，可靠性保持在适当的水平，并在经济的情况下减少电网拥堵。对于“系统开发”投资的相关资本成本，必须通过商业案例进行合理说明，它考虑了技术上可行的选择和全新或修改的收入流。在许多商业案例中通常会考虑全新资产生命周期内的运营支出，但“系统开发规划”更注重“资本支出”（CAPEX），而非“运营支出”（OPEX）。

3.3 系统开发投资规划传统驱动因素

在讨论综合系统投资和资产维持投资规划的必要性之前，必须了解“系统开发规划”的几个传统驱动因素。

3.3.1 需求增长

电力需求增长是“系统开发规划”的主要传统驱动因素。随着电力需求不断增长，通常需要通过新建变电站的方式将新需求连接输电网络（“新负荷连接”）。连接新负荷后，通常会加大现有输电系统设施的电力负荷。如果这种电力负荷的增大导致违反“系统开发规划”所用系统性能标准，则需要对输电系统进行额外升级改造。升级改造措施包括：

- 升级改造现有输电线路；
- 安装新的输电线路；
- 安装新的无功补偿装置；
- 新建开关站和其他新设施。

对于上述系统额外升级改造措施，通常可按照最低成本规划原则（即尽可能减少对客户的价格上涨，最大化实现公用事业回报率）说明其合理性。

对于与电力系统新设施，以及受新负荷连接驱使的扩容有关的成本回收，取决于各管辖范围内所实施的监管框架。通常，可通过电力需求额外增长所带来的新收入来源，说明电力系统新设施商业案例的合理性。如果电力需求额外增长所带来的新收入来源不足以满足 TSO 的收入要求，则需要通过其他财务机制保持 TSO 的财务完整性。这可能包括作为连接成本回收协议一部分的个人客户的资本出资、输电电价的增加、差异账户以及其他财务机制。

3.3.2 发电互连

电力需求增长往往伴随着对新一代资源的需求。此外，各种脱碳政策（如“2050 年实现零碳排放”）推动了对新的可再生新能源发电连接输电系统的需求。可再生新能源发电可采用各种成熟技术（如水力发电技术），也可采用各种新技术（如太阳能发电或风力发电等逆变器连接发电技术）。

这些新技术的性能有所不同，需要在各种互连标准和电网规范中进行体现。这些要求涉及低电压穿越能力、在瞬时欠频和过频偏移情况下保持连接、振荡阻尼、无功发电和吸收、最小连接安排等内容。

发电商往往需要负责出于自身连接需求而对电力系统额外进行升级改造的成本。发电商通常会通过商业案例说明此类成本，并通过所支付的能源费、容量费、监管服务费、和 / 或基于双边协议、和 / 或市场机制的其他任何服务费进行成本回收。此外，脱碳政策可能还包括一些规定，如通过上网电价补贴或其他可再生能源激励付款对可再生能源发电进行额外补偿。

3.3.3 系统和客户可靠性

TSO 应按要求根据可靠性标准实现系统可靠性性能，并根据客户协议和 / 或监管要求保证客户供能质量。部分 TSO 为满足监管措施要求而制定了各种性能激励制度（如缺供电量或客户满意度）。

对于出于满足系统可靠性标准需要而对电力系统额外进行的升级改造，通常以最低成本规划方法为依据，并向监管机构或公用事业委员会证明。对于出于系统可靠性需要而进行的系统升级改造相关费用，许可、法规或立法要求通常将此费用视为“非可控支出”。与非可控成本相关的增加收入要求，TSO 通常会向所有客户或某一客户群体抬高输电网电价。显然，具体成本回收机制因管辖范围而异。

3.3.4 输电阻塞管理

对于发展较为成熟的大多数电力市场而言，必须解决电力系统所存在的各种制约因素，如某一组输电线路的传输限制（“传输接口”）。制约因素可限制某一地区的可连接发电量。某些制约因素会导致使用价格更高的发电，即使在受限制地区存在多余的低成本发电。

这些电力市场对输电限制制约因素的传统解决方式是采用某种形式的节点边际定价。当输电限制制约因素存在约束力时，如果使用节点边际定价，将出现接收侧输电受限接口的能源边际价格相对较高，而发送侧输电受限接口的能源边际价格相对较低的情况。这种价格差异（有时称为“输电阻塞费”）成为输电阻塞所引起的一种经济后果。

如果这种价格差异很大，且预测会持续存在或加剧，可能会引发关于通过“系统开发规划”过程对电力系统额外进行升级改造的需求。通常情况下，如果现金流量贴现分析结果是预计“输电阻塞费”将减少的当前净收益大于输电线路升级改造成本的净现值，则通过电力系统升级改造的方式进行输电阻塞管理更为合理。

3.3.5 整合电力市场

对两个之前从未连接的电力市场进行互连，提供了改进可靠性、弹性和获取更低成本电力的途径。在世界上与邻近电力市场地理位置更接近的地区，如欧洲电力市场，这一点尤为明显。

对于为了实现更大程度的市场整合而进行输电升级改造的商业案例模式，则可能存在很大差异。CIGRE 工作组 C1.33 的关于“接口和分配问题”，目前正在探讨在多方和 / 或跨辖区电力基础设施项目中输电升级改造有关的各种商业案例模型。最为常见和最简单的一种电力市场整合商业模式便是“经销商输电商业模式”（即经销商输电业主通过拍卖输电线路使用权的方式进入周边电力市场）。

3.4 资产维持投资规划

受负荷和环境压力影响，资产会出现老化和性能下降情况。与此同时，材料退化变质，性能下降，越来越难以承受这些压力。第 4 章将介绍上述老化过程，这是因为这些老化过程适用于各种关键输电资产，如变压器、开关柜、高架输电线和地下输电线等，并讨论了资产报废及其管理方法。部分老化过程持续时间较长，而且资产有可能会因为其他原因进行替换或升级，使其仍然能够满足性能规范要求。

“资产维持投资规划”是指确保现有电力系统资产持续可靠和安全运行的活动，或延长现有资产正常预期使用寿命的活动。这些活动包括对现有资产增加或减少维护和修理，翻新，更换，以及其他处理方式，这些活动基于以下考虑因素：

- 资产状况；
- 资产使用寿命；
- 健康和安全，以及与在役故障相关的其他企业 KPI 风险；
- 合规要求；
- 降低损耗；
- 其他新问题。

资产维持规划的使用背景与系统开发规划存在根本性差异，因为资产维持规划的目的并非是对电力系统进行扩容（尽管这可能会成为一个非预期结果），而是维持现有资产的可靠性。这包括对现有系统资产开展日常维护活动，确保这些资产能够达到计划的经济寿命。因此，大多数资产维持投资均可视为“运营支出”。

第 6 章介绍运营资产管理，其中包括当年和近期维持资产所需采取或实施的行动和投资规划。这包括资产状况持续评估，资产性能数据监测，以及通常基于风险的健康指数 / 关键性评估来支持近期投资优先级的决策。第 7 章主题为中长期资产维持投资选择和战术。第 7 章的重点在于对数据分析结果不佳的老龄资产确定管理风险和投资水平的最佳策略，以及应用于一系列资产维持投资选择和权衡的商业案例分析方法。资产维持规划包括：翻新资产，以延长资产预期使用寿命；升级资产，以提高资产能力；以及最终更换已接近报废但对电力系统仍至关重要的资产。这三种维持投资现已纳入资本支出（CAPEX）类别。

3.5 能源综合利用系统开发及维持规划需求

第二次世界大战结束后，全球发达国家都在大规模扩建电力系统，导致资产年龄结构分布不均衡（相关描述见技术手册 176，阐释如图 3-1 所示）。

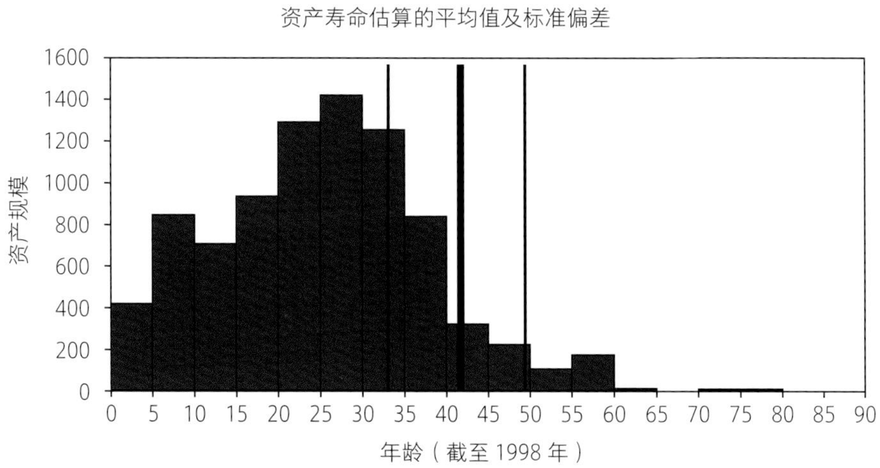

图 3-1　资产年龄结构分布不均（弓形波）
[相关描述见技术手册 176（CIGRE WG37-27）]

如此一来，将出现资产报废规划大幅增加的情况。对报废资产进行替换意味着需要资本支出，然而，如果无相关收入增长，则通过商业案例支持实施报废规划会显得极具挑战性。而环境驱动因素和社会驱动因素正在改变全球用电方式，加大了这一挑战的复杂性。CIGRE已认识到这种模式的转变，包括以下几个方面：

- 由于人口稳定，加之终端用电负荷能效有所提高，因此，在近期内电能消费需求将趋于平缓；
- 2050 年净零碳排放等旨在减缓全球气候变暖的环保倡议，将产生以下结果：

  ——增加分布式能源（DER）；

  ——运输电气化前景；

  ——热泵使用普及前景；

  ——增加市场准入的愿望；

  ——增加对电力系统的弹性需求。

对于这种模式的转变，需要系统开发规划者换个角度进行思考。必须综合考虑解决“系统开发”和“资产维持（资产报废）”这两种需求，确保能够保持电力供应的可负担性、可靠性和可持续性。

“系统开发投资规划”的一个关键因素在于“需求”预测。2016年，CIGRE 工作组 C1.32 编制了一份技术手册（TB 670），关于为制定电网规划的可靠电力需求和能源预测最佳实践方法。该工作组对相关预测实践进行了调查。大多数预测软件都是由内部开发的。根据工作组的一大发现，这些需求预测方法屡遭修改，表明最佳实践并未获得广泛认同。

技术手册 670 指出，未来 10 年，需要并入负荷预测的最重要影响因素如下：

- “可再生能源”（RES）使用普及率；
- 需求侧响应管理；

- 储能和电动汽车。

本章后文将对这些影响因素详细展开讨论。

3.5.1 电能消耗趋于平缓

尽管“系统开发规划”的一大传统驱动因素是需求增长，然而发达经济体最近一直存在电能消耗量趋于平缓的情况。图 3-2 能够清楚地说明这一点。

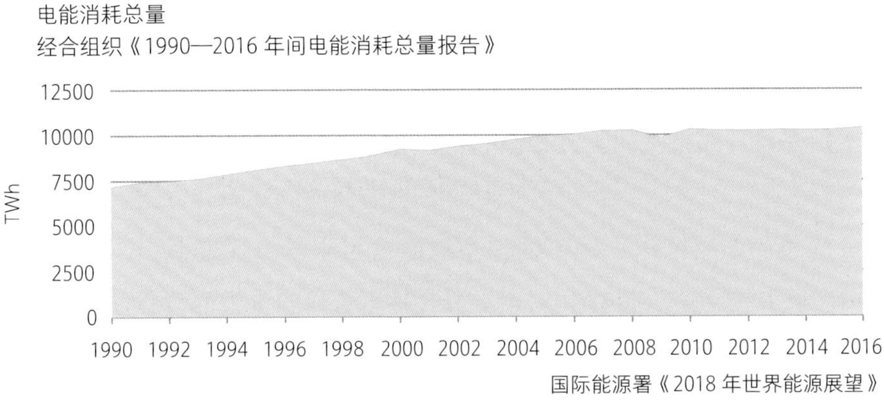

图 3-2　1990—2016 年电能消耗量趋于平缓［经合组织（OECD）］

发达经济体电能消耗量趋于平缓存在诸多因素，其中最显著的因素包括人口发展稳定、产能全球化、终端用电负荷效率有所提升。一般来说，随着电能消耗量趋于平缓，输配电系统的吞吐量将面临下行压力。如下文所述，尽管需求平缓可能会引发这种下行压力，但这种净效应也与其他一些驱动因素有关。

虽然经合组织（OECD）发布的相关数据表明，近 20 年来，电力系统的负荷明显趋于平缓，但资产管理公司仍需要考虑未来几十年负荷水平可能或极有可能出现的情况。环保倡议、监管政策、金融政策和商业计划的推出可能会对长期规划期间的负荷预测产生重大影响。

如英国国家电网 ESO 研究报告《2020 年未来能源情景展望》所示（图 3-3），以“2050 年实现净零碳排放”为主旨的现有政府政策能够而且极有可能会对电力系统负荷产生重大影响。该预测说明了英国电力系统负荷近 10 年来有所下降，但考虑到“2050 年净零碳排放”战略可能会带来的能源来源变化，预计在未来 30 年，英国电力系统负荷将大幅增加。

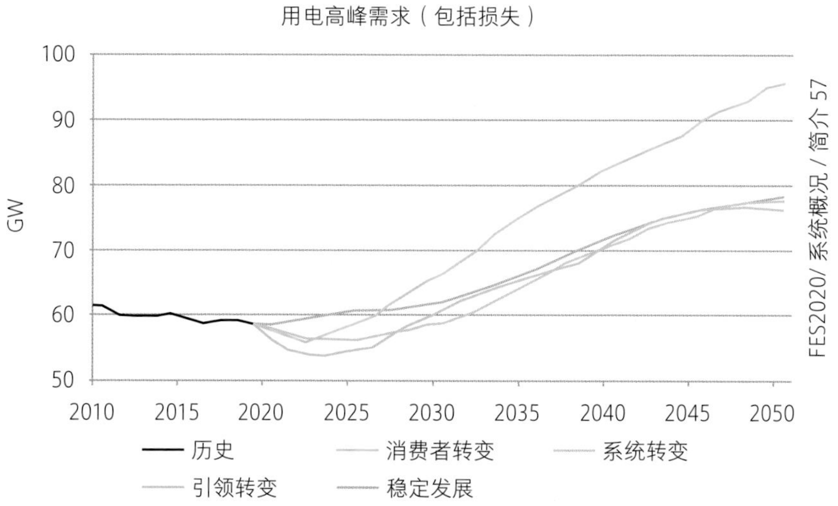

图 3-3　实现 2050 年净零碳排放的各种情境下对英国电力系统负荷的预测情况（英国国家电网 ESO）

在美国，政府所制定的战略似乎正朝着净零碳排放的方向发展，但对于电力系统负荷的增长，预计将受到提高需求管理效率计划，以及在表后增加太阳能电源的影响而放缓，如图 3-4 所示。

3.5.2　增加分布式能源（DER）

近年来，配电系统上的分布式能源（DER）发电量得到迅速提升。这一点可通过以下数据（图 3-5、图 3-6）进行推断，相关数据表明，经济合作与发展组织（“经合组织”）相关国家的太阳能光伏发电量和风能发电量均有所增长。

尽管太阳能光伏发电和风能发电并非完全连接在配电系统上，但大部分确实都是通过配电系统进行连接的，发电量的快速增长充分说明了分布式能源（DER）的增加情况。

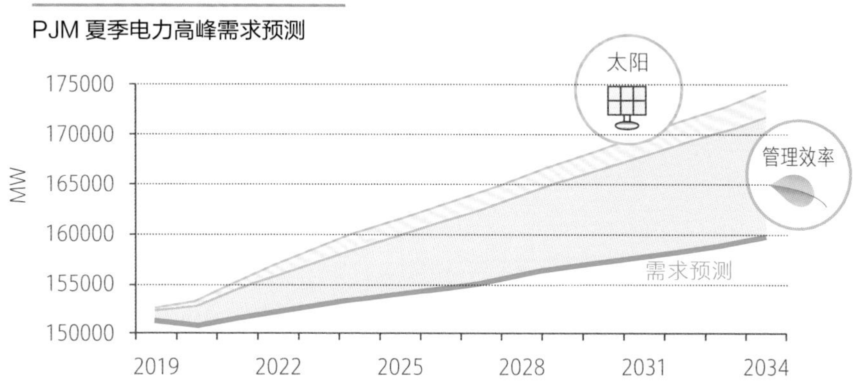

图 3-4　PJM* 对 15 年的电力负荷预测

注：根据 ©PJM 对 15 年的电力负荷预测，说明在政府未制定净零碳排放战略的情况下，太阳能和管理效率计划会对负荷增长产生影响

图 3-5　太阳能光伏发电量增长情况

* **译者注**　PJM 是经美国联邦能源管制委员会（FERC）批准，于 1997 的 3 月 31 日成立的一个非股份制有限责任公司，负责美国 13 个州以及华盛顿哥伦比亚特区电力系统的运行与管理。

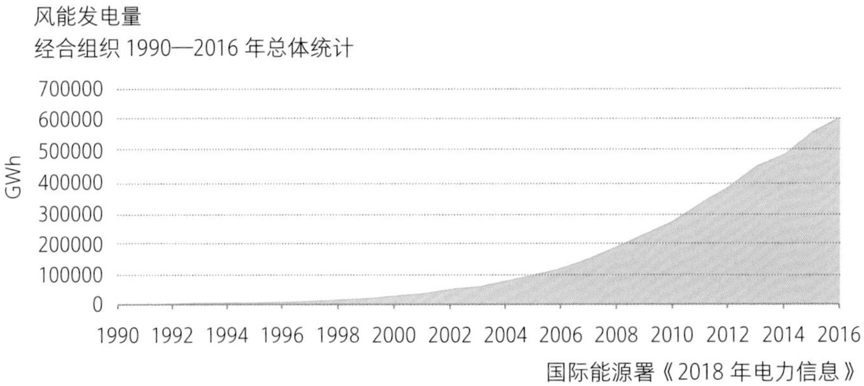

图 3-6　风能发电量增长情况

随着分布式能源（DER）的增加，影响输电系统和配电系统的方式多种多样，其中最显著的影响方式包括减少输配电网电力峰值负荷和能量转移、改变电力潮流（包括反向电力潮流）、增加电压并更改故障水平。这些影响，将要求输电运营商和配电运营商修改操作规程和设备规范，如技术手册 726《分布式能源高渗透条件下的配电网资产管理》[WG C6.27] 中所讨论的相关内容。随着分布式能源（DER）高渗透，以及来自配网运营商（DNO）和配电系统运营商（DSO）的发展趋势的影响，制定全面的资产管理战略是一件至关重要但同时也是较为复杂的事情。从市场参与者是以利润为导向的独立实体情况来看，未来难以实现对发展计划的共享。电力系统的规划和建设需要具有长远的视角。然而，未来充满不确定性，而且会发生不可预测的事情。技术手册 726 为使用情景评估方法来预测未来可能的结果提供了有益的指导，包括剖析挪威的一个真实案例，帮助读者通过使用场景了解配电网资产管理未来不可预测性的示例。

3.5.3　运输电气化与热泵使用普及

纵观全球，许多地方的电动汽车（EV）数量正在迅速增加。就电动汽车充电而言，输配电系统既迎来机遇，又面临各种挑战。电动汽车充电会增加电力峰值需求，可能导致变压器和输电线路处于过载状态，而电压会降至让人难以接受的水平。如今，电动汽车能够不断朝着向电力系统回注电力（如车辆向电网回注电力）的方向发展，这已成为电力系统输配电运行管理的另一种工具。

热泵为化石燃料供暖系统提供了一种非常节能的供暖替代方案；如果使用无碳电力（如可再生能源电力）供电，供暖将实现碳中和。随着各国推行实施脱碳政策，热泵使用数量将极有可能大幅增加。然而，随着热泵使用数量的增加，配电网将面临各种问题。热泵压缩机的电机启动电流高于正常的电网运行电流。当开启和关闭热泵时，也会出现暂态效应。尽管如此，但热泵仍能为电力系统带来诸多好处。热泵可通过电机惯性帮助稳定电力系统，并且热泵可以根据需求响应供能计划。

3.6 能源综合利用系统开发及维持规划资本支出与运营支出权衡过程和方法

输电系统中的部分资产（如“特修斯之船”[1]悖论所述资产）可进行翻新。譬如，大型电力变压器在使用过程中会出现老化，同时，油纸绝缘系统会流失水分。这种湿气会增加损耗，并削弱变压器电介质的耐受力。通过对油品进行常规诊断测试，结果显示水分含量有所增加。就变压器而言，负载以及变压器中的水分和氧气含量将直接决定设备使用寿命。水分和氧气含量越高，变压器使用寿命越短。在某

[1] 特修斯悖论之船可以追溯到一世纪。矛盾提出了一个问题：如果一艘船是由 100 块木头制成的，随着时间的推移，每一块旧木头都被一块新木头取代，它仍然是特修斯的旧船吗？

些时候（通常为变压器到达寿命中期时），为了延长变压器的使用寿命，资产管理公司可能会决定进行翻新投资，并有理由通过延长变压器停运时间的方式，对变压器进行处理，以去除变压器中的水分和氧气。与此同时，资产管理公司可能还会决定对分接开关、套管、冷却器垫圈、密封件等部件进行翻新或更换。同样，架空输电线路也会因塔架和导线的腐蚀、混凝土基础开裂和硬件磨损而发生老化。上述所有部件均可通过输电线翻新计划进行维修或更换，这将几乎无限期的延长输电线路的使用寿命。通常维修都是零散的进行，并且将维修成本纳入运营支出（OPEX）预算中。而涉及导线更换、塔架喷漆等对整条输电线路进行的翻新，可以延长输电线路的使用寿命，并增加自身价值，这些翻新成本则纳入资本支出（CAPEX）预算中。

2016 年，Transpower 公司（新西兰 TSO）认识到，尽管他们的大部分隔离开关均采用高质量的耐用设计，但与国际同行相比，这些隔离开关的运行性能一直稍逊一筹。Transpower 公司的资本支出（CAPEX）预测包括将 1250 万新西兰元的资金用于更换老化的隔离开关，但可能无法支持老化隔离开关和接地开关更换策略的实施。

Transpower 公司通过资产管理调查，以探索一种可能会提高资产性能同时延缓或避免出现资本支出的替代方法。Transpower 公司调查了某些隔离开关和接地开关，看是否可以通过改进维护的方式来延长这些设备的使用寿命。

Transpower 公司发现，与上述隔离开关维护有关的重要信息从未记录在案，而且熟练掌握隔离开关信息的高级维修人员为数不多，更重要的是，这些高级维修人员也即将退休。Transpower 公司专注于采集和记录这些信息，并努力开发新的培训方式，以此推广维修工作的新标准。

Transpower 公司对各种方案进行了系统性研究，并展示了这些方案如何有效权衡资本支出（CAPEX）和运营支出（OPEX），从而实现长期效益。尽管随着新战略的实施，运营支出（OPEX）有所增加，但这与节省的资本支出（CAPEX）情况相比，却不值得一提，因为总体来说，资本支出（CAPEX）的节流金额达到了600万新西兰元。如需了解详细信息，请见第2部分“案例研究”。

当变压器的预计电力峰值负荷略高于自身额定值时，将给资产管理带来挑战，面对这样的挑战可以采用以下几种解决方案。

- 接受使用寿命缩短事实。通过对电力峰值运行时可能产生的使用寿命损失进行计算，计算结果将证明变压器使用寿命损失所带来的经济价值是否高到应考虑采用其他方案。
- 实施实时动态监测系统，并通过系统峰值管理电力负荷，防止电力负荷超过额定值。该系统可为自动减载方案，也可以是直接控制负荷。
- 这种情况下，另一种方案是在电力峰值负荷期内减小电力负荷，从而将变压器的使用寿命延长几年。为此，一种可行的办法是在电力峰值负荷期内将电力负荷转移至相邻变电站。通常情况下，无论是城区还是郊区，配电变电站之间都存在转移电力负荷的能力。然而，如果实施这种使用寿命延长方案，每年的运维成本费用将可能出现增加的情况，这是因为实现电力负荷转移会增加运营成本，潜在损失可能有所增加，以及通常会增加对老式变压器的监测和维护次数。在评估此类方案时，需要考虑的其他因素包括确保公众和员工自身安全不受影响，以及研究对可靠性性能的潜在影响。

当获得更具成本效益和可靠的技术时，就会出现另一种对资本运营和维护的协调权衡。现代电子保护与控制（P&C）技术增加了较为理想的新功能，而且这种功能可大大减少维护次数，相比之下，P&C旧技术在经济上毫无价值。因此，就常规设备而言，在到达正常经济使用寿命之前进行更换是一种比较合理的做法。

报废资产“适型改造”概念介绍

“适型改造”是指根据需要适当调整设施（某一资产或多个相连资产）规模，同时认识到对该设施的原始需求可能已经发生很大变化，并且要考虑未来设施容量的需要，以及设施要与其运行所处资产系统相协调。现阶段接近报废的资产的原始需求规划通常可追溯至50多年前。

在对预期使用寿命至少长达50年的资产进行规划和投资时，需要考虑电力系统在未来几十年里的潜在巨大变化。这些变化包括（但不限于）新建电力负荷中心，特定发电设施退役，从传统工业时代业务（采矿、钢铁、制造）向通信和信息时代业务（如云数据中心、比特币* 业务）经济转型，出台新的公用事业标准（如结合系统弹性需求），以及电力系统新技术（如分布式可再生能源发电技术、电池和其他形式的储能技术）等。

未来可能发生的技术变革的幅度、经济的不确定性，以及特定资产使用寿命期内对电力系统的需求，将给出一个难以回答的问题：即这个特定资产的用途和需求是会减少，还是保持稳定，抑或是会增加？从系统开发的本质来看，系统投资具有渐进性，这样资产就可以按照某种用途继续使用，尽管，这种用途可能与初装时的目的相比是次要的。

如此一来就引出了一个问题，就是对于即直到资产的经济寿命终止时，电力系统的现行要求和未来要求是什么。当前资产的评定是否正确，即“适型改造”是否应该替换为同类资产，或更换为具有更强能效的资产，抑或是被合并到其他资产？

---

* **译者注**　2021年09月15日，中国人民银行会同有关部门印发了《关于进一步防范和处置虚拟货币交易炒作风险的通知》（银发〔2021〕237号），明确虚拟货币不具有法定货币等同的法律地位，其相关业务活动属于非法金融活动，参与虚拟货币投资交易活动存在法律风险。

设施报废后，运营商可趁机根据过去50年来的发展，以及符合当前需求的新技术审查这些需求。相关方案包括扩容或合并设施，并为电费支付者提供增量经济价值。需要对输电线路通道或变电站或发电站站点类型的资产进行评估，以考虑未来是否存在各种机会，如重新利用以实现新互连和新应用。

3.7 系统开发投资与资产维持投资协调

3.7.1 基于客户价值的报废系统开发投资方法

以下介绍在输配电资产即将报废的情况下可考虑系统开发投资潜力的一种方法。此方法将最大程度上实现客户或纳税人的价值（而不是输电公用事业公司股东利润）作为目标，而不是输电公用事业的股东利润，当然，这种价值也会受到满足可靠性标准或评判准则的约束。

这种理想主义方法主要包括以下几个步骤：

（1）在规划范围内，确定预计将在足够的交付周期内达到使用寿命终点的资产（通过正常的财务、使用年限和资产状况评估，被认为是公用事业公司确定预期使用寿命的最佳方法）。

（2）确定电气上非常接近，或在输电系统的相同部分内，用于公共或从属功能的所有资产，并且这些资产在（1）中所述资产报废后的5~10年内达到预期使用寿命。

（3）在假设（1）和（2）中所述资产被报废的情况下，考虑基础案例系统。

（4）对（3）中所述基础案例进行规划需求研究，就好像任何资产都不存在一样，来确定各种系统需求，比如：

（a）负荷连接需求；

（b）发电连接需求；

（c）电网性能需求（如热容量、电压性能、稳定性能）；

（d）经济或市场效率需求。

（5）进行规划方案分析，从而满足（4）中所确定的需求，包括考虑更换（1）和（2）中所考虑进行对等替换的资产，以及考虑使用可能出现的其他潜在方案，如“分布式能源”。

（6）根据公用事业公司、规划部门或监管部门的决策标准选择首选方案。决策标准包括可靠性、最低成本、可行性、环境影响、社会影响以及其他等，同时，还要考虑其他因素，包括土地使用考虑、电压等级变化、扩容。

从实践的角度来看，此规划过程的各种实施方式主要取决于制度因素，如公用事业公司是否垂直整合，公用事业公司的商业模式；管辖范围内的规划框架（如是否由“独立系统运营商”带领实施此规划过程？），管辖范围的监管框架等。

3.7.2 全球开发情况

公用事业公司在其监管和商业环境背景下制定了各种规划流程。第 7 章将分别介绍由英国国家电网电力传输公司（National Grid Electricity Transmission）和加拿大电力公司（Hydro One）制定的规划过程。第 7 章中还介绍了美国的 PJM 公司，PJM 是一家大型区域输电运营商（RTO），它实施了一个持续的区域规划过程，在 24 个月和 18 个月周期内不断进行审查和更新［如图 3-7 所示（PJM）］。

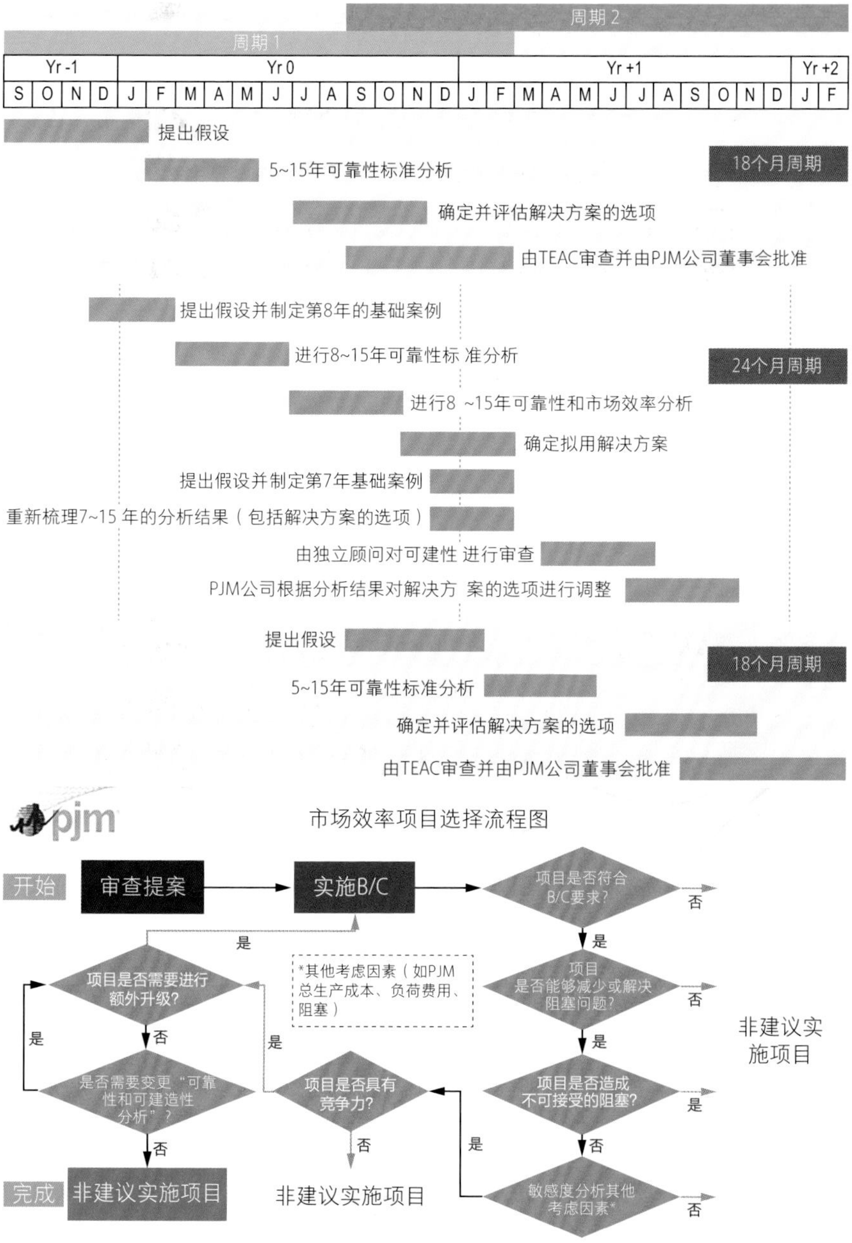

图 3-7　©PJM 24/18 个月区域规划周期与项目选择过程

此外，该图还说明了 PJM 公司所制定的项目效益 / 成本（B/C）评估与项目选择过程。2006 年，PJM 公司延展了输电规划流程，将所考虑的扩建或增强项目的周期延长为 15 年。此举有助于 PJM 公司通过规划工作及时预测更长交付周期的输电需求。基础可靠性分析成为 PJM 公司进行规划分析和提供相关建议的一种基础条件。如今，PJM 公司的 15 年规划审查形成了一个包括以下内容的区域计划：

- 基线可靠性升级；
- 基于运行性能问题的升级（潮流、短路与系统电压、功角稳定性问题）；
- 基于市场效率的升级（如输电阻塞问题）；
- 联邦能源管理委员会（FERC）项目及公共政策要求；
- 输电运营商补充项目（包括解决现有设施报废管理问题的资产维持项目）。

第 2 部分第 21 章 * 通过案例研究描述了 PJM 公司用于备用变压器规划的概率风险评估，该评估结果是来源于基于可靠性和市场效率升级的这一过程。系统可靠性、运营效率和具有成本效益的资产管理投资决策显然已成为 PJM 公司的核心关注点。PJM 公司案例研究描述了支持备用变压器投资决策的分析，以及这些备用变压器在电网中所处的位置，以便在变压器出现运行故障时减少输电阻塞费，从而获得显著效益。

在新西兰，政策要求 Transpower（TSO）和配电运营商必须公布并定期更新他们所制定的资产管理计划。这些资产管理计划既包括系统开发规划和资产维持规划，又包括对未来 10 年的资本支出和运营支出预测情况。规划周期很大程度上取决于新西兰所实行的 5 年监管周期。Transpower 公司和这些配电运营商均需要接受价格和质量监管。这些公司在 5 年监管期间（如 2020—2025 年）的最大收入额和

---

* **译者注** 《电网资产：投资、管理、方法与实践》中文引进版分两册出版，该内容为第二册《电网资产应用案例研究》中的第 12 章内容。

最低服务质量目标都是在 5 年监管期开始时设定的。对于收入额超出 2000 万新西兰元的大额输电项目，将按规定单独进行审批。

3.7.3 输配电投资协调面临的挑战

当不同的投资方在目标、预算限制和资本获取水平不一致时，输电和配电投资协调将面临各种挑战。输电和配电通常由不同的运营商负责，即使是垂直整合的电力系统运营商，输电投资和配电投资决策也可能是由不同的部门负责，而这些部门的目标可能是不一致的。

在部分司法管辖区，输电投资监管框架与配电投资监管框架并不相同。一些地区的监管部门会要求输电投资提案考虑使用输电替代方案。输电替代方案的一个使用示例是为满足配电运营商日益增长的电力需求，输电运营商需要安装更大容量的变压器。

在作出输电投资和配电投资决策时，对未来电力需求的预测是一个重要因素。输电运营商通常会将输配电接口的电力需求历史记录作为预测依据。对于同一个输配电接口，配电运营商可能会基于对当地的了解对未来电力需求有着截然不同的看法。配电运营商会更加了解当地将与配电网连接或断开的大负荷，将负荷从一个输配电接口转移至另一输配电接口的计划，以及当地电力峰值需求管理所需的负荷控制能力。对于输电运营商和配电运营商的电网规划者而言，定期开会讨论负荷预测是一件很重要的事情。

输电运营商和配电运营商对可靠性可能存在不同看法。输电运营商可能需要在某些资产停运期间仍然保持电力供应，而配电运营商可能会接受资产可靠性下降（如资产停运期间的电力中断）或短期超载，特别是在配电运营商为提供更高可靠性所需的额外资产支付费用的情况下。

基于上述考虑，输配电运营商在考虑是否解决输配电投资时可能存在诸多方案。有时解决输电问题，既存在基于配电的选项，也存在基于输电的选项。为减少输电资产电力负荷，配电运营商可将电力负荷转移至其配电区域的其他变电站，也可提高输配电接口的功率因数。

同样，有时也会存在与配电问题有关的输电选项。例如，为降低配电网中超出配电设备故障额定值的高故障水平，可将现有输电变电站变压器替换为高阻抗变压器，或使用限流电抗器。

就编制输配电投资商业案例的责任方而言，考虑使用输电方案或配电方案的动机可能基于或弱或强的某些激励。这些激励措施可以是财务方面的，如让另一方支付费用来解决问题，也可以是要求将新投资纳入公用事业公司基础费率。

输电和配电投资的商业案例审批过程可能有所不同。至少其中一个商业案例的审批过程可能比较省心省力，从而成为一种首选处理方式。审批过程差异可能源于输配电所实施的不同监管机制，或者输电和配电运营商属于不同业务流程的独立实体。对于规划问题的性质和解决这些问题的优先次序，输电和配电独立实体可能存在截然不同的看法。

3.7.4 监管框架下的 TSO 和 DSO 投资面临的挑战

对 TSO 和 DSO 的投资进行监管在国际上是很普遍的。通常情况下，监管框架主要对价格和质量进行监管。对于输配电运营商来说，允许其在满足业绩目标的情况下按照特定回报率标准获取相关收入。此外，监管部门还采用各种绩效激励措施，旨在从业绩方面对输配电运营商进行奖励和惩罚。监管部门会结合资本支出和运营支出预测情况，以及现有资产投资回报和资产折旧情况，确定输配电运营商的允许收入。

然而，在确保能够从客户或纳税人自身利益角度合理作出资产管理决策的情况下，许多监管框架在设备即将报废时阻碍了良好的做法。例如，如果一个 50 多年前安装的资产不再按原计划使用，从客观上来说，在不更换的情况下对该资产进行退役是一种更有效的做法，输配电运营商的监管资产总体上可能会有所减少，进而降低总体成本回收要求，并根据规定的回报率减少利润。监管框架需要确保的一点是，公用事业公司能够按照激励方法站在客户和纳税人的利益角度作出适当决策，采取有成本效益的行动，并避免出现不经济的结果。

相反，当设备即将报废时却遭到大量使用，并且预计利用率会有所增加，此时，现有监管框架通常会适当激励公用事业公司提高设备等级或增加设备。虽然上段表述的逻辑是成立的，但所起的作用恰恰相反，因为提高设备等级或者增加其他设备也更昂贵，从而加大公用事业公司成本回收的收入要求，因此，也会根据其谨慎产生的成本的监管回报率而增加其利润。

2014 年，澳大利亚议会参议院（澳大利亚政府）开始对电力公司的业绩和管理情况进行调查。就在人们预计电力需求增长趋于平缓之时，澳大利亚的电价一路飙升。随着电价不断上涨，对电网资产进行过度投资的指责声不绝于耳。制度安排和监管设计被认为是潜在成因。2017 年，澳大利亚竞争和消费者委员会（ACCC）对零售电力的供应和零售电价的竞争力展开一番调查。图 3-8 阐述了澳大利亚各州

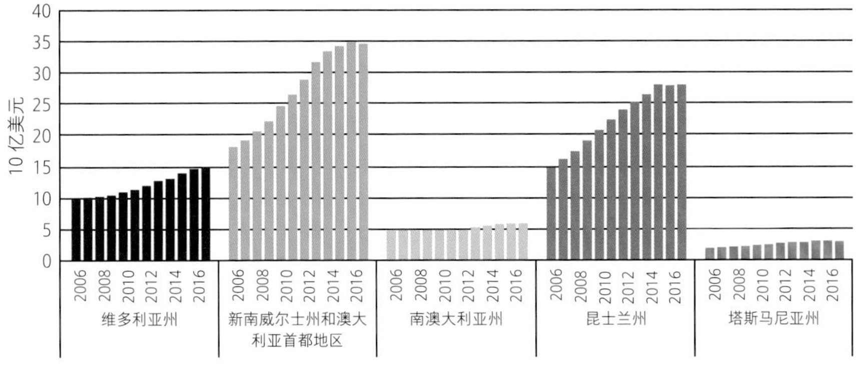

图 3-8　监管资产增加情况（源自 ACCC）

电网业务监管资产的增加情况。

ACCC 建议减记监管资产或向消费者退款。

3.7.5 输配电资产投资与传统电网解决方案替代品对比的挑战

对于输电和配电投资的替代方案，如新建发电站、分布式能源（DER）、需求响应等，有时难以直接与原本的输电方案和 / 或配电方案进行比较。在正确的位置发电，可以用来推迟增加输电或配电容量的需求。发电厂的可用性可能低于输配电回路，进而导致可靠性降低。而资产故障可能具有明显不同的修复和故障时间。

输电和配电运营商可能需要与发电站所有者签订业绩合同。对于为输电或配电客户提供服务的资产，输电或配电运营商会在一定程度上丧失对这部分资产的可见度。这种可见度的丧失，会导致输电或配电运营商对输配电替代方案的价值降低信心。

3.7.5.1 背景

多年来，公用事业公司对资产进行投资，并对系统进行扩容，以此满足不断增加的电力负荷需求。然而，电力需求愈发难以管理或预测，并且市场开始出现各种电力负荷管理替代手段。这些替代手段包括提升电力负荷需求管理、表后发电等。

随着新建输电线路和变电站的难度越来越大，输电系统运营商尽量充分利用现有资产，并提高新设计和电网所装组件的可持续性。在电网的未来发展中，智能技术的研发和创新将发挥关键作用，具体表现为以下两大类："分布式能源"、需求响应、直接负荷控制、电池和"智能电网"应用，以及其他电网创新。研发和创新包括：

- 若想提高现有输电系统的功率能力，必须认识到，在基于可靠性的标准下，电力系统需要始终都处于安全状态。为实现在接近实际最大电路载流量条件下运行输电系统，可监测天气状况，并采用架空输电线（OHL）动态线路容量（DLR）；

- 在设计地下电缆时，采用具有导线温度传感功能的嵌入式光纤，可用于确定电缆容量，并监测线路状况，从而减少停电次数；
- 通过自适应和灵活电子设备（“智能模块”）修改功率流；
- 在次级输电层面进行大规模电池储能，以减少潜在的当地输电阻塞，特别是来自当地可再生能源发电产生的过剩的电力功率。

3.7.5.2 分布式能源

对于输电和配电投资的替代方案，如新建发电站、分布式能源（DER）、需求响应等，有时难以直接与原本的输电方案和配电方案进行比较。在正确的位置发电，可以用来推迟增加输电或配电容量的需求。发电厂的可用性可能低于输配电回路，进而导致可靠性降低。而资产故障可能具有明显不同的修复和故障时间。

分布式电池存储等新技术的出现为输电和配电运营商开启了一个新领域。对于输配电运营商来说，分布式电池存储技术利弊并存。分布式电池可减小高峰时段输配电网电力负荷，并减少通过其他分布式能源（DER）发电时所产生的反向电力潮流。然而，分布式电池也会加剧电力峰值负荷问题和反向电力潮流问题。为此，输电和配电运营商会愈发需要与代表大量中小型客户的电力聚合运营商进行接触，以促进对大量需求和分布式能源（DER）的协调。

3.7.5.3 需求响应

公用事业公司同样可通过一些措施影响客户对电力负荷的需求，这些措施包括对客户采取各种电价激励措施，鼓励客户将电力负荷由高需求时段转移到低需求时段，以及直接控制客户资产，如热水器、空调等。另外，这些措施还包括降低电压（在监管限制范围内），从而降低用电高峰时段的功率水平。

3.7.5.4 动态评价系统

热力、电气和机械等三方面制约因素会限制整个架空输电线路（OHL）的允许功率流。历史上，很多运营商都曾使用基于不利天气条件的静态容量，以确保导线温度保持在设计规定范围之内。事实上，运营商可建立动态监测，实时跟踪风速、环境温度、太阳辐射等各种气象参数，并对现有架空输电线路（OHL）的潜力进行充分利用。

同时，可按照类似于架空输电线路（OHL）的方式对地下电缆进行实时监测，确保提高电网运行灵活度。就地下电缆系统容量评估而言，一种经典方法是假设在满负荷状态下连续产生电力负载，并确定由此对电缆温度产生的影响情况。然而，架空输电线路与地下电缆之间的一个主要区别在于热惯性。根据湿度水平和土壤特性，电缆在实施某一负荷步骤后可能需要数周时间才能达到稳态温度，而架空输电线路（OHL）所需时间不超过半小时。

从 TSO 视角来看，长时间以最大容量状态进行运行的情况并不多见。特别是，运营商需要遵守适当可靠性和备用容量标准。受这些规定约束影响，许多电源电路可能永远不会出现重载情况。对于电缆容量的稳态负荷假设，通常包括关键参数值的保守假设，如环境温度、土壤热电阻率。基于这些考虑因素，可能会出现导线尺寸过大，额外产生不必要的费用情况。

为优化关于电缆在接近物理容量状态下的运行建模，需要实时了解电缆周围环境和负载情况。为获取这些信息，通常可使用分布式温度传感器（DTS）进行测量。通过使用光纤，分布式温度传感器（DTS）可通过测量几十公里的电缆温度来探测电缆热点，精度接近

1℃，空间分辨率接近 1m。近 20 年来，光纤传感器都是系统性安装在与所有地下新电力线相平行的专用管道中。出于通信和保护需要，这些光纤也可用于热力监测。

柔性交流输电系统（FACTS）可用于控制交流输电系统相关参数，从而提高功率输送能力，并用于连接异步网络；但是，到目前为止，大多数柔性交流输电系统（FACTS）设备的安装目的主要是解决稳定性问题和电压问题。时至今日，柔性交流输电系统（FACTS）设备的部署一直受到限制，原因是该设备成本高、占地面积大以及解决电压和稳定性问题的预期需求较低。被称为“智能模块”的设备（这种情况下，采用由 Smart Wires 公司开发的 FACTS 技术），可通过增加链路阻抗来调整输电系统的输电容量，从而将电力潮流重新导向限制较少的输电线的方式。电网规划者可根据这些解决方案解决过载问题，并通过重新导向电力潮流而非新建输电线的方式快速调整电网。与动态线路容量（DLR）解决方案用途如出一辙的是，“智能模块”是通过影响输电线路电力潮流来提高电网运行灵活性的一种方法。

3.8 传统电网解决方案背景下对新兴政府气候倡议和技术变革情况的思考

本节讨论系统开发的资产投资与维持现有资产投资之间的各种协调问题。事实上，这两方面的资产投资都存在风险。在资产维持方面，风险与投资时机有关，如果投资过晚，则资产有可能出现在役故障，并对企业关键绩效指标（KPI）造成重大影响；而投资过早，则会产生额外的、不必要的费用，并浪费了资产的有效使用寿命。在系统开发方面，公用事业公司需要制定可靠的系统负荷预测，应对不可预测的分布式能源（DER）发展，可以显著增加或减少需求的具有影响力的新技术，以及可能对电力系统需求产生巨大影响的政府举措，如“2050 年净零碳排放”。

在一个未来十年甚至更长时间内几乎完全不可预测的环境中，系统开发规划人员正面临着系统开发资产投资规划的挑战。许多国家会按照“2050 年净零碳排放倡议”要求实现预期目标吗？还是不会？或减排量如何，采取何种减排方式？或何时实现目标？或哪些国家能实现目标？或基于哪个“2050 年净零碳排放倡议”实现目标？在这样一个不可预测的环境下，系统开发规划者们如何管理资产投资风险？

令资产维护投资管理人员担心的是，在资产状况评估、资产故障概率，以及为严格的业务案例分析获得正确的数据这三方面都存在不确定性；但与系统开发规划所存在的不确定性相比，资产维护投资决策的不确定性程度可能视为相对较低。

在未来几十年，商业、政府、技术和经济充满各种不确定性的情况下，系统开发管理者可采取哪些应对策略？有一种方法能够让系统开发管理者有效了解各种不可预测风险。不可预测风险的维度如图 3-9 所示。

该图包括与风险有关的两个常规轴，即事件发生概率和此类事件影响程度。如图 3-9 所示，两个轴上都可能存在不可预测性。关于这

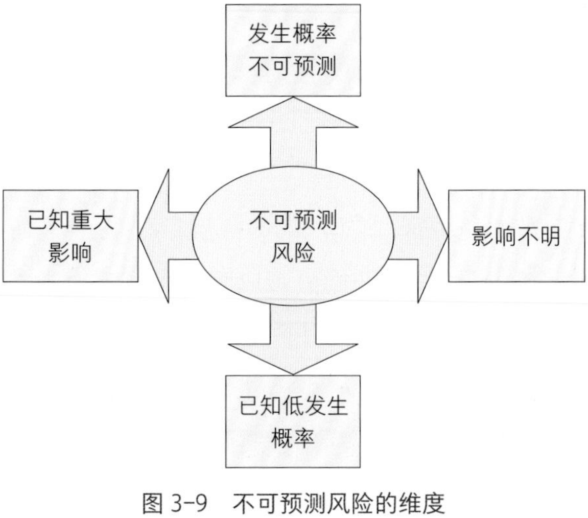

图 3-9　不可预测风险的维度

一主题的研究定义出以下三类风险（Hopkin 2010 年）：一是在实施被动或防御策略时承担风险；二是预期将发生但不可预测影响程度的风险；三是在实施主动策略过程中适时面临的风险。就系统开发规划而言，上述形式的风险示例包括：

（1）被动或防御：缺乏替换投资或新资产投资，或在错误的地点、在错误的时间，致使电力系统对新需求毫无准备。

（2）预期事件：众所周知，某些地理区域经常出现大风等天气事件；然而，部分公用事业公司并未通过资产投资的方式建造足以抵御各种极端事件的弹性电力系统（《德克萨斯论坛报》）。在实施“2050 年净零碳排放”倡议过程中，这些公用事业公司可能清楚电力需求将大幅增长，但仍低估了电力需求的增长程度，只能在断电、服务质量不佳和高成本的情况下，加速对所需新资产的投入使用。

（3）积极主动：在假设可能不会出现电力负荷和系统需求增加的情况下，对新资产或容量进行升级的投资；但事实证明这种投资毫无必要，理由是分布式发电开发者所投资的资产会降低电力系统容量需求。

就不可预测风险管控而言，第一个步骤显然是根据 ISO 31000《风险管理原则与实施指南》和 ISO 31010《风险管理－风险评估技术》要求将风险管理方法和过程的组织要素和能力落实到位，并评估已知、合理的、可预见的风险。

然而，在系统开发规划方面，未来几十年，许多事件类型实际上都不可预测。譬如，分布式电源（DG）的发展及其他方面的各种问题，以及政府“2050 年净零碳排放”倡议实施时间、激励措施、公众和运营商响应有关问题的时间、地点、内容。就上文提及的 National Grid 对未来电力系统研究（National Grid ESO）所采取的方法而言，采用了一种旨在跨越可能结果范围的情景分析法。同样，CIGRE 在最近发表的一份技术手册（CIGRE 工作组 C6.27）中也指出可通过情景分析法评估不可预测风险结果。

正如本章前文和第 2 部分“案例研究 21”* 所讨论的那样，PJM 公司研究输电阻塞问题和可靠性问题，以及计划对电力系统进行升级改造等举措都是建立弹性电力系统网络的示例。公用事业监管部门和政府可选择是否需要对电力系统网络进行投资（由费率支付者承担费用），以及需要对电力系统网络弹性进行多大程度的投资。说明了三种选择及各自成本 / 效益情况如图 3-10 所示。

第一种选择是尽量少投资，维持现状。此选择显然说明了美国得克萨斯州电力可靠性委员会（ERCOT）所面临的一种情况，即 2021 年，美国得克萨斯州发生了一起寒冷天气事件，造成该地区大面积持久停电，以及财产重大损失影响（《得克萨斯州论坛报》）。

第二种选择是采取防备姿态，即认识到可能出现各种不良事件，并采取相关措施做好事件应对准备。一个有效示例是，北美许多公用事业公司都储备了备用配电系统设备（如电杆、杆顶变压器硬件等），并与邻近公用事业公司签订了长期协议，约定根据事件需要以维修人员和设备的形式提供紧急援助。

第三种选择是通过投资额外资产和电力系统的方式，建立应对非预期事件时所需的电力系统冗余和容量。此选择往往会将非预期事件所产生的不良影响降至最低，但同时也会加大因猜测不慎或错误投资于原来不需要或被搁置的资产而带来的财务风险。最终，对于公用事业公司的弹性投资力度问题，以及监管部门的弹性投资批准问题，由相关政府负责作出决策。

新兴技术对未来电力系统可以作出积极贡献也可以作出消极贡

*** 译者注** 《电网资产：投资、管理、方法与实践》中文引进版分两册出版，该内容为第二册《电网资产应用案例研究》中第 12 章的内容。

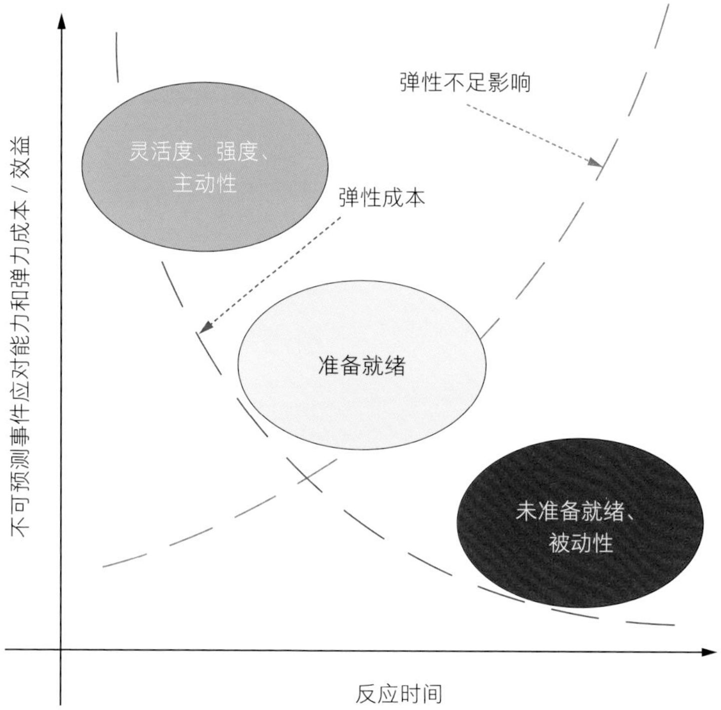

图 3-10　不可预测环境下所采取的替代策略（Gibson、Tarrant，2010 年）

献。随着各国政府强制要求经济逐渐走向低碳或净零碳排放发展，储存技术、氢能源技术和可再生能源技术将更具重要性和普遍性。正如第 7 章所讨论的那样，电力系统需求预计将大幅增长，新增发电量将主要通过风能和太阳能进行弥补。提高电力系统储存能力，不仅能够在风能或太阳能发电不可用的情况下发挥非常重要的作用，而且还能在瞬态条件下提供稳定服务。由于风能发电资源和太阳能发电资源主要通过逆变器技术进行异步连接，因此，当电力系统出现扰动情况时，这两种发电资源的穿越能力有限。面对低碳电力系统使用行动趋势，部分国家比其他国家进展得更快，并在随之而来的问题上获得处理经验。例如，对于在近期发表的文章（Mancarella, Billimoria）中所记录的澳大利亚停电事件，欧盟国家和美国也曾遇到过。表 3-1 为对上述问题的看法，以及对其中一些问题可能采取的解决方案。

表 3-1　低碳电网的脆弱性：挑战与潜在解决方案

风险	紧急事件	缓解措施
频率控制和惯性	• 频率持续偏移（调节） • 突发事件情况下的高 ROCOF • 区域惯性不足 • PFR 不足 • 分离后惯性较低和 PFR 不足风险	• 最小惯性水平 • 调速器强制性下垂响应 • 额外 PFR 量 • 协同优化能源、频率响应和（区域系统级）惯性 • 备用容量区域分配 • 快速频率响应新来源（如电池、电解器） • 重大突发事件和互连电力潮流管理（存在区域分离风险的系统）
可变性和不确定性	• 净需求巨大变化 • 中短期和不断增加的备用容量不足	• 有效预测 • 通过机器学习（如动态贝叶斯信度网络工具）评估备用容量 • 使用各种高柔性能源，包括储能（如抽水蓄能）
DER 可见性	• 输电频率事件和电压事件情况下的光伏发电（通常为 DER）跳闸 • 与 DER 电价驱动快速反应有关的商业安全问题	• 连接标准 • 建立便于 DER 与批发市场互动的分布式市场 • 先进的输电系统运营商 / 配电系统运营商交叉和协调
系统强度	• 故障电流不足 • 电压不稳定 • 故障后的电压持续振荡 • 故障穿越问题	• 惯性和故障电流最低水平（常规发电机的失效调度） • 同步冷凝器 • 静态同步补偿装置和静态无功补偿装置（提高电压稳定性） • 改进内部发电控制（特别是太阳能发电场和风能发电场） • 成网变流器和虚拟同步机

注　来自《低碳电力系统所面临的相关问题和缓解方法总结》（参考文献 [10]，Mancarella、Billimoria）。其中，ROCOF= 频率变化率；PFR= 初级频率响应；DER= 分布式能源。

就大量异步连接发电系统而言，根据可用容量或旋转储备容量类型，维持传统容量裕度的做法可能是不够的。对于传统火力发电电源，通过快速爬坡方式以避免出现低频保护动作的能力是有限的。由于水力发电电源和储能电源具有更强的爬坡能力，因此，系统运营商和/或监管部门需要采取行动，防止电力系统状态容易受此类突发事件的影响。

3.9 总结与结论

人们对有些事情的了解程度可分为极有把握、把握性不大、毫无把握。资产管理人员对于系统开发投资需要与资产维持投资相协调一事的了解程度显然很有把握。同系统开发投资一样，资产维持投资决策也存在各种风险和不确定性。资产维持投资决策风险与对资产状况的了解情况、故障发生概率，以及投资时机的优化程度有关，而系统开发投资决策风险则与电力系统需求不确定性，以及独立市场参与者、DER 开发商、政府、监管部门和客户的不可预测行动有关。技术、环保倡议、政府倡议和监管举措的变化速度对规划响应提出了适应性、前瞻性的要求。

对于垂直整合的公用事业公司来说，在充分了解发电供应能源结构和未来计划走向的情况下，可以促进输电和配电层面的系统开发规划与资产维持规划之间的紧密合作和协调。然而，这样的公用事业公司实在是少之又少。因此，受监管的输电组织（TO）和配电组织（DO）需要与众多商业实体进行互动，因为这些实体可能会公开各种短期项目，不过，也极有可能不愿意讨论中长期项目开发情况。这种情况下，区域输电系统运营商需要制定相关流程，以此促进合作。譬如，美国一家名为“PJM”的区域输电组织（RTO）就制定了区域和

次区域输电扩建规划程序和委员会（涉及 RTO 所有 TO 成员）。（《PJM 公司规划》）

就这些过程而言，其中一个实施难度在于资产维持决策与系统开发规划之间存在规划周期二分法。对报废资产进行定义是一项复杂且相对近期的活动。因此，资产维持投资规划周期通常为 5 年，但在某些情况下，根据监管要求，可能长达 10~15 年。另一方面，系统发展规划包括一个长达几十年之久的规划周期。在认定报废资产的情况下，资产维持投资决策时间相对紧迫，这在某种程度上可能会抢占系统开发规划决策先机。

对于资产管理者和系统发展规划者来说，未来几十年将成为一个对电力系统保持高度关注的时代。在走向一个看似不可预测的未来时，公用事业公司将面临各种重大挑战。总的来说，随着多国政府在各种形式的 2050 年净零碳排放目标一事上达成共识，以及电力系统弹性需求不断提高，投资不足或投资过度延迟所带来的风险似乎大于更积极的投资策略。

参考文献

[1] ACCC, Australian Consumer and Competition Commission. https://www.accc.gov.au/regulated-infrastructure/energy/retail-electricity-pricing-inquiry-2017-2018/final-report

[2] CIGRE WG37-27 Technical Brochure 176 "Ageing of the System Impact on Planning" 2000.

[3] CIGRE WG C6.27, Asset Management for distribution Networks With High Penetration of Distributed Energy Resources, TB 726 2018.

[4] Gibson, C.A., Tarrant, M.: A conceptual Models[5] approach to organisation resilience. Aust. J. Emerg. Manag. 25(2), 6-12 (2010). https://ajem.infoservices.com.au/downloads/AJEM-25-02-03 Available free under Attribution-NonCommercial 4.0 International (CC BY-NC 4.0) https://creativecommons.org/licenses/by-nc/4.0/

[5] Government of Australia. https://www.aph.gov.au/Parliamentary_Business/Committees/Senate/ Environment_and_Communications/Electricity_and_AER/Interim_Report

[6] Hopkin, P.: Fundamentals of Risk Management: Understanding, Evaluating and Implementing Effective Risk Management. Kogan Page Publishers (2010).

[7] https://www.accc.gov.au/regulated-infrastructure/energy/retail-electricity-pricing-inquiry-2017- 2018/final-report

[8] https://www.pjm.com/-/media/planning/rtep-dev/market-

efficiency/2020-me-study-process-and-rtep-window-project-evaluation-training.ashx

[9] Hydro One, EB-2011-0043-2020 Regional Planning Status Report of Hydro One Networks Inc. November 2, 2020.
https://www.hydroone.com/abouthydroone/CorporateInformation/regionalplans/Documents/HONI_OEB_RP_STATUS_REPORT_20201102.pdf

[10] Mancarella, P., Billimoria, F.: The Fragile Grid-The Physics and Economics of Security Services an Low-Carbon Power Systems, IEEE Power and Energy Magazine March/April 2021.

[11] National Grid ESO, Future Energy Scenarios 2020.
https://www.nationalgrideso.com/future- energy/future-energy-scenarios/fes-2020-documents

[12] PJM, Manual 14B: PJM Region Transmission Planning Process Revision: 48 Effective Date: October 1,2020 Prepared by Transmission Planning Department.
https://www.pjm.com/~/ media/documents/manuals/m14b.ashx

[13] PJM Planning. https://www.pjm.com/committees-and-groups/committees/srrtep-w

[14] PJM Regional Transmission Expansion Planning: Planning the Future of the Grid, Today.
https://www.pjm.com/-/media/library/reports-notices/2019-rtep/regional-transmission-expansion-planning-planning-the-future-of-grid-today.ashx?la=en

[15] Texas Tribune, Texas leaders failed to heed warnings that left the state's power grid vulnerable to winter extremes, experts say February 19, 2021.
https://www.texastribune.org/2021/02/17/ texas-power-grid-failures/

4 老旧基础设施管理

加里·L·福特（Gary L. Ford）
格雷姆·安谐尔（Graeme Ancell）
厄尔·S·希尔（Earl S. Hill）
乔迪·莱文（Jody Levine）
克里斯托弗·耶里（Christopher Reali）
埃里克·里克斯（Eric Rijks）
杰拉德·桑奇斯（Gérald Sanchis）

加里·L·福特（G.L.Ford）（✉）
PowerNex Associates Inc.（加拿大安大略省多伦多市）
e-mail: GaryFord@pnxa.com

格雷姆·安谐尔（G. Ancell）
Aell Consulting Ltd.（新西兰惠灵顿）
e-mail: graeme.ancell@ancellconsulting.nz

厄尔·S·希尔（E. S. Hill）
美国威斯康星州密尔沃基市 Loma Consulting
e-mail: eshill@loma-consulting.com

乔迪·莱文（J. Levine）
加拿大安省第一电力公司（加拿大安大略省多伦多市）
e-mail: JPL@HydroOne.com

克里斯托弗·耶里（C. Reali）
独立电力系统营运公司（加拿大安大略省多伦多市）
e-mail: Christopher.Reali@ieso.ca

埃里克·里克斯（E. Rijks）
TenneT（荷兰阿纳姆）
e-mail: Eric.Rijks@tennet.eu

杰拉德·桑奇斯（G. Sanchis）
RTE（法国巴黎）
e-mail: gerald.sanchis@rte-france.com

G. Ancell 等人（eds.），电网资产，CIGRE 绿皮书
https://doi.org/10.1007/978-3-030-85514-7_4

目 录

4 老旧基础设施管理

摘 要

老旧基础设施的资产管理是电力行业关注的重点。电力行业拥有许多使用寿命周期较长、成本较高的资产。更换或拆除现有资产的原因有很多，这些因素包括不可接受的资产故障风险、资产冗余、资产容量无法充分满足需求、资产无法满足不断变化的性能要求，以及资产管理企业转向使用新技术的战略决策。

本文研究了电力行业资产生命末期的特点、过程和故障模式，并概述了基础设施老化后果，包括系统可靠性和电能质量恶化，实现企业和监管部门业绩目标的能力下降，以及监管部门和股东审查。

本章将围绕老旧基础设施和报废资产管理展开叙述。老旧基础设施的资产管理现已成为电力行业的核心关注点。在电力行业中，许多资产都存在使用寿命较长、成本较高的特点。输电线路和电力变压器的预期使用寿命通常为四五十年。安装新的电力变压器的成本非常高，而且新建输电线或地下电缆的成本也非常高。

对现有资产进行更换或拆除的原因也是多种多样，这些因素包括不可接受的资产故障风险、资产冗余、资产容量无法充分满足需求、资产无法满足不断变化的性能要求，以及资产管理企业转向使用新技术的战略决策。

资产故障的发生概率通常会随着资产的老化而增加，尽管情况并非总是如此，但有一点是，当在役资产故障风险变得让人不可接受时，则需要进行资产更换或拆除。根据设计要求，资产应能够承受规定水平的电应力（如瞬态高电压）和环境应力（如极端风以及冰/雪天气条件下的电力负荷）。老化资产承受应力的能力较低，在电应力和环境应力下发生故障的可能性会变大。

当电力系统发生变化时，可能会出现资产冗余情况。如果新建更高电压等级的输电线路与现有输电线路并联运行，则可能需要对现有输电线路进行重新配置，以避免存在高压电路中断期间出现电力过载情况。关联方可以放弃其某个电力连接，从而造成该电力连接资产变得多余。安装带有集成式电流互感器（CT）的新型开关设备，使传统空气绝缘 CT 发生冗余。当得知资产老化后很快便发生冗余的情况时，那么更换老旧资产则没有价值。

电力需求和潮流的增加最终可能会超出现有资产容量。这些现有资产可能需要被更高容量的资产所取代，或者安装补救措施计划（如自动减载）以避免现有资产出现电力过载情况。

资产性能要求会随着时间的推移而发生变化，也就是说，对于部分曾已满足并仍继续满足原始性能要求的资产而言，现在可能难以满足变更后的性能要求。例如，变电站现有保护继电器可能缺乏集成到智能变电站中的能力。为此，决定用能够集成到智能变电站的新型继电器取代现有继电器，从而充分实现智能变电站的效益。

在 20 世纪 50—70 年代，许多国家都建立了电力系统，或对电力系统进行了很大程度上的扩建。然而，当时建设的大部分基础设施现在已经开始老化，很快就面临翻新和更换的问题。CIGRE 工作组（WG）37.27（技术手册 176 2000）出版了一本标题为“电力系统老化对规划的影响”的技术手册。该工作组指出，大多数资产类别的年龄结构统计数据都存在近似于“弓形波”的形状特点（技术手册 176 2000 第 17—18 页）。图 4-1 为技术手册 176 的图表，反映出基于工作组所收集的变电站设备的使用年龄统计数据情况（1998 年）。

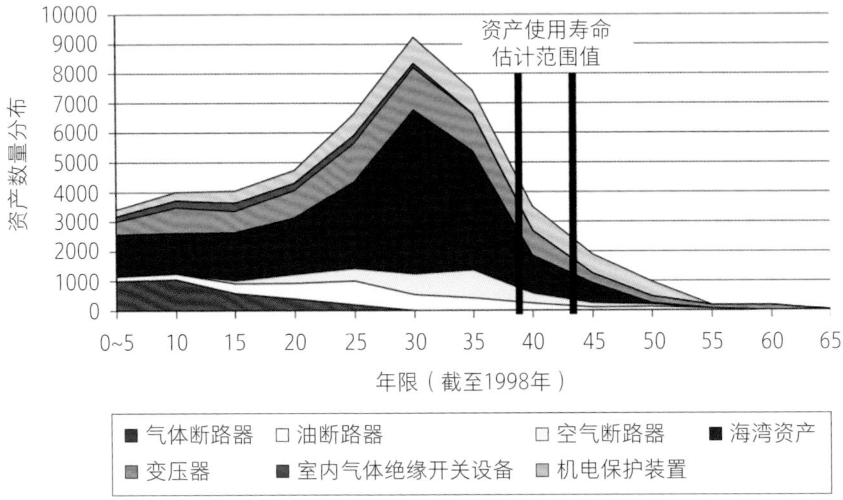

图 4-1　变电站的年龄分布（工作组 37.27 2000 第 12 页）

工作组 37.27 指出，不确定性表现在以下几个方面：各设备实际使用寿命的确定，由于更换资产而进行支出所造成的财务负担，以及影响资源和技能规划的资产更换或使用寿命延长工作量。

资产的使用寿命是有限的，在此期间，资产的性能有望达到规定的性能标准。由于资产构成材料的使用、环境暴露和化学过程，资产的性能通常会随着时间的推移而出现下降的情况。资产性能下降主要通过相关维护活动进行管控，直到更换资产变得更经济。图 4-2 说明了如何通过资产承受应力的能力减弱来决断资产的寿命终止。

资产一般在压力曲线范围内运行（图左蓝色曲线表示概率密度函数）。概率密度函数的峰值和左端显示了资产所承受的典型日常应力范围。资产将经历更大的应力（概率密度函数右侧尾部），但这些应力将非常罕见。“S”形曲线显示了资产在使用寿命期内不同阶段的强度情况（累积承受概率）。随着资产强度在老化过程中下降，应力曲线和强度曲线开始发生重叠。重叠的增加反映了应力超出强度后可能发生故障的可能性增加。

当资产强度随着老化而下降时，可以选择推迟资产强度逐步削弱或恢复资产强度。图 4-3 说明了资产可靠性在使用寿命期内不同阶段的变化过程，以及缓解可靠性变化的有关管理措施。

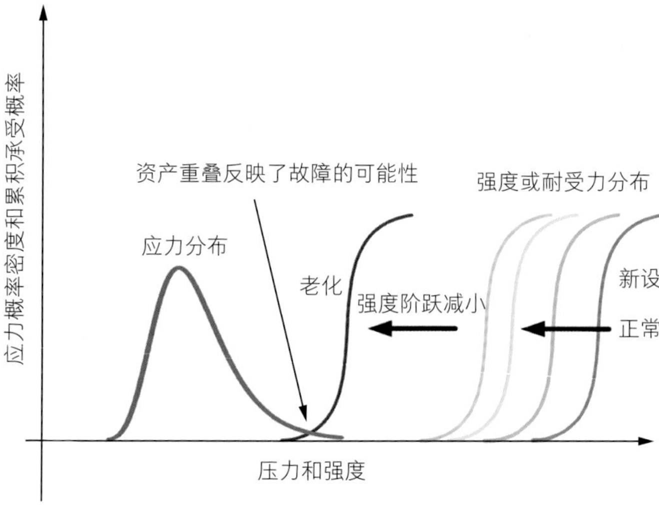

图 4-2　设备寿命终止是设备逐渐老化和功能弱化结果的概念图
（更新依据：工作组 C1.1 2006，图 6.1）

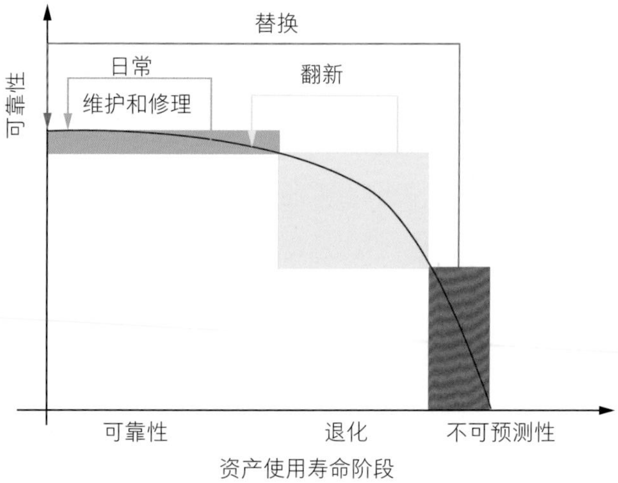

图 4-3　资产老化阶段及潜在管理行动（工作组 C1.1 2006，图 6.5）

资产最初投入使用被认为是处于可靠状态的。然而，这种可靠性将随着资产的老化而逐渐下降，直至可靠性降至资产被认为达到退役状态的程度。随着资产进一步老化，到某一阶段，资产将被视为已达到了不可预测的状态。

当资产处于可靠状态时，可通过日常维护和修理延缓资产强度的渐进式削弱，直至该资产达到退役状态。在这个阶段，可通过资产翻新的方式来提高资产的可靠性，让资产恢复到可靠状态。对电力变压器等重大资产在半衰期进行翻新（大修）是一种十分常见的管理措施。一旦资产达到不可预测的状态时，需要加强风险管控，采取资产状态监测并最终更换资产等措施。

资产老化取决于原始设备质量、维护计划的质量、运营压力和环境（见图 4-4）。

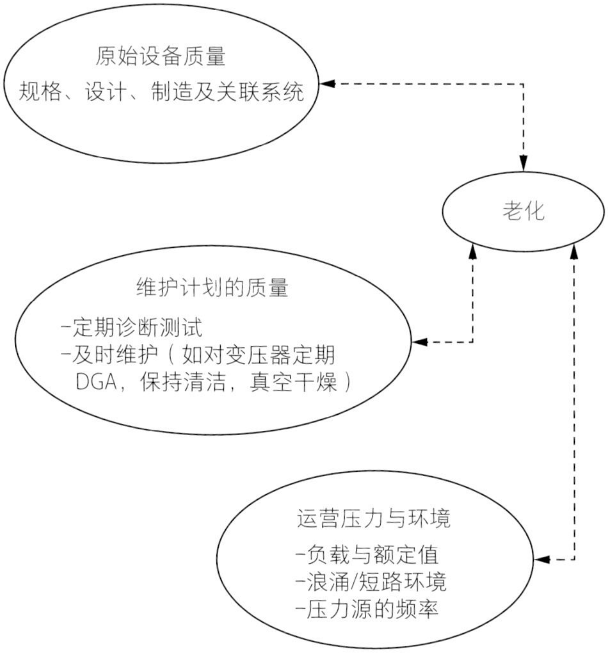

图 4-4　资产老化影响因素（更新依据：工作组 C1.1 2006，图 6.2）

最初投入使用的设备和电力系统完整性是老化开始的基础。在确保设计、设计审查、规格、制造、调试等方面质量的情况下，可将早期失效问题风险降至最低水平，并对设备和电力系统的长期性能产生重大影响。随着公用事业公司实施各种竞争性采购流程和相应定价压力，往往会迫使制造商降低设计利润，使用更便宜的制造材料降低制造成本。对于这一系列操作，虽不确定是否会造成长期影响，但从技术上来说，极有可能造成不利影响。

进行定期检查和诊断测试或监测，并及时注意纠正所有显著问题，十分有助于维持设备运行的可靠性，以及延长其使用寿命。实施相关维护计划时，需要严谨的诊断数据，确定问题根本原因的分析结果、故障事后取证的分析结果，以及确定设备性能趋势的分析结果。

相对于设备的设计基础，随着施加在设备上的运行负载和应力，会严重影响设备的老化速度。通常情况下，部分资产（如架空导线、电缆、开关设备、变压器）工作强度越大，老化速度就越快。

资产老化不仅仅是指资产随着年龄增长而老化，也与资产状况及其达到预期性能的能力有关。一般来说，随着时间的推移，资产的预期表现会发生变化。对于按照过去的标准和规格建造的资产，可能不再满足如今的新资产标准。就过去的资产制造材料（如多氯联苯、石棉）而言，如今已不再用于资产，在某些情况下，必须主动予以清除和安全处置。此外，人们对资产所提供的服务期望值也在发生变化。人们越来越希望许多现代化资产具有新功能，如资产监控和连接局域网的能力。同时，配电变压器被要求具有更高的工作效率。

资产不断老化，并最终会以各种不同的方式出现故障。电力设备的设计者和维护者，通常对这些过程了解比较透彻，可谓是资产管理公司的一个宝贵资源；然而，资产管理者要从中获益至少需要对这些过程有基本了解。在接下来的几节中，我们将针对几种主要类型的资产的这些过程做一个基本介绍。我们将在下一节介绍不同类型资产的报废特点、过程和故障模式，接下来的一节讨论基础设施老化对电力系统造成的影响情况。在那之后的一节将讨论与报废资产有关的各种维持选择，本章最后一节将介绍不同资产管理角色和职能，以此作为对后面三章的过渡。

4.1 报废特点、过程和故障模式

如果经过对资产进行状况评估，认为该资产已不再能够满足对其提出的性能要求，并且继续运行该资产会带来不可接受的风险，则可以确定该资产的寿命应该终止了。资产寿命的终止可能是资产性能恶化，资产老旧，对资产性能的要求发生了变化，以及资产发生故障等原因所造成的。正如，资产会随着时间和使用频次而发生恶化，导致资产性能降低；或者，当设备制造商停止生产某一类资产，或不再对某一类资产提供技术支持或服务时，这类资产可能会成为过时的设备。再者，随着时间的推移，资产所需的性能可能会发生变化，而现有资产可能无法满足新的性能要求。还有就是资产可能会在许多不同的情况下发生故障，而某些故障是不可修复，可能会导致资产无法再继续使用。

恶化是指资产性能持续下降，直至不再满足该资产所需的性能要求的一种过程。资产类型不同，其恶化性质和恶化程度也存在很大差异。而资产恶化程度取决于资产维护类型和资产所在的位置。受资产所处环境和使用频率等因素影响，资产性能会随着时间的推移而下降。如在海洋附近的资产，处于盐污染等环境下，可能会因为资产表面接触海盐而导致加速腐蚀。

变压器重过载运行、断路器等开关类设备频繁操作等使用因素，会缩短资产的使用寿命。一般来说，在较高温度下运行的变压器通常比在较低温度下运行的变压器的使用寿命更短。就断路器而言，根据设计要求，当操作达到一定次数时，应该进行维护或更换。对于热带环境下的输电线路，更容易受藻类或植物生长的影响。而输电线路悬挂附件则在多风环境中磨损的速度会更快。

对于许多类型的资产来说，其某一部件的恶化，并不一定意味着这个资产整体都要报废。如果在适当的时候对资产的组部件进行维护和更换，则可以减少这些特定组部件发生故障的风险。因此，资产组部件的持续维护成本和更换新组部件后资产的可用性，成为决定整个资产是否需要进行维护或更换的两个重要因素。

每种类型的设备（如断路器、电力变压器）都有多种潜在的故障模式。部分故障模式可能会发生重叠，并在某些情况下会出现协同效应情况。本节将总结几种类型的电力系统设备故障模式。

4.1.1 变压器

通常，接近使用寿命的电力变压器出现小故障或维修的情况会更加频繁，所以老旧变压器可能需要更多的停电安排。有些变压器部件是可以维修的，但有些则是无法修复的。在这种情况下，这些部件的状况会恶化，直至可能发生故障。例如，绝缘纸通常会因受潮而变得更脆或降解，并会不可逆转地老化，直至发生绝缘击穿。变压器套管也可能恶化，直到套管爆炸。

CIGRE 工作组 A2.49 在 2019 年编制了一份关于电力变压器状态评估的技术手册。该工作组指出，变压器的恶化可能由使用因素（例如负载、故障电流、高电压或低电压）和环境因素（例如环境温度高、腐蚀和地震活动）引起（工作组 A2.49 2019）。变压器的持续恶化最终可能达到一个点，即变压器将经历严重的运行故障的程度。

图 4-5 是技术手册 761 的图，它显示了诊断工具、故障模式和状

态评估指数之间的关系。

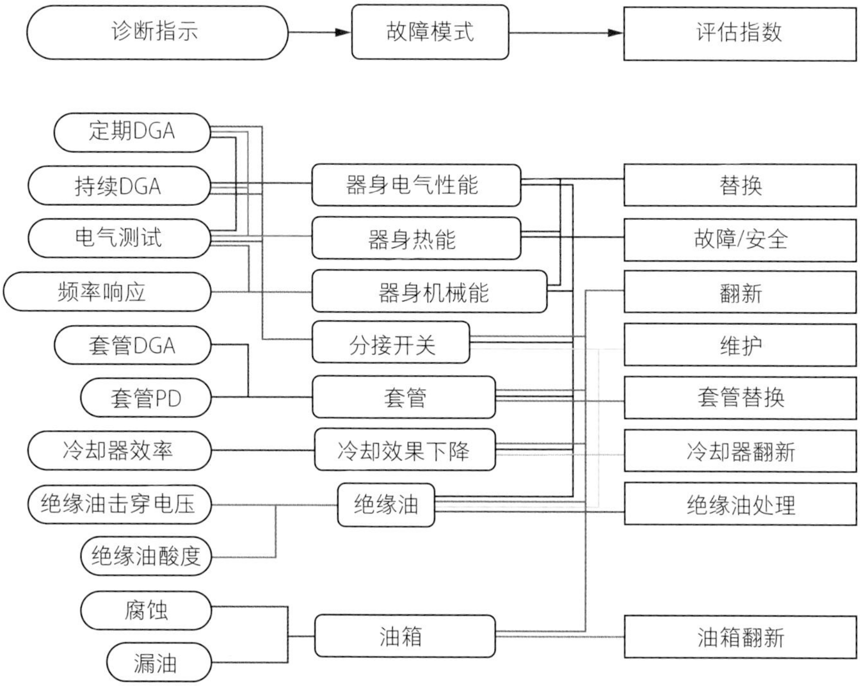

图 4-5　电力变压器故障模式与评估

“DGA” 和 “PD” 这两个缩写词分别表示溶解气体分析、局部放电。表 4-1 总结了一些关键的变压器故障模式。

CIGRE 工作组 A2.37 开展了一项变压器可靠性调查研究，调查结果发表在一份技术手册（编号：642）和一篇论文（Tenbohlen 等人，2017 年）中。工作组 A2.37 收集了 1996 年至 2010 年间的 964 起重大变压器故障信息。图 4-6 记录了变压器故障模式的分布情况。据调查，绝缘故障成为变电站变压器最常见的一种故障模式，而热故障成为发电机升压变压器最常见的一种故障模式，这可能与发电机升压变压器的平均电力负荷较高有关。

表 4-1　变压器故障模式（Tenbohlen 等人，2017 年）

故障模式	所涉及的变压器组件	潜在故障成因
电介质：局部放电、跟踪、闪络	绝缘纸、绝缘油、变压器套管	绝缘击穿、污染、铁芯接地
电气：开路、短路、接头不良、触点不良	套管连接、端子、分接开关触点和连接件	组装、维护、修理、调整不当
热能：普遍温度过高、局部存在热点	绝缘绕组、套管、连接件、分接开关	规格不全、设计不完善、环境温度高、冷却缺陷
物理化学：水分、颗粒物、气体、腐蚀	绝缘油、绝缘纸、铜导线、油箱	监测和维护不足
机械力：弯曲、断裂、移位、松动、振动	绕组、引线、连接件	现场检查和调试不充分、穿越故障、闭锁或设计不充分

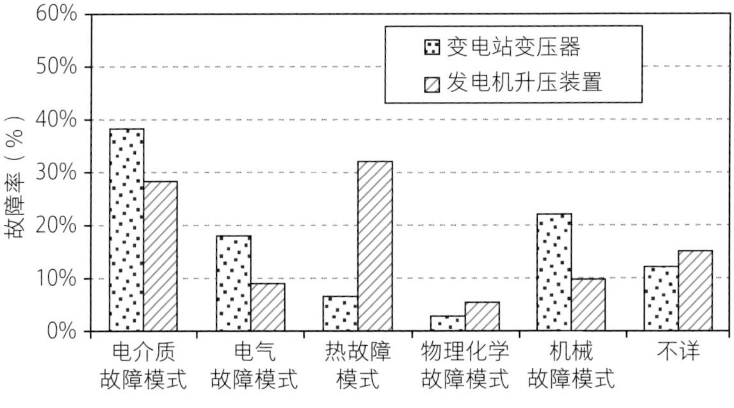

图 4-6　变压器故障模式（Tenbohlen 等人，2017 年，图 4）

电介质故障模式涉及绝缘击穿。在使用过程中，电力变压器绝缘会发生老化。液体部分（通常为矿物油）的降解是通过氧化发生的。据了解，绝缘系统的固体部分（绝缘纸）首先会开始发生氧化降解，然后主要出现水解过程和热解过程。绝缘老化后，会导致绝缘油中可检测到化学副产物，这可用于评估绝缘状况和发生故障的可能性。

电气模式故障可能涉及开路、短路或负荷分接开关、套管和绕组接触不良。电气模式故障成因包括维修工作质量不佳 、组装质量不佳、外部造成的损坏。

热故障模式往往会发展为绕组出口引线和绕组匝间绝缘的局部热点。受热降解影响，会损耗绝缘材料的物理强度。这种损耗会削弱绝缘纸，使其再也无法承受短路作用力、振动和变压器内部机械运动所施加的机械负载。

物理化学故障模式是指受腐蚀和颗粒物、气体或水分污染影响，最终出现绝缘电介质闪络情况的一种结果。

机械故障可能由外力损害、地震活动和穿越故障引起的。由机械故障带来的影响包括绕组位移和绝缘故障。

变压器发生故障的后果可能是长时间停电、发生火灾并损坏其他变电站资产、现场工作人员面临人身危险以及变压器油泄漏到水道中。电力变压器中注满了数千升的绝缘油，一旦泄漏，将对环境带来危害。油箱发生故障，可能导致变压器会漏油，从而对集水区造成污染。所以，电力变压器通常会安装在一个有边界的区域内，该区域将能保留溢油或漏油，防止向边界外溢出。

图 4-7 为 Tenbohlen 所报告的变压器典型故障后果的相对比例情况。大多数故障的后果都是将故障变压器退出运行进行维修或替换。

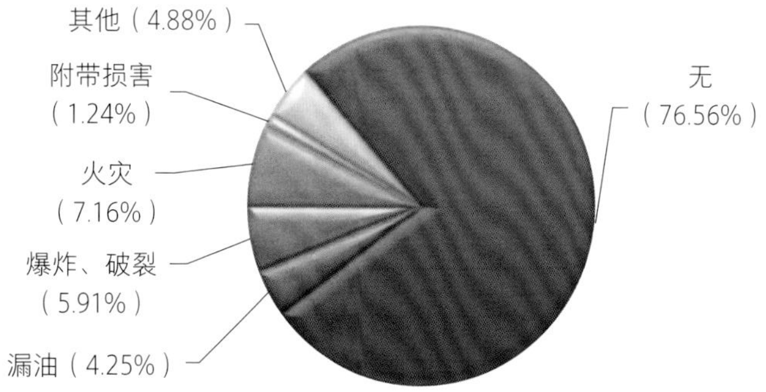

图 4-7　变压器故障后果（Tenbohlen 等人，2017 年，图 6）

绝缘油泄漏会影响工作人员人身安全，并造成环境问题。泄漏的绝缘油会产生光滑的表面，可能会燃烧、渗入土壤造成污染或者溢出后流入附近的水道污染水源。此外，绝缘油发生火灾也会造成无法控制的空气污染。瓷套管故障可能会引发绝缘油火灾或变压器爆炸的风险，从而造成人员安全隐患和相邻设备受到损坏。

4.1.2 断路器

成立 CIGRE 工作组 A3.29 的目的是评估老旧高压设备的恶化情况，以及可能采取的相关缓解方法。2018 年，该工作组发表了一份技术手册（编号：725）。该技术手册第 3 章对断路器的老化过程和缓解措施进行了详细说明（工作组 A3.29 2018，第 63—121 页）。

一般来说，当断路器接近报废时，发生故障的可能性和维护需求将会有所增加。断路器性能的恶化通常与操作次数和中断电流大小有关的磨损、过电压、密封材料老化及腐蚀有关。

以下为影响断路器老化的关键额定工作条件（技术手册 725）：

- 短路电流（及持续时间）；
- 正常连续电流水平（影响温升水平）；
- 介质应力；
- 操作次数；
- 机械负载。

表 4-2 对断路器的老化过程、所涉及组件和潜在后果进行了总结。

如表 4-3 所示，工作组 A3.29 将断路器故障（技术手册 725）分为两类。

表 4-2　断路器组件恶化过程示例

恶化过程	所涉及的断路器组件	潜在后果
电气故障模式恶化	1. 增加接触电阻	温度过高
	2. 电气磨损	触点和喷嘴故障
	3. 介电强度损失	绝缘体削弱后闪络
	4. 短路分断能力下降	断路器未清除故障，导致备份防护运行
	5. 电容变化	短路分断能力下降
机械故障模式恶化	1. 机械磨损	磨损、腐蚀
	2. 疲劳	机械开裂、强度下降
	3. 松弛	
	4. 松动	
	5. 触点松动 / 粘连	断路器运行故障
材料恶化	1. 腐蚀	机械和电气性能下降
	2. 污染	绝缘性能下降
	3. 与介质分解副产物发生化学反应	绝缘性能下降
	4. 润滑油脂降解 / 失去润滑作用	机械性能下降
	5. 水分增加	

表 4-3　断路器故障类型

故障类型	故障模式
严重故障：导致其一个或多个基本功能停止的故障（例如，在需要时无法打开或关闭）	未按指令运行。 无指令运行。 电击穿。 锁定在打开或关闭位置。 其他重大故障后果（按其他类别进行分组）

续表

故障类型	故障模式
轻微故障：未造成重大故障的设备故障	运行中漏气或液压油泄漏。 SF_6 少量泄漏。 均压电容器漏油。 机械功能特性变化。 电气功能特性变化。 控制系统或辅助系统功能特性变化。 其他轻微故障后果（按其他类别进行分组）

重大故障的后果包括断路器在故障、爆炸或火灾时无法打开造成停电或中断，损坏变电站其他资产和给现场工作人员带来的安全风险。如果某一断路器发生重大故障，则该断路器将会停止使用，从而导致电力系统设备（如母线段、电路或变压器）停电。

轻微故障后果包括漏气、液压油泄漏或 SF_6 漏气或机械和电气功能特性下降。

最近的许多断路器都将 SF_6 用作断路介质。SF_6 是一种合成气体，具有优异的介电性能，不易燃，对密封系统中的局部环境影响程度最小。然而，SF_6 是一种强效温室气体，其全球变暖潜能值（GWP）为 22800（时间段：100 年）。参见参考文献［6］（Glaubitz 等人，2014 年）。由于 SF_6 断路器可能存在漏气情况，因此，在安装或停用 SF_6 断路器时，需要注意防止漏气，或避免出现任何残留有毒分解产物。许多国家都推出了 SF_6 环境排放规定。

由于人们担心 SF_6 会造成环境影响，因此，该行业已对 SF_6 使用替代品进行了广泛研究。2020 年，工作组 B3.4 发表了一份关于对中压开关设备使用替代气体或混合气体的技术手册（技术手册 802）。

多油断路器中含有大量的油，而少油断路器中的油量只有几百升。断路器中的油会对环境造成危害。受密封圈和垫圈老化影响，老式充油断路器会存在少许漏油的情况。

4.1.3 架空线路

架空输电线路包括诸多关键要素（导线、绝缘杆塔、电杆、支撑硬件），而每个要素都经历了特定和不同的磨损和老化机制，在 CIGRE 绿皮书《架空输电线路》中有详细的描述，在此进行简要总结（见表 4-4）。

表 4-4 架空线路部件故障模式示例

部件名称	故障成因	故障后果
铁塔	结构和螺栓腐蚀	铁塔倒塌
	混凝土塔基开裂	铁塔倒塌
木质电杆	木杆底部因进水而腐烂	木杆断裂
	木杆顶部因进水而腐烂	横臂连接点弱化后分裂
混凝土电杆	钢筋腐蚀	结构强度丧失 混凝土结块脱落
钢制电杆	地面以下电杆腐蚀	电杆断裂
横臂	木材腐烂	导线掉落
绝缘子	物体撞击或振动后所产生的机械应力；水泥生出裂缝	电晕噪声增大 导线掉落
导线	腐蚀、磨损、脆化	导线断裂

架空线路故障的后果可能造成线路所承载电路的强制中断，也可能造成一座塔倒塌后，整组塔或杆子倒塌的灾难性故障。

架空线路故障对公共安全和维修工人的人身安全都会构成威胁。如果导线断裂并掉落在道路上，则跨越道路的架空线路可能会给公众的出行带来风险。而对于负责维护或修理故障杆塔的工作人员来说，可能也会处于危险之中。

4.1.4 控制保护装置

随着技术的发展，保护装置和控制装置也在不断变化。目前，控制保护装置主要有三种技术：机电技术、电子技术、微处理器技术。而在同一座变电站中，各种技术的设备都能运行，这种情况并不罕见。

机电继电器的使用寿命较长（最长可达 70 年），电子 / 数字继电器的使用寿命较短（一般为 25 ~ 35 年），而微处理器继电器的使用寿命为 10~20 年或更短时间。对于老式继电器，通常在运行几年后，就不会得到制造商的支持或者停止生产，即使该制造商仍处于正常经营状态。机电继电器和电子 / 数字继电器均不具备现代保护方案所述功能或通信能力。

CIGRE 工作组 B5.08 出版了一本标题为“基于寿命周期成本和技术限制的翻新策略”的技术手册（编号：448）。该工作组发现了诸多需要进行控制保护装置替换或升级的影响因素，包括主要配置扩展、设备过时（技术淘汰）、故障风险等级、缺乏对特定继电器的知识、维护成本以及提高性能和功能的需求。

现代的保护系统通常设有自我诊断功能，并能够发出故障指示警报。目前，一般有以下三种控制保护故障模式：

- 保护装置发生故障（无法进行故障检测和断路器跳闸），并向操作员发出警报。操作员可选择停止使用受保护资产，直至发生故障的保护装置能够恢复使用。
- 保护装置发生故障，但并未引起操作员的注意。这种情况下，只有受保护资产发生故障后，才会发现保护装置故障。
- 保护装置误操作，在不需要时打开断路器。

保护装置的故障后果各不相同。保护装置的故障后果可能是将资产退出运行状态（可能导致供电或连接中断），以及通过操作备用保护装置的方式清理故障后，多处出现供电或连接中断情况。然而，保护装置故障的实际后果需根据各保护系统情况单独确定。

就重要资产而言，通常采用两种主要保护系统。在配备两个独立保护系统的情况下，即使其中一个保护系统发生故障，也不会对资产产生比较严重的后果。

4.1.5 电力电缆

CIGRE 工作组 B1.09 对地下交流输电线的剩余使用寿命管理进行了研究。2008 年，该工作组制作了一份技术手册（编号：358），并将高压电力电缆所承受的应力分为以下几类（工作组 B1.09 2008）：

- 热能：由于正常情况和紧急情况下的工作电流；
- 电气：由于正常情况和紧急情况下的工作电压，以及雷电条件下开关操作后的脉冲电压；
- 环境应力：由于作用于电缆外部护套的环境条件（聚合物降解、金属腐蚀）；
- 机械力：由于铺设操作（弯曲）、使用条件（海底电缆循环负荷或由外部引起的循环运动）或意外挖掘损坏。

如表 4-5 所示，工作组 B1.09 对各种类型电缆的常见缺陷进行了总结。

电力电缆的故障性质可以分为从轻微到严重不等。轻微故障可能会导致暂时性停电情况。例如，过电流保护系统的运行将导致电力电缆出现停电情况。严重故障可能导致电缆大面积损坏，从而需要进行维修或更换的情况。如果对损坏的电缆进行维修或更换，则可能会延长停电时间。严重故障可能会引发电缆火灾，从而对公众安全和工作人员人身安全均构成威胁。

表 4-5　各种类型电缆的常见缺陷

序号	缺陷类型	自容式充液电缆	高压充液电缆	压气电缆	挤出型电缆
1	第三方损坏电缆	X	X	X	X
2	第三方损坏电缆外护套，对电缆造成脆性，并出现油、溶剂、沥青等外部污染	X			X
3	第三方损坏金属护套，对电缆造成腐蚀或疲劳	X			X
4	绝缘材料进水	X			X
5	由于交通繁忙 / 底土条件不佳 / 地面不稳定造成电缆移动导致的外部损坏	X			X
6	受地面变化、热胀冷缩 / 夹紧不当影响，电缆受到外部机械应力	X			X
7	组装错误，致使接头和终端的局部电应力增加	X	X	X	X
8	终端内部绝缘油渗漏	X	X	X	X
9	受热循环或夹紧不良影响，电缆发生移动	X			X
10	接线盒进水	X			X
11	强制冷却系统（如已安装）故障	X	X	X	X
12	腐蚀导致钢管发生泄漏或损坏		X	X	
13	由于相关管道、储罐、油泵系统故障和仪表故障，导致油 / 气供给和增压系统发生故障		X	X	

注　地下电缆常见缺陷（工作组 B1.09 2008，表 4.1）。

4.1.6　案例研究：中压电缆故障后果

新西兰奥克兰 Penrose 变电站中电缆接头电气故障引发火灾，导致奥克兰部分地区大面积供电中断。新西兰电力局委托对这次火灾展开调查（电力局 2015）。

结果显示，发生故障的电缆安装年份为 1996 年，并在 2001 年更换了原始接头。该电缆是空中电缆沟中的 19 条高压电缆电路和控制电缆之一（见图 4-8）。起火的最初原因是接头处发生电气故障。而导致火灾蔓延的一个重要因素是电缆沟内为火灾提供燃料的电缆长度，以及电缆沟中的空气为火灾提供了燃烧所需的氧气。

图 4-8 火灾发生后所拍摄的电缆沟照片（源自电力局 2015，国际电缆咨询公司随附报告图 8）

电缆沟中的电力电缆为 39000 多个电力用户供电。因为需要切断其它电路以便消防员控制火势，7.5 万多名消费者受到了断电影响。在接下来的两天，电力逐步恢复。据当地电力局估计，由于供电中断给电力用户带来的经济损失在 4700 万 ~ 7200 万美元之间。

4.2 基础设施老化对电力系统的影响

随着构成电力系统的资产状况不断恶化，电力系统性能也将恶化。资产状况恶化后，将会导致整个电力系统断电和停电的次数以及持续时间有所增加。如果输配电网性能下降，将影响输配电运营商实现业绩监管目标和关键绩效指标（KPI）的能力，并可能引起监管部门和利益相关人的审查。

当老化资产因维修或更换而停电时，可能会导致后续供电中断，尤其是在没有冗余的配电网中。受供电绩效激励影响，公用事业公司可能会推迟对输电线路的投资，以避免违反业绩目标。

此外，资产老化也会对公众安全和工作人员人身安全带来较大的风险。位于公众可以进入的区域内的资产，其发生的故障后果可能是对公众造成人身伤害，如触电身亡或被弹片击伤。就变电站而言，资产老化可能存在爆炸或火灾风险，从而危及现场工作人员的人身安全。

4.2.1 系统可靠性和电能质量下降

随着资产性能不断恶化，正在运行的资产发生故障的风险概率也在增加，这也导致电力系统的可靠性日益降低。而电力系统可靠性下降的影响是断电次数和程度不断增加，并增加发电成本。随着资产状况的进一步恶化，资产强制停运和计划停运都变得更加频繁，而且停运的时间也将更长。

2018 年，CIGRE 工作组 C1.27 编制了一份技术手册（编号：715），并对可靠性定义提出了更改建议。该技术手册指出，全球公用事业行业所理解的可靠性主要包括以下两个基本概念：充裕度和安全性（工作组 C1.27 2018）。

“充裕度”是指结合电力系统设施的计划内停运和非计划停运，该系统能够随时满足电力用户的电能总需求的能力。资产老化后，不仅会降低资产能力（如资产强制降级），而且会影响充裕度评估结果。当电力系统的充裕度下降时，出现减载和限制发电的可能性将有所增加。资产老化不仅会增加电力系统故障，而且还可能会增加供电中断风险。

“安全性”是指电力系统能够承受突然出现的各种干扰的能力，如电气短路或电力系统设施意外损失。资产老化会导致资产能力下降，而且会影响安全性评估结果。随着资产能力的降低，电力负荷可能会相应减少，此时，可保证安全供电，并且可能需要应急前或应急后进行电力负荷管理或实施发电限制，以此保持电力系统的安全性。本章末尾将通过案例研究对新西兰电力系统的系统充裕度和安全性进行示例说明。

系统可靠性的衡量依据通常采用众所周知的行业标准指标或一年内的未供电（ENS）来衡量。典型的衡量标准包括与断电有关的可用性、频率、持续时间。可靠性的衡量方式多种多样，比如以下参数。

- 系统分钟数（system-minute）：指系统在最大负荷时整个系统停电的分钟数。用年度缺电量除以系统分钟数值。该衡量指标具有相对性，可以与较大或较小的系统进行比较。
- 可靠性：计算方法为用输电量除以输电量加上（因断电造成的）未传输电量的百分比。
- SAIDI（系统平均中断持续时间指数）：计算方法为用所有电力用户断电持续时间的总和除以实际服务的电力用户数量。
- SAIFI（系统平均中断频率指数）：计算方法为用电力用户断电总次数除以实际服务的电力用户数量。

4.2.2 KPI 影响

大多数公用事业公司都设有多个与企业业绩有关的关键绩效指标（KPI）。这些关键绩效指标是一种可量化的衡量标准，可供机构用于评估自身业绩的有效性。部分 KPI 将与实现业绩监管目标相关，而其他 KPI 可以基于工作人员人身安全和公众安全影响、声誉影响、电力用户满意度、财务业绩、完成合同绩效目标等因素确定。

发电运营商将制定与发电站容量系数有关的 KPI。“容量系数”系指用发电量（MWh）除以最大发电量（MW）与该时段运行小时数的乘积。如果发电厂或发电机主输出变压器发生停电，容量系数将有所下降。

诸多企业都将 KPI 目标与绩效奖金挂钩。如果因资产老化造成输配电网性能或容量系数下降，该企业工作人员获得的奖金极有可能会变少。

4.2.3 资产风险评估、趋势、监管审查、股东审查

资产风险评估现已成为对老化资产的系统风险进行管理的一种方法。资产风险评估可分为以下两个阶段：风险识别和风险评估。例如，最近实施的通用网络资产指数方法（CNAIM），该方法由一家名为“OFGEM”的英国配电网络运营商发起。此外，本章还提供了一个新西兰有关资产风险评估的案例研究。

风险可以从定量和定性的角度进行评价。CIGRE 工作组 C1.38（技术手册 719）进行了资产管理风险评估和国际惯例调查。风险可从多个方面进行量化评价：

- 可靠性（或供电中断）和发电限制；
- 环境；
- 工作人员人身安全；
- 公众安全；
- 事件直接成本。

风险评估值计算方法是用风险事件发生的概率乘以风险事件产生的后果（以货币形式表示）。例如，如果某一事件在一年内的发生概

率为 0.05，而事件产生的后果为 10MWh 的供电损失，每 MWh 的经济价值评估值按 10000 美元计算，则风险价值为每年 500 美元。

当无法准确地用货币来表示风险时，可在某一标尺上确定故障发生概率（如从 1~10），并在另一标尺上确定故障后果，以此进行风险定性评价（相关讨论见第 6 章）。相关风险评价结果可以用矩阵形式表示，例如原来的加拿大 BCTC 公司（现更名为 BC Hydro 公司）的示例，如图 4-9 所示。

部分监管机构要求输配电资产所有者披露资产健康状况和关键性

严重度

各事件影响分类	安全	财务影响	可靠性	环境影响
影响类别5	死亡率	影响总计不少于1000万美元	电力用户用电小时数损失量超过700万	可报告环境事件（包括监管部门起诉和/或不确定是否采取缓解措施）
影响类别4	永久性残疾	影响总计范围为500万~1000万美元	电力用户用电小时数损失量范围为300万~700万	可报告环境事件（包括监管部门罚款、可能采取缓解措施）
影响类别3	失时伤害/暂时性残疾	影响总计范围为100万~500万美元	电力用户用电小时数损失量范围为100万~300万	可报告环境事件（包括长期（1年以上）实施缓解措施）
影响类别2	医疗救助伤害/疾病	影响总计范围为50万~100万美元	电力用户用电小时数损失量范围为25万~100万	可报告环境事件（包括短期（1年以下）实施缓解措施）
影响类别1	急救伤害/疾病	影响总计少于50万美元	电力用户用电小时数损失量低于25万	非报告环境事件

影响严重度

发生概率

事件发生可能性	影响类别1	影响类别2	影响类别3	影响类别4	影响类别5
明年发生事件的可能性不低于90%（5）	中	中	高	极端	极端
明年发生事件的可能性不低于50%（4）	已防范	中	高	极端	极端
明年发生事件的可能性不低于10%（3）	已防范	中	中	高	极端
明年发生事件的可能性不低于1%（2）	低	已防范	中	中	高
明年发生事件的可能性低于1%（1）	低	低	已防范	已防范	高

图 4-9　风险定性评价排序示例（工作组 C1.16 2010，图 4.3-1 和图 4.4.1）

信息。相关示例包括英国 OFGEM 所实施的 DNO 通用网络资产指数确定方法（相关讨论见本书第 2 章），以及澳大利亚能源监管机构所编制的《资产管理行业实践应用说明》（相关讨论见本书第 2 章）。

4.2.4 投资不足导致可靠性下降

Aurora Energy 是新西兰第六大配电公司，并且是但尼丁城市控股有限公司（Dunedin City Holdings Limited）（所有者：但尼丁市议会）的全资子公司。Aurora Energy 的很大一部分配电网都是在 20 世纪 50 年代至 70 年代建成的。如今，Aurora Energy 正处置处于报废阶段的资产。根据新西兰的法规，Aurora Energy 必须实现所规定的可靠性目标。2016 年和 2017 年，Aurora Energy 在报告中说明了未实现所确立的相关可靠性目标。

Aurora Energy 被负责监管配电运营商的新西兰商业委员会[1]告上了法庭。该委员会在庭上声称，由于资产维护和更新投资不力，导致该配电运营商在 2016 年和 2017 年违反了断电和停电监管目标。每次违约将面临 500 万新西兰元的最高处罚。

2018 年，新西兰商业委员会（电力监管机构）以 Aurora Energy 在 2016 年和 2017 年违反了受监管的质量标准（新西兰商业委员会 2018a）为由，对其向新西兰高等法院提起诉讼，要求法院对 Aurora Energy 进行经济处罚。然而，Aurora Energy 在 2016 年和 2017 年都向该商业委员会披露了违反相关质量标准的情况。委员会调查了这些违规行为，并认为这些违规行为是由 Aurora Energy 未能遵守良好的行业惯例造成的。

---

[1] 新西兰商业委员会是一个政府机构，负责执行促进新西兰市场竞争的立法。商务委员会对一些竞争很少或根本没有竞争的市场进行监管。商务委员会负责新西兰分销业务的监管。

在 2016 年，在意识到对输配电网的历史性投资不力所产生的影响之后，Aurora Energy 股东果断采取了行动（新西兰商业委员会 2019 年），成立了一个新的管理团队。该团队重新将重点放在投资方面，并将 Aurora Energy 建立成为一个独立机构。在 2018 年和 2019 年，该组织资本支出增加了 250%。根据监管部门的收入上限规定，大部分此类支出是无法收回的。

图 4-10 为 Aurora Energy 的资本支出（Capex）历史记录和预期情况。

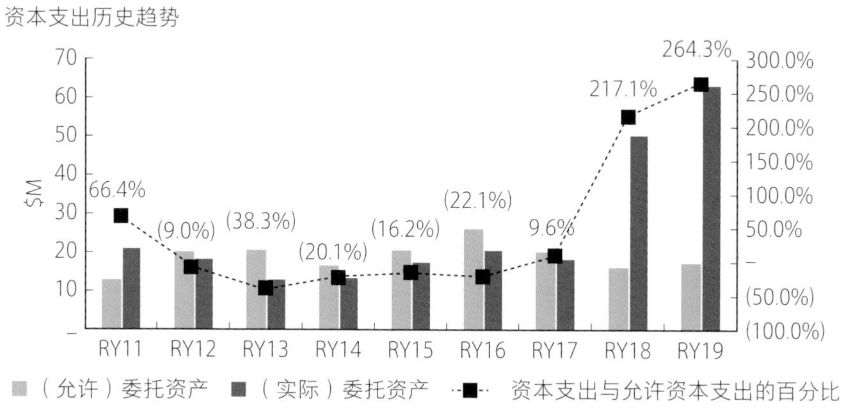

图 4-10 Aurora Energy 资本支出（新西兰商业委员会 2019）

绿色柱状图表示允许（监管）支出水平，而蓝色柱状图表示实际支出水平。

2018 年，Aurora Energy 委托 WSP Opus 公司通过独立审查的方式，确定但尼丁和中奥塔哥这两个地区的电网状态，并确定存在重大故障风险的关键资产。

经审查，WSP 发现架空线路、电线杆和横担资产造成了超过 50% 的电网中断故障，这些故障都是由于资产老化造成的。

WSP Opus 审查结果表明，2013—2017 年间，由设备缺陷引起的系统平均中断频率指数（SAIFI）比例明显增加（见图 4-11）。

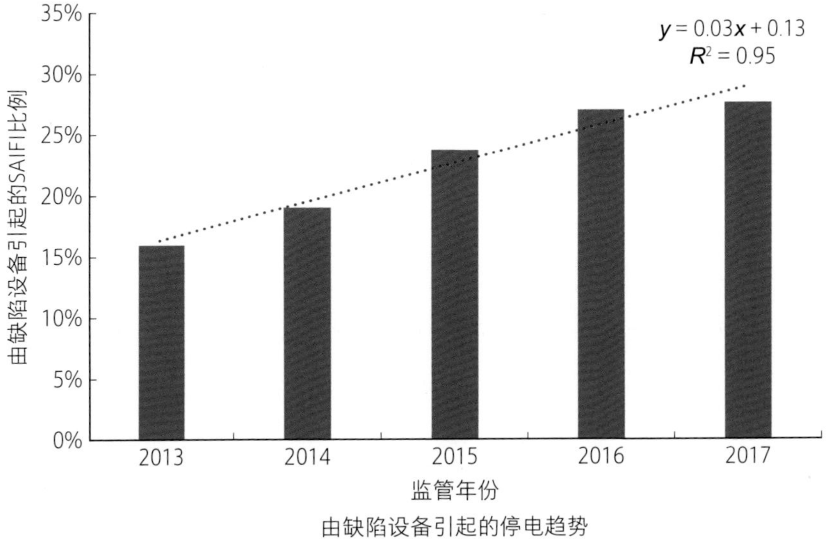

图 4-11　Aurora Energy 电网中由缺陷设备引起的 SAIFI 比例（新西兰商业委员会 2018，图 7.3）

4.2.5　案例研究：充裕度和安全性评估

新西兰输电公司根据充裕度和安全裕度评估电力系统可靠性（Transpower 2019）。新西兰输电公司是新西兰电力系统的所有者和运营商。新西兰在南北岛各设有一个交流电力系统，这两个交流电力系统通过高压直流输电线路（有时称为“库克海峡电缆”）进行连接。新西兰的大部分电力负荷都来自北岛，而大部分抽水蓄能发电都来自南岛。新西兰有大量的水力发电。而水力存储的时间是有限的（可以持续数月而非持续数年）。这样就会出现一种风险，即进入蓄水区的降雨量长期处于较低水平时，可能会导致蓄水区的蓄水位一再降低直至蓄水区枯竭，从而减少可用的水力发电量。如果低蓄水量的时段与其他主要发电厂（发电或输电）的停电时段重合，则可能需要在全国范围内开展节电运动。

作为供电安全管理的一部分，新西兰输电公司（Transpower）每年都会计算电能裕度和容量裕度。电能裕度主要评估充足发电水平的可能性，以及就新西兰南岛而言，评估了充分达到南岛高压直流输电容量的可能性，以满足冬季预期电力需求。容量裕度主要评估充足发电和北岛高压直流输电容量的可能性，以满足对北岛的电力峰值需求。

电能裕度系指冬季可用电能供应量（GWh）除以冬季预期电能需求量（GWh）的总和，表示为电力总需求量（GWh）的百分比；容量裕度系指北岛发电容量（MW）减去北岛预期电力峰值需求量（MW），再加上可通过高压直流输电线路向北岛输送的南岛剩余发电量的总和。

新西兰电力管理规则中规定所述的现行供电安全标准，新西兰冬季电能裕度为14%~16%，南岛冬季电能裕度为25.5%~30%，北岛冬季容量裕度为630MW~780MW。

4.3 总结

资产的性能通常会随着时间的推移和使用而恶化，直到该资产性能达到需要通过翻新或更换的方式来对资产进行干预的程度。资产性能恶化的后果是增加资产故障风险，而资产发生故障，可能会造成供应损失、资产生产受限，并对公众和工作人员构成危险。而且资产故障还可能会对拥有此类资产的机构的环境和声誉造成严重后果。

每种类型的资产都有诸多故障模式。部分故障模式将占主导地位，这取决于环境、资产使用和维护制度。对于专家给出的资产状况评估结果，可用于预测资产日后故障的发生概率；但是利用资产状况的条件是需要对关键资产实施状态监测及评估机制。资产故障产生的后果从非常轻微到非常严重，如电力系统大面积停电。在实施了适当监控措施的情况下，资产管理者可通过资产状况和资产故障后果确定维护活动、替换活动和翻新活动的优先次序。

电力系统资产企业的股东和监管机构都十分关注这些资产的运营绩效以及绩效变化趋势，尤其是下降趋势。

本书接下来的三个章节涵盖了战略资产管理、运营资产管理、战术资产管理等领域。“战略资产管理”一章重点关注的是资产生命周期内的组织和资产管理框架；“运营资产管理”一章讲述的是短期内（1年或2年）实施各种资产管理决策，而“战术资产管理”则是描述在5~15年的中长期规划内作出各种资产投资决策。

第5章（战略资产管理）将说明高级管理层的战略领导力在资产管理计划方向上的重要性。领导职责包括建立一个以资产为中心的有效的组织架构，并明确运营管理及战术管理岗位和职责。

资产管理框架需要与组织环境保持一致。对于垂直整合公用事业公司的资产管理框架，将与独立发电商或输电运营商的资产管理框架明显不同，这是因为各企业所用资产的性质和运营业务的商业驱动因素都存在显著差异。

资产管理层的领导职责包括明确关键绩效指数、企业风险偏好、关键财务分析及决策参数。资产管理风险框架将与组织风险管理框架紧密结合在一起，并需要制定资产管理政策、资产管理策略和资产生命周期策略。

第6章（运营资产管理）将讲述从运营计划到短期规划时间范围内的资产管理决策。大多数中长期资产投资决策和计划已经由战术资产管理者（公司）作出或制定，并由运营资产管理者（公司）予以实施。运营资产管理包括资产更换、计划内和计划外资产维护、资产测试、资产状况信息收集与分析。

第7章（战术资产管理）将考虑与资产投资协调、规划和论证有关的中长期需求。资产投资决策需要根据未来电力系统投资开发的信息（即未来资产需求预测，如热容量），以及运营资产管理公司所提供的未来资产性能信息（如故障风险），以确定与中长期资产投资有关的最佳解决方案。

战术资产管理的一个重要部分是对整个电力系统进行风险评估。就资产风险的概率和后果而言，需要进行识别和量化（尽可能货币化）。在役资产发生故障的后果表现在多方面（如供电中断、环境破坏、对工作人员人身安全和公众安全带来风险以及财务损失）。知晓资产故障的发生概率和影响程度，有助于对投资支出进行优先级排序，并了解资产投资决策相关后果。

对于资产运行到故障策略的影响，可参照资产维护和修理策略的影响。为降低关键资产故障风险，可对资产进行在线监控。

参考文献

[1] Cable Consulting International Ltd.: Investigation into a Fire in a Cable Trench in Penrose Substation. Available at: https: //www.ea.govt.nz/dmsdocument/20152-cable-consulting-international-ltd-investigation-into-a-fire-in-a-cable-trench-in-penrose-substation. Accessed 22 June 2020

[2] Commerce Commission New Zealand: Commission to file proceedings against Aurora Energy for breaching quality standards(2018a). Available at: https: //comcom.govt.nz/news-and-media/ media-releases/2018/commission-to-file-proceedings-against-aurora-energy-for-breaching-qual ity-standards. Accessed 6 Feb 2020

[3] Commerce Commission New Zealand: Aurora Energy independent review of the state of the network(2018b). Available at: https: //comcom.govt.nz/regulated-industries/electricity-lines/projects/ aurora-energy-independent-review-of-the-state-of-the-network#projecttab. Accessed 6 Feb 2020

[4] Commerce Commission New Zealand: Default price-quality paths for electricity distribution businesses from 1 April 2020-Updated draft models: Companion Paper(2019). Available at: https: //comcom.govt.nz/__data/assets/pdf_file/0030/180966/Aurora-Submission-on-companion-paper-to-updated-models-9-October-2019.pdf. Accessed 6 Feb 2020

[5] Electricity Authority: Penrose substation fire inquiry report, 9 November 2015. Available at https: // www.ea.govt.nz/dmsdocument/20843-penrose-substation-fire-enquiry-report. Accessed 22 June 2020

[6] Glaubitz, P., Stangherlin, S., Biasse, J.-M., Meyer, F., Dallet, M., Prüfert, M., Kurte, R., Saida, T., Uehara, K., Pascale, P., Ito, H., Kynast, E., Janssen, A., Smeets, R., Dufournet, D.: CIGRE Position Paper on the Application of SF_6 in Transmission and Distribution Networks. CIGRE(2014).

[7] Tenbohlen, S., Vahidi, F., Jagers, J., Bastos, G., Desai, B., Diggin, B., Fuhr, J., Gebauer, J., Kruger, M., Lapworth, J., Manski, P., Mikulecky, A., Muller, P., Rajotte, C., Sakai, T., Shirasaka, Y.: Results ofa standardised survey about the reliability of power transformers. In: The 20th International Symposium on High Voltage Engineering, Buenos Aires, Argentina, August 27-September 01, 2017(2017). Available at: https: //e-cigre.org/publication/download_pdf7ISH2017_598-results-of-a-standardized-survey-about-the-reliability-of-power-transformers. Accessed 6 Feb 2020

[8] Transpower: Security of supply annual assessment 2019(2019). Available at https: //www.transpower.co.nz/sites/default/files/bulkupload/documents/SoS%20Annual%20Assessment%202019%20report.pdf. Accessed 6 Feb 2020

[9] Working Group A2.49: Technical Brochure 761: Condition Assessment of Power Transformers. CIGRE(2019).

[10] Working Group A3.29: Technical Brochure 725: Ageing High Voltage Substation Equipment and Possible Mitigation Techniques. CIGRE(2018).

[11] Working Group B1.09: Technical Brochure 358: Remaining Life Management of Existing AC Underground Lines. CIGRE(2008).

[12] Working Group B3.45: Technical Brochure 802. Application ofNon-SF6 Gases or Gas-Mixtures in Medium and High Voltage Gas-Insulated Switchgear. CIGRE(2020).

[13] Working Group B5.08: Technical Brochure 448: Refurbishment Strategies Based on Life Cycle Cost and Technical Constraints. CIGRE(2011).

[14] Working Group C1.1: Technical Brochure 309: Asset Management of Transmission Systems and Associated CIGRE Activities. CIGRE(2006).

[15] Working Group C1.16: Technical Brochure 422: Transmission Asset Risk Management. CIGRE(2010).

[16] Working Group C1.27: Technical Brochure 715: the Future of Reliability, Definition of Reliability in Light of New Developments in Various Devices and Services which Offer Customers and System Operators New Levels of Flexibility. CIGRE(2018).

[17] Working Group C1.38: Technical Brochure 791: Valuation as a Comprehensive Approach to Asset Management in View of Emerging Developments. CIGRE(2020).

5 战略资产管理

加里·L·福特（Gary L. Ford）
格雷姆·安谐尔（Graeme Ancell）
厄尔·S·希尔（Earl S. Hill）
乔迪·莱文（Jody Levine）
克里斯托弗·耶里（Christopher Reali）
埃里克·里克斯（Eric Rijks）
杰拉德·桑奇斯（Gérald Sanchis）

加里·L·福特（G.L.Ford）（✉）
PowerNex Associates Inc.（加拿大安大略省多伦多市）
e-mail: GaryFord@pnxa.com

格雷姆·安谐尔（G. Ancell）
Aell Consulting Ltd.（新西兰惠灵顿）
e-mail: graeme.ancell@ancellconsulting.nz

厄尔·S·希尔（E. S. Hill）
美国威斯康星州密尔沃基市 Loma Consulting
e-mail: eshill@loma-consulting.com

乔迪·莱文（J. Levine）
加拿大安省第一电力公司（加拿大安大略省多伦多市）
e-mail: JPL@HydroOne.com

克里斯托弗·耶里（C. Reali）
独立电力系统营运公司（加拿大安大略省多伦多市）
e-mail: Christopher.Reali@ieso.ca

埃里克·里克斯（E. Rijks）
TenneT（荷兰阿纳姆）
e-mail: Eric.Rijks@tennet.eu

杰拉德·桑奇斯（G. Sanchis）
RTE（法国巴黎）
e-mail: gerald.sanchis@rte-france.com

G. Ancell 等人（eds.），电网资产，CIGRE 绿皮书
https: //doi.org/10.1007/978-3-030-85514-7_5

目 录

摘 要

资产管理实践按职责与权限将公用事业管理划分为三个层次：战略资产管理、战术资产管理和运营资产管理。这些可能涉及独立的实体或公司。如本章中所述，战略资产管理概述了公司高级管理层的要求。这些高级管理者负责确保公司实现其高层级目标，包括满足财务要求，最大限度地减少对环境的影响，维护公众及工作人员的安全，以及将风险管理到可接受的水平。本章概述了公司如何识别利益相关方及其目标，将这些目标转化为业务价值和目标，并最终转化为高层级的关键绩效指标，制定风险管理程序的规范，并通过定义资产管理及其他公用事业人员的角色与职责，建立公司领导层。

5.1 引言

如我们在第 1 章中所讨论的，20 世纪 90 年代，在面临负荷增长停滞和监管机构要求对资产投资进行更严格论证的压力的情况下，许多公用事业公司向以资产为中心的组织结构转型。在以资产为中心的组织结构中，高级管理层的战略领导者是资产管理组织和职能有效运行的一个关键因素，需要由他们明确和沟通公司价值观的定义、关键绩效指标（KPI）以及股东和监管机构的风险态度等问题。第 5 章主要讨论了这些问题和其他相关主题，包括企业财务约束 / 激励、KPI

或产出指标的货币化，以及公司的资产保险政策。

本章为读者提供了有关公司领导层或最高管理层决定的资产管理计划方向的指导。本章涉及与战略资产管理相关的主题如下：

角色与职责 组织角色与职责 （针对资产管理者、服务提供者等确立） **组织的背景** 一致性 企业目标 将目标转化为关键绩效指标 业务价值框架	**利益相关方及其期望** **领导力** 资产管理方针及战略资产管理计划 **风险管理** 业务影响框架 风险偏好 风险识别 / 矩阵 风险接受与保险 **示例**

5.2 在资产管理中的角色、职能和职责：战略、战术、运营

资产管理是针对整个公司的完整方法，涉及范围从高级管理人员到具体技术人员。如第 1 章中所述，资产管理职能通常从概念上进行划分，以明确职责和行动。技术手册 422 将资产管理者在以资产为中心的组织结构中的职能分为三类。具体分类如图 5-1 所示，这些均从早期参考文献（如技术手册 422）收集的信息。

5.2.1 资产所有者、资产管理者、服务提供者的职能

战略资产管理一般被视为组织内最高管理层的特权。在电力行业最近的一个发展，与上述角色分工相同，将组织的职能“分解为”三部分：

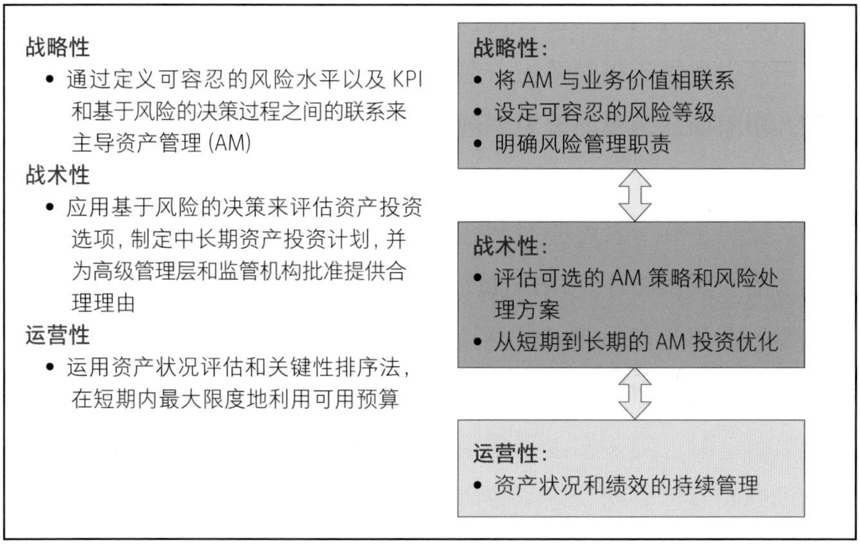
战略性
• 通过定义可容忍的风险水平以及 KPI 和基于风险的决策过程之间的联系来主导资产管理（AM）
战术性
• 应用基于风险的决策来评估资产投资选项，制定中长期资产投资计划，并为高级管理层和监管机构批准提供合理理由
运营性
• 运用资产状况评估和关键性排序法，在短期内最大限度地利用可用预算
战略性：
• 将 AM 与业务价值相联系
• 设定可容忍的风险等级
• 明确风险管理职责
战术性：
• 评估可选的 AM 策略和风险处理方案
• 从短期到长期的 AM 投资优化
运营性：
• 资产状况和绩效的持续管理

图 5-1　资产管理在决策中的职能和角色

- 资产所有者；
- 资产管理者；
- 服务提供者。

下文将更详细地介绍该组织的每一个“部分”。通常，战略资产管理的大部分乃至全部职责都由资产所有者承担。在许多公用事业公司，上文所列的三个实体为不同的公司；然而，当三者均在同一家公司时，该模式仍然有用，因为他们仍然有相同的职能。特别是，资产所有者的职能与战略管理可以很好地结合在一起。战术和运营管理职责通常由资产管理者和服务提供者划分，但两者之间界限不太明显。TB 422 和 TB 309 详细阐述了这些职能：

资产所有者：对经营战略、电网公司发展方向及投资的整体融资负责。资产所有者可以是政府、董事会、公司或拥有电网资产并最终对电网负责的投资者。资产所有者关注整体经营战略、业务价值、业务绩效和经营风险。

资产管理者：负责作出投资决策，以平衡资产 / 服务绩效、财务绩效和风险。资产管理者由资产所有者聘请，并负责管理电网资产。资产管理者侧重于提高资产在整个生命周期内的回报率。所考虑的回报不仅是财务回报，而是资产所有者设定的所有业务价值的回报。资产管理者的职责是平衡经营风险（源自业务价值）、业务绩效和资产支出。

服务提供者：负责根据商定的规范，在预算范围内，以安全的方式作出按时交付工作相关的决策。针对电网资产的相关工作由资产管理者聘用和管控的服务提供者承担。服务提供者可以是公司内部的，也可以是外部的，可以涵盖维护、工程、运营或公司服务等领域。服务提供者侧重工作的交付效率：在质量、时间和预算的限制内执行项目。

Balzer 和 Schorn（Balzer，Schorn，2015）提供了关于不同角色之间如何互动的附加信息，以及每个角色在执行资产管理过程中的所承担的职责。特别是，资产所有者负责指导战略、管控财务，并与监管机构进行互动沟通。资产管理者负责资产的技术运营与主要维护，服务提供者根据资产管理者的指示执行这些任务。

这些角色最初是由 Bartlett 在 2002 年代表 CIGRE 工作组 C1.1 划分的（Bartlett，2002）。图 5-2 说明了职责分工。

技术手册 422 第 111 页通过以下方式总结了组织各层级的不同需求：

- 战略资产管理是资产管理者开发所需信息，以使资产管理决策符合组织的风险态度和关键绩效指标。
- 战术资产管理是对可选的资产管理策略进行定量分析，以支持和证明中长期决策的合理性。
- 运营资产管理是资产管理者开发所需信息，以便能够在短期内有效管理服务提供者的工作。

战略资产管理通常还负责公司长期的决策，而战术资产管理者和

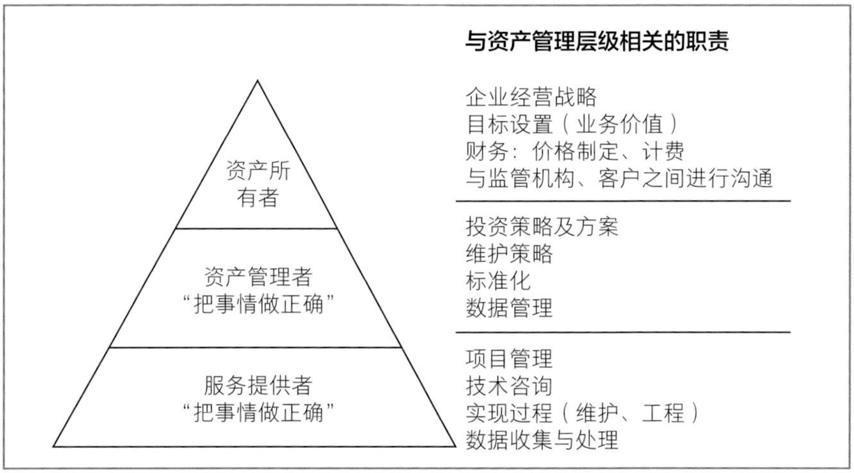

图 5-2　与资产管理层级相关的职责（技术手册 422，2010）

运营资产管理者则负责较短期的决策（战术资产管理者的短期决策通常为 5~15 年，运营资产管理者的短期决策则为 0~5 年）。

5.2.2　角色职责划分

技术手册 309 描述了资产所有者职能（见图 5-3），并作为手册编写期间进行调查的一部分内容。共有 12 家公司参与了此次调查。径向刻度是指相关职能与各自资产管理流程参与者适当关联的百分比。例如，88% 的受访者认为明确政策和方向是资产所有者的职能。

活动的详细列举表明，100% 的受访者在内部开展了核心 AM 活动，90% 的受访组织已将其资产管理职能与服务提供者的职能分离，而大约有 50% 受访组织的资产所有者的职能与资产管理者的职能分离。图 5-4 总结了职能分工情况。

表 5-1［奥尔特（Ault）等人，2004 年］内容给出了组织是如何划分上述职能的：

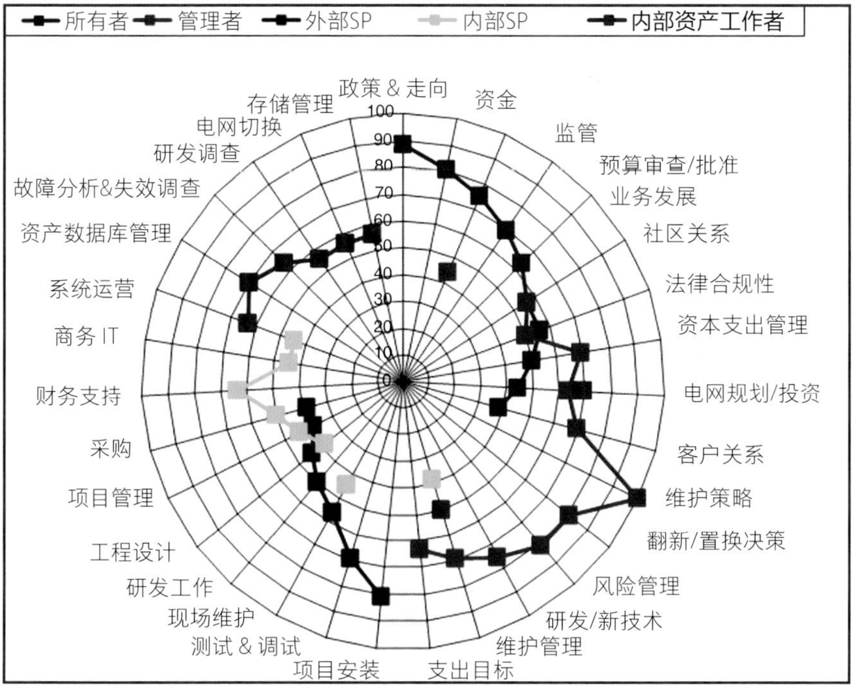

图 5-3　按角色划分的资产管理职能（技术手册 309，2006 年）

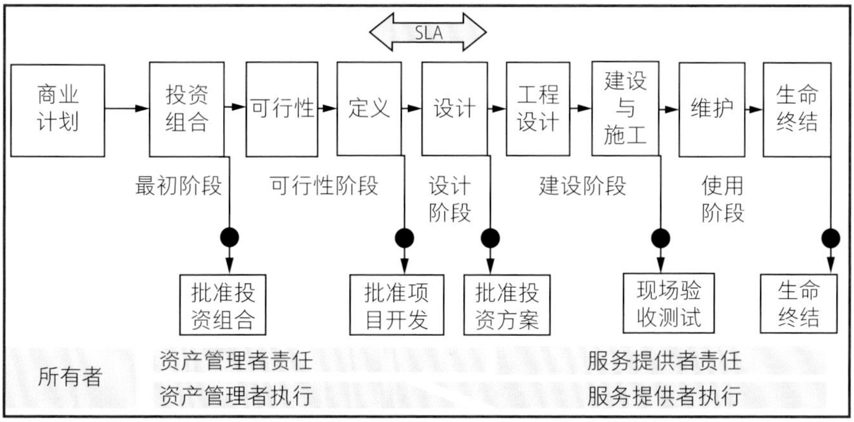

图 5-4　流程简介及职责（技术手册 309，2006 年）

表 5-1　组织职能划分

类型	被调查者（%）
独立的业务部门	50
独立的法人实体	38
整体结构中的独立组织	25
公司职能的一部分	19
单独的管理级别	19

5.3 资产所有者的职责

5.3.1 企业目标

资产管理始于一个基本前提，即所有资产管理决策均应考虑组织的价值观。资产管理将这一前提应用于组织的每个层级的决策过程中。由此产生的决策与来自资产所有者或高级管理层的指导原则和价值衡量标准的一致性，确保了每个资产管理决策都能够始终如一地支持组织的战略目标，并为利益相关方创造价值（技术手册 309，2006）。资产管理关注于优化其决策的附加值，因此它不仅仅是一种旨在削减成本的方法。

识别企业价值观，并制定落实这些价值观的企业目标，通常视为组织最高管理层的职责，换句话说，就是资产所有者或战略管理者的职责。而公司董事或其代理人则负责确定公司“愿景”和“使命”。在大多数情况下，这些文件提出的目标所涵盖的领域，比本文件中定义的资产管理范围要广得多。公司管理层将遵循愿景和使命声明中的高层级目标来规划组织下一层级的组织目标。这些目标通常是指财务和可持续发展目标，可能更直接地涉及公司如何为利益相关方提供价值的问题。为了更详细地阐明公司目标，我们对美国杜克能源公司

（Duke）和荷兰国有电网公司（TenneT）这两家公用事业公司的年度报告进行了回顾，并在本章的后续章节中介绍了相关结果。

值得注意的是，许多公用事业公司并不会公布他们的资产管理计划目标。但是，这些计划目标必须反映公开文件中拟定的公司目标。资产所有者的一项关键职能是将公司目标（如这里所述的目标）“转化”为资产管理目标。

5.3.2 将业务目标（来自资产所有者）转化为绩效指标（适用于资产管理者和服务提供者）

技术手册 422 概述了在将公司目标转化为货币化关键绩效指标（KPI）的过程中，资产所有者通常如何与资产管理者一起参与协作的。这个过程可能看似简单，但很少付诸实践。例如，建立战略 KPI 和运营 KPI 之间的联系并不容易。为此，引入了业务价值框架。所有 KPI 都与公司的某一绩效领域挂钩，通常称为业务价值观。

5.3.3 业务价值框架的发展

技术手册 422 还讨论了资产管理者为资产所有者作出或提出正确的决策时，资产管理者必须理解资产所有者和利益相关方提出的要求。为了实现这一点，业务价值框架源自资产所有者的要求，并得到资产所有者和资产管理者的同意。

该业务价值框架提出的假设是，如果资产所有者的目标和价值是明确的，那么与业务价值有关的资产风险也将是明确的。输电公司的业绩是通过 KPI 来衡量的。KPI 与业务价值相关，因此，也与业务风险相关。

在许多公司中，使命、愿景和 KPI 在资产管理计划启动之前就已确定。如果没有确定，则应与公司高级管理层召开会议，以建立业务价值框架。需要回答诸如“公司的使命是什么”“战略目标是什么”“对整个公司来说，认为什么是重要的”“关键绩效指标是什么”等问题。通过这些问题，可以推导和定义业务价值。KPI 按与业务价值相关的绩效领域进行分组。表 5-2 中的示例源于加拿大公用事业公司 BC Hydro 的公司风险矩阵（技术手册 422，表 4.2-1，2010 年）。

表 5-2　业务价值框架示例（技术手册 422，2010 年）

业务价值 / 绩效领域示例	描述
安全	公司重视员工和第三方的安全。业务价值“安全”包含了损失时间事故等绩效表现要素
财务影响	公司重视健全的财务状况和制度。业务价值“财务”包含财务绩效表现要素
服务质量 / 可靠性	公司重视良好的服务质量。业务价值“服务质量”包含了客户损失的分钟数等绩效表现要素
环境影响	公司重视环境。业务价值包括了环境损害成本等绩效表现元素

需要注意的是，“业务价值”可以直接关联资产管理目标（上文所述的业务价值和上一节中提到的资产管理价值来自于不同的加拿大公用事业公司，因此不匹配，但很相似）。业务影响框架的开发（遵循业务价值框架逻辑的下一步），将在本章的风险管理部分进行讨论。

业务价值通常被“提炼”到一个层次结构中，以找到更接近管理行动的措施。以下是这种层次结构的示例：

- 业务目标：最大限度地提高系统可靠性（达到或超过监管目标）。
- 关键绩效指标：监控系统级的未供电量。
- 规划指标：监控公用事业区域、单个变电站等的缺供电量。

5.3.4 一致性

定义组织的目标是必要的，但如果该目标只是公司公开文件中的一个高层级目标，就不会特别有用。资产管理计划的目的和目标必须在整个组织内自上而下实施。组织环境中的一个重要部分是制定资产管理目标，使其与公用事业公司的整体公司目标保持一致。例如，AM 目标需要与组织目标保持一致，才能保证组织内目标、决策及活动的一致性，进而确保资产为组织目标的实现贡献价值。

资产管理使组织能够通过这种一致性为自身价值及利益相关方实现价值。这一点是通过将组织目标转换为资产管理目标来实现的。然后，使用基于风险的方法，这两个目标都可以通过与资产相关的决策、计划和活动来实现。通过实现这些目标，组织实现了业务价值。

示例 1：加拿大安大略省渥太华水电公司路线图

图 5-5 的示例来自渥太华水电公司，给出了公司路线图，并说明了从公用事业公司战略目标到资产管理目标的过程。该图通过公司目标和资产管理目标，说明了公司发展方向与资产管理衡量标准之间的一致性。

5.4 利益相关方

为了确立前一节所述的公司目标，资产所有者必须确定利益相关方及其期望。

对于投资者所有和政府所有的公用事业公司，其主要利益相关方的群体包括股东和监管机构。通常，股东希望实现利润最大化，或者至少是收入最大化，同时最大限度地减少“影响”，包括公司运营的环境、社会和其他方面的影响。财务考虑因素对任何资产所有者而言

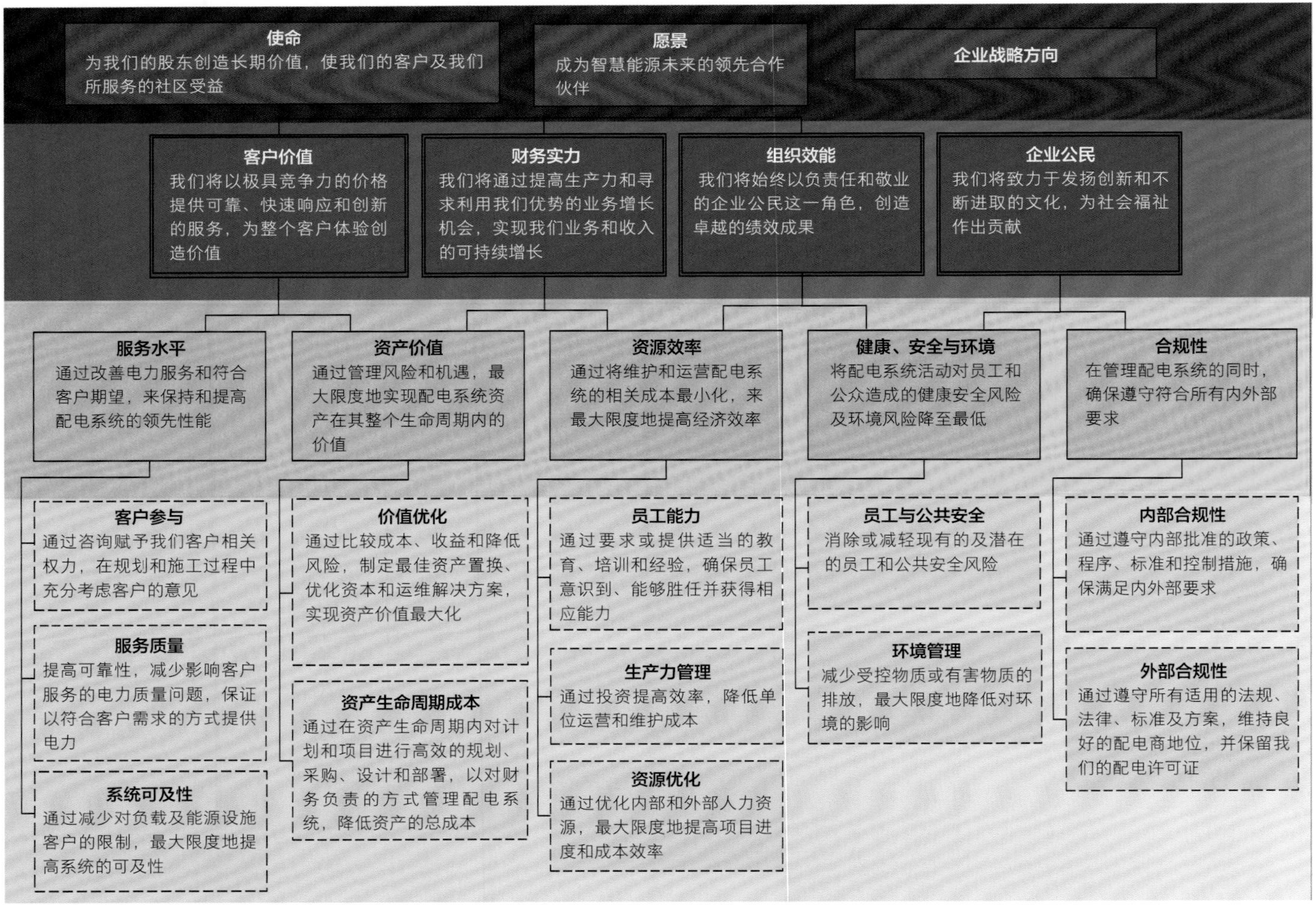

图 5-5　公司路线图（由渥太华水电公司提供）

都是至关重要的，即使是政府所有的公用事业公司来说也是如此。政府所有的公用事业公司可能更多的是处于完成社会使命的需求（例如，提供负担得起的低成本电力，或为农村和其他人口提供低成本电力），而非出于财务目标，但必须确保成本保持合理始终是一个重要目标。财务绩效可通过多种方法中的任何一种来衡量，如下所述。根据法律规定，大多数公用事业公司必须公布其部分或全部财务报表，以供公众审查。

所有公用事业组织，无论其所有权如何，除了拥有财务目标外，还都制定了其他公司目标。对于第一世界国家，这些目标包括环境管理、员工成长、交付绩效、提升客户体验等。对于第三世界国家，除了上述目标外，这些目标可能还包括向供电服务不足的地区及未供电的地区提供电力、延长电力供应时间以及支持经济发展等方面。图 5-6 是来自 TenneT 2018 年的综合年度报告高级图表，概述了公司的一些战略目标。TenneT 制定了七项优先战略来帮助实现这些目标

图 5-6　利益相关方价值观（由 TenneT 提供，《TenneT 2018 年综合年度报告》）

（《TenneT 2018 年综合年度报告》）。

对于输电实体来说，下一组利益相关方是客户，他们希望最大限度地提高输电系统的绩效，包括确保 TenneT 如上所示的安全供电，同时最大限度地降低他们的总付款额，包括可能的单位电价或容量使用费率。这一点在一定程度上与股东的财务目标相矛盾。确保这些目标之间的平衡是资产所有者的整体责任，尽管通过落实相关政策确保实现这种平衡可能是资产管理者的职责。

许多其他组织或个人通常被视为利益相关方。图 5-7 来自杜克能源（《杜克能源 2017 年可持续发展报告—利益相关方》），其中给出了许多利益相关方。

除了杜克能源列出的利益相关方之外，TenneT（《TenneT 2018 年综合年度报告》）还确定了以下其他利益相关方：

- 债券投资者和评估机构。
- 其他欧洲 TSO。
- 环境组织之外的非政府组织（NGO）。

如许多其他组织一样，TenneT 也发布了一项重要分析，概述了 TenneT 如何与利益相关方接洽，以更全面地了解利益相关方的需求。

这些目标中的许多内容（但并非全部）都是属于资产管理的一部分。特别是，公司如何在资产上投入资金，以及公司的整体绩效等，都是资产管理的关键方面。

因此，资产管理有一个关键职能，就是清晰地将公司目标与业务价值及相关的关键绩效指标（KPI）相关联，通过评估这些关键绩效指标可以实现对业务绩效的衡量。例如，可靠性目标；运营、维护和管理成本 / 客户；人员受伤的数量及严重程度；监管机构强制作出的决策及活动中的修正次数等（技术手册 309，2006）。

以下段落讨论了这些概念，然后详细阐述了两家公司（Duke 和 TenneT）是如何在战略层面上管理公司目标和关键绩效指标之间的关

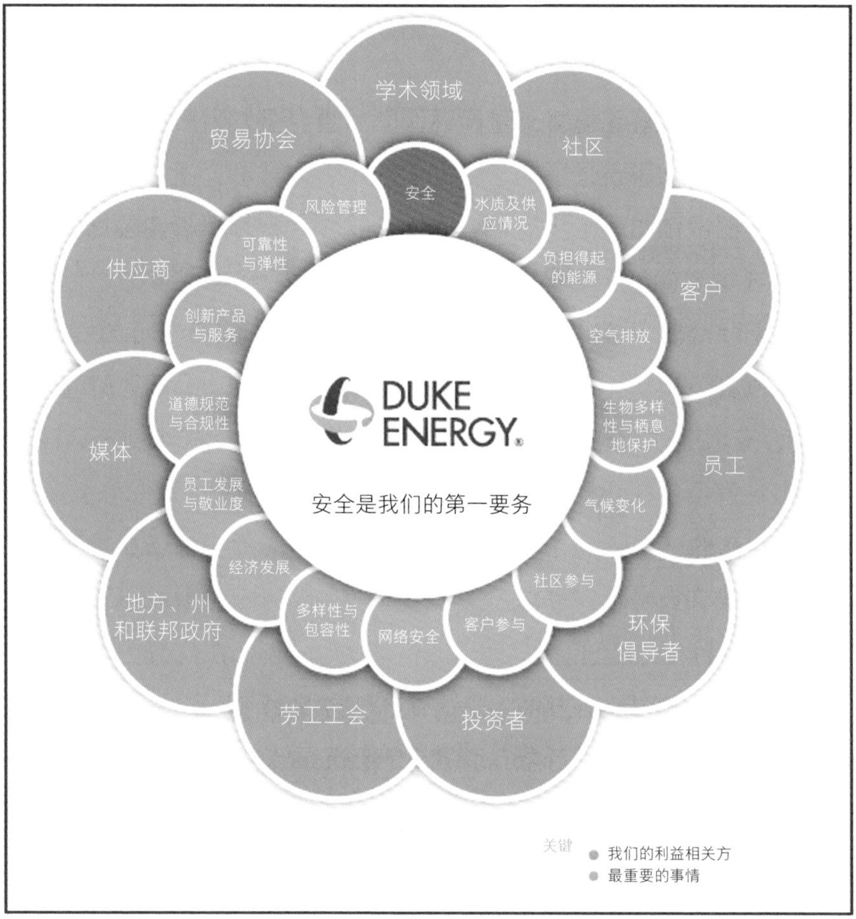

图 5-7　利益相关方价值观——由杜克能源提供
（《杜克能源 2017 年可持续发展报告——利益相关方》）

系的。其中，资产所有者确定要评估的内容以及如何定义可接受的绩效。这些 KPI 仍然是高级别的指标，但是每个 KPI 都可以进一步分解为针对单个实体或组织各组成部分的更具体的 KPI。

5.4.1　财务利益相关方：股东 / 所有者

资产所有者认为财务绩效是资产管理的关键。投资者所有的公用事业公司必须以股息的形式向股东发放利润，否则将面临管理层的更换。政府或公共所有的公用事业公司本身可能不会以利润为目标，但必须筹集充足的资金对系统进行投资，以便实现其他利益相关方的目标（如下文所述），并拥有必要的财务健康状况，以便能够在需要时以合理的利率借款。

标准财务报告涉及到整个企业，由前文涉及的资产管理计划以上的人员负责。影响电力公司销售额的因素很多——政府允许的费率、报告期内的天气情况，以及整体经济活动。尽管资产所有者对股东的财务回报负责，但他们必须确定哪些活动可以通过资产管理来控制。虽然确定所需的利润或回报率通常不在资产管理人员的职责范围内，但是他们仍被要求只能在考虑回报率目标的预算下开展运营活动。在理想的状态下，资产管理公司将决定平衡最佳系统绩效与成本所需的资金，但这种情况很少发生。

对于投资者所有的公用事业公司而言，每股回报率是衡量绩效的常用指标。杜克能源公司 2018 年提供的资料显示，调整后稀释每股收益为 4.72 美元。这一年被视为杜克能源公司的好年景。杜克能源公司的股价在过去几年里以 4%~6% 的速度增长，在公司设定的预期范围内。投资者所有的公用事业公司也在对股价进行监控。例如，杜克能源公司的股价从 2018 年的 77.62 美元上涨至 84.11 美元，涨幅达到 8.3%。图 5-8 是财务统计数据的摘要样本（《杜克能源公司 2018 年年度报告》）。

如上所述，资产管理是财务状况的影响因素，但并非是唯一的决定性因素。例如，资产管理通过确保供应安全来促进绩效提升，通过确保设备可用并能够满足负载、提供容量等来促进财务健康发展。为了确保可用性，监控设备及系统绩效的内容将在下面的“系统绩效”一节中描述。良好的系统绩效可以增加收入，而且能证明财务状况良好，有利于投资资源进入资本市场。

杜克能源财务重点[d]

(以百万计，每股金额除外)	2018	2017[b]	2016[b]
经营成果			
营业总收入	$24521	$23565	$22743
持续经营收入	$2625	$3070	$2578
净收益	$2644	$3064	$2170
现金流数据			
运营活动产生的现金净额	$7186	$6624	$6863
普通股数据			
流通在外的普通股			
年终	727	700	700
加权平均－基本股和稀释	708	700	691
报告的摊薄后每股收益（非公认会计准则，GAAP）	$3.76	$4.36	$3.11
调整后稀释每股收益（非公认会计准则，non-GAAP）	$4.72	$4.57	$4.69
每股宣布的股息	$3.64	$3.49	$3.36
资产负债表数据			
总资产	$145392	$137914	$132761
包括资本资产在内的长期债务，较短期的银行借款	$51123	$49035	$45576
杜克能源公司总股东股本	$43817	$41739	$41033

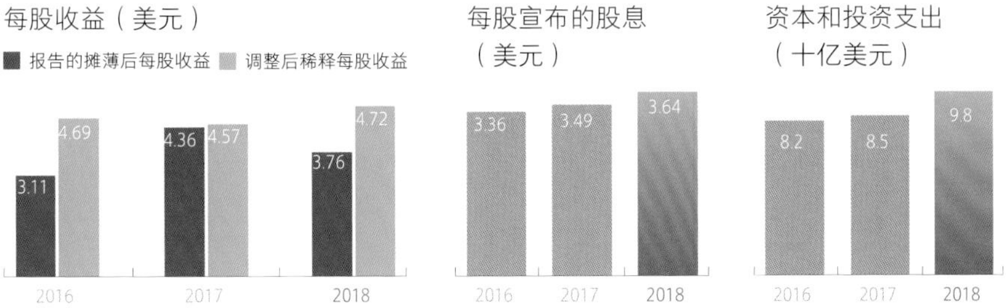

[b] 重新编制了前一年的数据，以反映国际处置集团已停止业务的分类情况，以及新会计准则的影响。

[d] 上述结果反映的重大交易包括：(i) 与 2018 年 Duke Energy Progress 和 Duke Energy Carolina 北卡罗来纳州费率订单和减值费用相关的监管和立法费用（见合并财务报表附注 4、11 和 12、“监管事项”、“商誉与无形资产”以及“对未合并附属公司的投资”）；(i) 2016 年出售国际处置集团（International Disposal Group），包括终止业务中记录的大规模亏损（见合并财务报表附注 2，“收购与处置”）；以及 (ii) 2016 年收购 Piedment，包括与收购融资有关的利率掉期损失（见注 2）。

图 5-8　财务信息——杜克能源（《杜克能源公司 2018 年年度报告》）

资产管理也会增加成本，因为确保资产的可靠性和可用性需要花钱。大多数公司都就资产管理相关的成本建立了绩效指标——维护、运营、抢修和工程（视情况而定）。成本可以分为资本支出和运营支出，详见第 6 章和第 7 章，可以按地区、资产类别或任何方式进行划分。成本也可以基于资产更换价值或其他因素进行评估。

资产所有者必须确定如何更好地评估与资产相关的成本。对于内部资产管理者，通常资产所有者 / 最高管理层会建立足够详细的预算，提供相关指导。预算可以基于过去的预算，也可以基于核查整个资产群体的平均寿命和寿命标准偏差时进行的更详细审查，从而确定需要更换哪些资产以及何时更换这些资产。资产所有者可以选择通过模拟的方式作出这一决定（Balzer，Schon，2015）。

通常情况下，资产所有者应至少开展适度深度的项目审查，以增强或扩展系统，如第 3 章所述。资产管理者的主要职责是证明资产维持投资的合理性，并在监管时间框架或更长的规划期内确定投资时间，详见第 6 章和第 7 章。

公共事业公司在财务方面可能有不同的考虑。例如，TenneT 发现，尽管预算可能是一个制约因素，但停电计划和人力可用性等其他因素更有可能限制工作。公用事业公司通常会报告图 5-9 所示的结果（《TenneT 2018 年综合年度报告》）。

基本结果

（百万欧元）	2018	2017	差异，€	差异，%
收入	4176	3948	228	6%
运营费用	3439	3119	320	10%
息税前利润 (EBIT)	806	897	–91	–10%
税息折旧及摊销前利润	1528	1549	–21	–1%
年度利润	443	531	–88	–17%

图 5-9　财务信息——TenneT（《TenneT 2018 年综合年度报告》）

5.4.2 系统绩效利益相关方：客户 / 最终用户

最重要的客户价值是高系统绩效——可靠和安全的电力供应。如荷兰国有电网公司（TenneT）综合年度报告所述（《TenneT 2018 年综合年度报告》）：

> 在 TenneT，我们的使命很明确：保证供电。我们的基础业务是确保荷兰和德国的 4100 多万人享受不间断的持续供电服务。我们通过投资新资产、开展必要的维护并做好不可预见事件的应对准备，旨在确保全社会的供电安全。

注：使命宣言—— TenneT（《TenneT 2018 年综合年度报告》）

TenneT 主要运营陆上和海上输电网，并监控各电网的可用性。此外，TenneT 还监控陆上电网的中断情况及未输送电量，如图 5-10 所示。在报告的正文，TenneT 解释了影响电网可用性的重大事件（《TenneT 2018 年综合年度报告》）。

结果

电网可用性	2018	2017	2016
陆上 [1]			
电网可用性	99.9988%	99.9986%	99.9999%
中断	16	11	6
未输送电量 (MWh)	1184	1072	59
离岸			
电网可用性	94.50%	97.80%	92.00%

1 2018 年的数据以先前的定义为基础，当使用更新的定义时，电网可用性保持不变 (99.9988%) 中断次数为 17 次，未输送电量为 1244MWh。

图 5-10 电网绩效—— TenneT（《TenneT 2018 年综合年度报告》）

此外，杜克能源公司还对供电安全进行了评估。他们的运营可持续发展报告（《杜克能源 2017 年可持续发展报告——利益相关方》）

引用了杜克能源每年就停电次数和持续时间设定的电力交付目标。请注意，这些是配电绩效指标，而非输电指标。一些公司也将电力输送中断对配电绩效的影响作为一个衡量标准。

杜克能源公司发现，2017 年上半年的天气状况与往年相比变差了 40%，导致客户平均无电时间增加了 10min。2017 年下半年，天气状况恢复正常（大型飓风除外），平均停电时间缩短了 3min，全年相当于净增加 7min，如图 5-11 所示。停电次数保持稳定。杜克能源公司还定期对发电可靠性进行评估。

停电统计

	2014	2015	2015	2017	2017 目标
平均停电次数[1,2] （发生次数）	1.13	1.16	1.17	1.18	1.18
平均停电时间[1,2] （min）	122	131	144	151	135

[1] 持续停电时间大于 5min；统计数据应针对每位客户提供，不包括重大风暴。

[2] 数值越小，表明配电绩效越好。

图 5-11 停电统计——杜克能源（《杜克能源 2017 年可持续发展报告——利益相关方》）

对于这两家公司而言，这些都是高层级绩效指标，在作出资产管理决策时不一定有用。尽管这里未显示 TenneT 的情况，但两家公司都有监控 KPI 的验收标准。每个安全供电 KPI 可以按地区或区域进行细分，并随时间的推移进行趋势分析，以检测其提高或下降情况。此外，资产管理者可以将这些指标值与同等公司的基准值进行对比。

资产所有者还可以要求对其他与供电及可靠性相关的参数进行监控。这些指标包括瞬时平均停电频率指数（MAIFI）、供电可靠率（ASAI）等。作为可靠性措施或标准的替代方案，英国天然气和电力管理办公室（Ofgem）为英国的三家输电供应商制定了因资产故障引发停电造成的电力损失目标。Ofgem 还针对用于资产管理决策的缺供电量设定了重要的货币价值（见图 5-12）。

ii 可靠性		
最大限度地减少因电网资产故障而给客户造成的电力损失	2017/2018 目标 NGET：小于 316MWh SPT：小于 225MWh SHET：小于 120MWh	均低于目标值

图 5-12　可靠性目标和成绩——Ofgem（《英国 2018 年 RIIO ET-1 报告》）

Ofgem 还为三个 TSO（英国国家电网电力传输公司、苏格兰电力公司、苏格兰水电公司）制定了缺供电量（ENS）目标（电网产出指标 NOMS），如图 5-13 所示（《英国 2018 年 RIIO ET-1 报告》）。

	2013—2014		2014—2015		2015—2016		2016—2017		2017—2018[23]	
	MWh	% 目标以下	MWh	% 目标以下	MWh	% 目标以下	MWh	% 目标以下	MWh	% 目标以下
SPT	42.2	81%	2.8	99%	13.9	94%	10.3	95%	3.0	99%
NGET	135.0	57%	8.7	97%	4.5	99%	6.8	98%	39.7	87%
SHET	35.6	70%	106.1	12%	0	100%	4.4	96%	24.3	80%

可能存在小的舍入误差。

图 5-13　缺供电量（ENS）目标和成绩——Ofgem（《英国 2018 年 RIIO ET-1 报告》）

在同一区域，资产所有者可以要求资产管理者整理客户投诉次数及电能质量统计数据，并针对各类数据制定相应的验收标准。图 5-14 给出了一个示例（《英国 2018 年 RIIO ET-1 报告》）。

在英国，这些均属于监管要求，但资产所有者也可以容易地将其用于绩效评估。资产管理组织（如果是独立的法人实体）根据其绩效获得薪酬。对于公司内部的资产管理者，绩效奖金等形式的薪酬也是由系统供电量及公司的 NOMS 和内部 KPI 考核结果决定的。

V 客户满意度		
顾客满意度调查（仅适用于 NGET）及利益相关方满意度调查（全部）	2017/2018 目标 • NGET 客户 6.9/10 • NGET 利益相关方 7.4/10 • SPT 利益相关方 7.4/10 • SHET 利益相关方 7.4/10	NGET：7.74/10 NGET：7.88/10 SPT：8.3/10 SHET：8.0/10

图 5-14　客户满意度目标及成绩—— Ofgem（《英国 2018 年 RIIO ET-1 报告》）

大多数公司在供应方面都设定了目标，这需要资产管理者负责执行。资产所有者可以不会设置这些领域的绩效指标，但可以期望以合理的价格就这些领域实施特定的计划。智能电能表就是这样一个领域。杜克能源公司作为一家配电公用事业公司，已经部署了大量电能表，便于客户能够获得实时使用信息。这样一来，客户就能更好地决定何时用电（假设使用时间费率），这显然会影响收入。此外，这也对资产管理造成了一定影响，因为电能表本身也需要维护并且会产生运营成本。

杜克能源公司（Duke Energy）和荷兰国有电网公司（TenneT）还建立了其他与供电安全相关的目标。两家公用事业公司都将电网安全视为确保电网供电的关键领域，并已采取相关举措（可能由资产管理公司或服务提供商落实）。以下列出了可能影响资产管理的其他与供电相关的目标 / 举措：

- 增加传感器的数量来预测设备状况（杜克能源公司在其发电厂；这些可能用于未来的电力输送服务中）。
- 减少窃电现象（杜克天然气公司，未来可能会使用智能电能表提供电力服务），从长远来看，可以为客户节省资金。
- 管理电力供应链（采取相应措施缓解供应商数量减少及合格内部员工匮乏情况）（TenneT），降低公用事业公司的成本。
- 随着可再生能源整合速度的加快，减少停电计划（TenneT）。

- 由于可再生能源在实时天气条件下的波动性增加，需要改善与新可再生能源的系统平衡（TenneT）。

TenneT 还担心随着资产的老化导致服务指标会发生下降。这对杜克能源公司及许多其他公用事业公司来说可能也是一个问题。最后，TenneT 对其德国服务区的燃煤电厂和核电站面临的逐步淘汰，以及基本负荷常规发电比例的降低将如何影响系统稳定性和电力输送表示担忧。

尽管这两家公用事业公司都未具体提及这些问题，但一些公司会审查资产的使用情况，将其作为资产管理的一部分。理想情况下，考虑到需要为资产故障或停电提供足够系统裕度，资产应在允许的最大限度内得到利用。通常，这是资产管理者的责任，尽管资产所有者会审查计划及其合理性，作为前一节中讨论的财务审查的一部分，确保资金的切实合理使用。这可能也是监管机构需要审查的一个方面。

与客户账单相关的成本中的一部分为运营输配电系统的费用。客户在提高可靠性和降低运营成本方面都拥有既得利益。鉴于此，通过降低阻塞成本在一定程度上满足了这两个目标要求—严重阻塞意味着系统可靠性降低，而与阻塞相关的费用会导致客户账单费用增加。因此，当公用事业公司对产能扩张进行投资时，客户可能会因增加资本支出和减少运营支出中获益更多。

在任何一种情况下，资产所有者和资产管理者都必须就 KPI 的具体数值及如何利用 KPI 作出战略、战术和运营层面的决策达成一致意见。

5.4.3 环境

环境是公众特别关注的一个问题，也是公用事业公司需要遵循法规的问题。发电与输电始终会对环境产生影响。杜克能源公司和

TenneT 公司在保护和改善环境免受电网活动影响方面投入了大量资金。图 5-15 概括了 TenneT 公司在环境领域的目标（《TenneT 2018 年综合年度报告》）。

当前气候变化是我们面临的最紧迫的环境问题。电力输送通过三种主要方式影响气候变化：车辆及建筑物供暖所用的碳基燃料、SF_6 气体泄漏及系统的电力损失（使用化石燃料发电的情况下，发电量越大，释放的二氧化碳排放量也就更多）。为了应对气候变化问题，TenneT 制定了内部二氧化碳定价，对其排放量进行货币价值评估。这样就增加了“高损失”项目的成本，同时激励公司实施损失较小的项目。反过来，这又成为评估资产管理者的项目及其他活动的一个衡量指标，并且可能影响到资产管理计划。针对 SF_6，TenneT 正在寻求更好的防泄漏方法和用于阻断目的的替代性气体。这两项举措都将影响资产管理计划。技术手册 541 中提供了大量有关公用事业公司如何实施相应计划来管理和减少温室气体（GHG）排放的信息。杜克能源公司也建立了一个 SF_6 排放指标，如图 5-16 所示。

减少铜的使用和石油泄漏的举措，也将对作为资产管理计划一部分的项目和设备维护产生影响。资产在役故障造成的石油泄漏可能非常严重，清理工作的货币化成本需要纳入到资产报废管理相关的基于风险的决策中。其他公用事业公司也将废弃物的产生（源于输电运营）作为一个环境问题，并制定相应举措来解决这些问题。与二氧化碳和 SF_6 排放一样，资产所有者和资产管理者将确定适当的 KPI，例如根据每年允许的排放总量（千克）来监控这些目标。

对环境的最后一项要求也适用于其他几个领域，即能源效率和能源节约。大多数公用事业公司已经制定了有关提高能源效率和能源节约的举措。这可能意味着可以减少输配电系统的损耗（如上文所述）。此外，还包括减少消费者电能消耗及峰值需求的举措。尽管一些监管机构会为此类项目提供激励政策，这些变化仍会减少公用事业

SOG	影响区域	确定的 KPI	目标	2018	2017	2016
13	气候	我们的变电站、办公室和交通出行的二氧化碳足迹（二氧化碳净排放量，以吨计）	到 2020 年，我们的变电站、办公室和交通出行将实现气候中和目标 到 2025 年，全面实现气候中性（SF_6 排放、电网损耗、办公室能源使用、变电站和员工的交通出行）	2037122	2095129	1709354
		SF_6 泄漏量（%）	在 2020 年，<0.28%	0.3%	0.28%	0.36%
		SF_6 泄漏量 (kg)	在 2020 年，<1106kg	1069	934	1245
12	循环性	减少原始铜的使用	2025 年对原生铜使用量[6]的影响减少 25%	N/A	N/A	N/A
		减少不可回收废物	2025 年，对不可回收废物使用量[6]的影响减少 25%	N/A	N/A	N/A
14	自然	对自然[2]的（净）影响	2020 年对自然的（净）影响为零	N/A	N/A	N/A
15		油泄漏量（升）	与 2017 年相比，2020 年漏油量减少 50%	6379	6800	2067

气候

气候	2018	2017	2016
总碳足迹［CO_2 吨数 / 运输电力 (GWh)］	11	11	9
电网损耗 (GWh)	5040	2080	4212

图 5-15　环境绩效—— TenneT（《TenneT 2018 年综合年度报告》）

输配电作业六氟化硫排放量（kt）[8]

	2015	2016	2017
SF_6 排放量（CO_2 当量）	291	570	552

[8] SF_6 排放波动是由于维护、更换和检修的需要

图 5-16　SF_6 排放量——杜克能源（《杜克能源 2017 年可持续发展报告——利益相关方》）

公司的收入。在任何情况下，电能使用量的减少都可能导致资产管理者对项目及维护任务作出不同的选择。

5.4.4　员工作为利益相关方

资产所有者通常也为员工制定相应的目标。包括给予适当的薪酬到增加多样性或保持差异。正如本书中所讨论的，大多数对设备资产管理没有明显影响。影响员工绩效的相关方面是安全。大多数组织会跟踪由于事故或类似指标造成的时间损失。TenneT 实施了以下措施（《TenneT 2018 年综合年度报告》）：

> 为了评估这些努力的影响，我们使用了损失工时伤害率（LTIF）。2018 年，这一数值为 2.36，与 2017 年的 2.53 相比有所改善。从 2019 年开始，我们将用总可记录事故率（TRIR）取代损失工时伤害率（LTIF），作为安全方面的关键绩效指标（KPI），因为 TRIR 可以计算所有事故，而不仅仅是损失工时伤害。2018 年，总可记录事故率 TRIR 为 3.1。

注：损失工时伤害率—— TenneT（《TenneT 2018 年综合年度报告》）

多项研究发现，安全的工作场所是可靠的工作场所［摩尔（Moore）：2005］。每个员工都有权享有危害最小的工作环境（在切实可行的范围内）。资产所有者或资产管理计划经常要求资产管理者调整维护任

务、项目实施及其他活动的任务，旨在提高工作安全性。事故和事件也经常被视为根本原因分析的主题，这是实现持续改进的关键所在。

英国政府还估算了与工作场所疾病和伤害相关的费用。2017/2018 年，英国平均有 58.2 万名工人在工作中受伤，还有 51.8 万名工人存在健康状况不佳的经历，他们认为这是由工作条件引发的。伤害和疾病涉及到高昂的费用，见图 5-17。

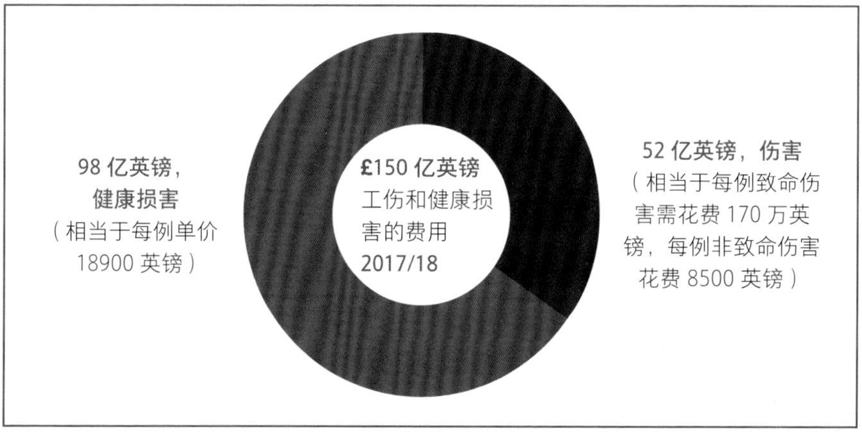

图 5-17　工作场所疾病和伤害引发的费用（UK HSE，英国工伤及与工作有关的疾病新案例的费用—2017/2018，网址：http：//www.hse.gov.uk/statistics/cost.htm）

5.4.5　监管机构作为利益相关方

监管机构几乎一直被认为是一个重要的利益相关方。虽然监管机构通常代表的是公众，但它们也可能代表整体国家政策，这些政策与实际位于资产附近的公众直接关联性较差。在美国，国家电力可靠性公司（NERC）的要求就是一个很好的例子。所有美国公用事业公司都需要满足这些要求，涉及范围从建设运营计划到电网安全。资产所有者通常负责满足这些要求，尽管资产管理者通常负责具体落实。NERC 和类似的资产要求包含了对于不遵守规定的情况给予的重大处罚，同样地，资产所有者也可以对不遵守要求的资产管理者实施处罚。负责处理环境、工作安全及其他问题的政府机构有类似的指南、实践或标准，资产所有者必须将其“转化”为对资产管理者的要求。

在某些情况下，监管机构已为公用事业公司制定了详细的要求。例如，英国为公用事业制定了 RIIO 监管策略，将公用事业公司的回报（有效的客户账单）与系统绩效（包括风险管理）相关联起来。这种方法在第 2 章中展开讨论。

实践案例：

示例 1：Enexis*，荷兰—利益相关方的期望在产出指标中的转化

以下示例来自荷兰 Enexis 公司的价值创造模型，说明了 Enexis 各利益相关方（例如，员工、客户、股东和政府）如何参与到为公用事业公司创造价值中［图 5-18（技术手册 787，2020）］。

示例 2：Enexis，荷兰（摘自《Enexis 2017 年年度报告》）—利益相关方认为重要的事情

注意，在本示例中，所示有关 Enexis 的值（该注释可应用于任何一组值）反映了公司的意图；但它们可能只是一种期望的态度，而非在特定领域的具体行动。

荷兰 Enexis 还有另一个例子，即上文证据列表中的利益相关方分析。在本示例中，Enexis 给出了其如何使用利益相关方咨询的结果来确定利益相关方认为对他们重要的事情［图 5-19（技术手册 787，2020］。

---

* **译者注**　荷兰电网管理公司。

输入

员工	客户供应	股东和投资人	政府政策	环境
有 4332 名技能熟练的专业人员在 Enexis 工作。他们通过不断努力工作提升自己的专业知识和可持续就业能力	我们的电网能够满足 280 万客户的电力需求，230 万客户的天然气需求	我们 2017 年的收入总计达 13.8 亿美元。在电网方面投资了 4.23 亿美元	我们的合规政策为我们提供了方向和指导方针，确保我们最大限度地遵守法律法规	2017 年，我们更加注重提高车队建设及建筑的可持续性。我们举办了 3 个无车日。我们的社会责任采购政策保障了物资和服务的循环采购

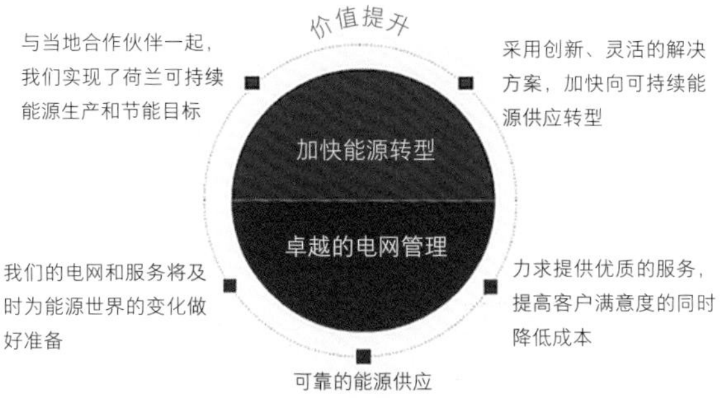

输出

员工	客户供应	股东和投资人	政府政策	环境
安全性基于：DART 比率（损失天数 / 限制日或工作转移比率）：0.33 雇佣率：7.6 团队协作：6.3 缺勤率：4.8%	平均停电持续时间：13.8min； 平均停燃气持续时间：50s； 公共安全：4 个里程碑中 3 个达到客户满意：5 分获得 2 分 配电自动化：354 个变电站	可控成本收入：3.88 亿； 净利润：2.07 亿； 偿付能力：49.7%	提供的智能电能表：454,461 安装的智能电能表：85.2% 编制能源计划； 未被 ACM 和国家矿产监管局（SSM）罚款	Buurkracht’社区计划目标实现： 租赁车辆和申报公里数的二氧化碳减排：6.9%； 废物政策：89% 废物回收

结果

鉴于他们安全的工作环境和可持续的就业能力，员工的福利得到了改善	客户可以依靠安全可靠的能源。市场便利化使他们有能够自行作出能源决策	股东获得了合理的回报，我们的信用评级增强了我们的信心。我们在市政府部门提供就业机会	使用智能电能表可以节约能源。我们可以实现隐私保护，提供一个安全的数据环境	由于我们持续关注总二氧化碳排放量的减少，同时还购买了原产地保证和金标准证书，抵消了范围 1 和范围 2 以及范围 3 的部分，因此我们自己的净排放量为零

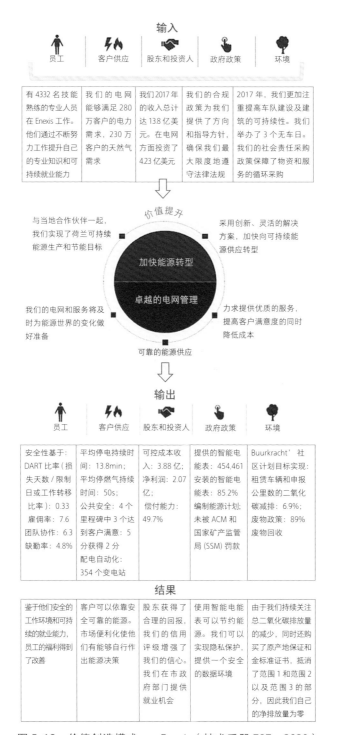

图 5-18　价值创造模式——Enexis（技术手册 787，2020）

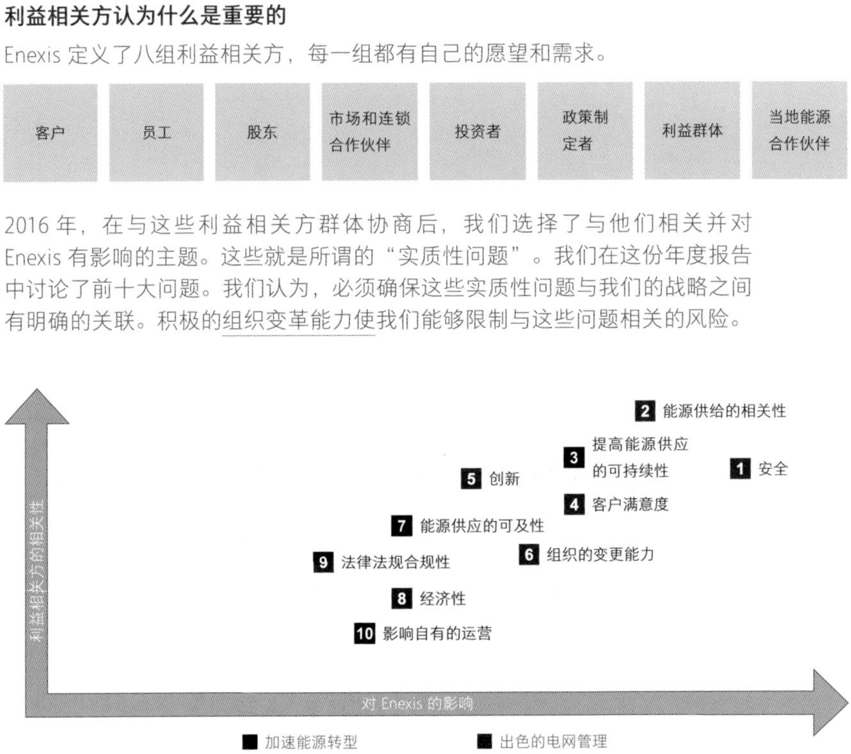
利益相关方认为什么是重要的
Enexis 定义了八组利益相关方，每一组都有自己的愿望和需求。
客户
员工
股东
市场和连锁合作伙伴
投资者
政策制定者
利益群体
当地能源合作伙伴
2016 年，在与这些利益相关方群体协商后，我们选择了与他们相关并对 Enexis 有影响的主题。这些就是所谓的“实质性问题”。我们在这份年度报告中讨论了前十大问题。我们认为，必须确保这些实质性问题与我们的战略之间有明确的关联。积极的组织变革能力使我们能够限制与这些问题相关的风险。
2 能源供给的相关性
3 提高能源供应的可持续性
1 安全
5 创新
4 客户满意度
7 能源供应的可及性
9 法律法规合规性
6 组织的变更能力
8 经济性
10 影响自有的运营
利益相关方的相关性
对 Enexis 的影响
加速能源转型
出色的电网管理

图 5-19　利益相关方优选事项—— Enexis（《Enexis 2017 年年度报告》）

示例 3：Amprion GmbH*，德国——利益相关方分析

德国 Amprion GmbH，定期开展分析，了解其利益相关方的期望。这种分析的目的在于了解利益相关方的需求，并在公司内部解决这些需求。利益相关方分析的结果可纳入资产管理体系的其他要素中（例如，决策标准、规划资产管理目标及利益相关方沟通等）。

利益相关方分析是通过多个研讨会进行的，来自企业发展、沟通和资产管理等部门的人员参与了研讨会。

流程如图 5-20（技术手册 787，2020）所示：

*** 译者注**　德国输电网公司。

图 5-21 表明 Amprion* 必须考虑广泛的利益相关方。

平衡利益相关方的利益是一项挑战。因此，必须了解利益相关方的需求并进行需求评估。以下源自 Amprion 的图 5-22 给出了这个过程。

利益相关方分析的结果可以作为确定决策标准、规划资产管理目标、利益相关方沟通的基础。

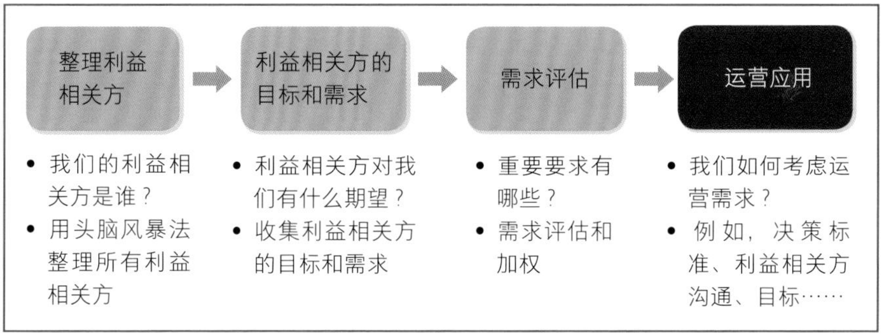

图 5-20　利益相关方分析流程—— Amprion（技术手册 787，2020）

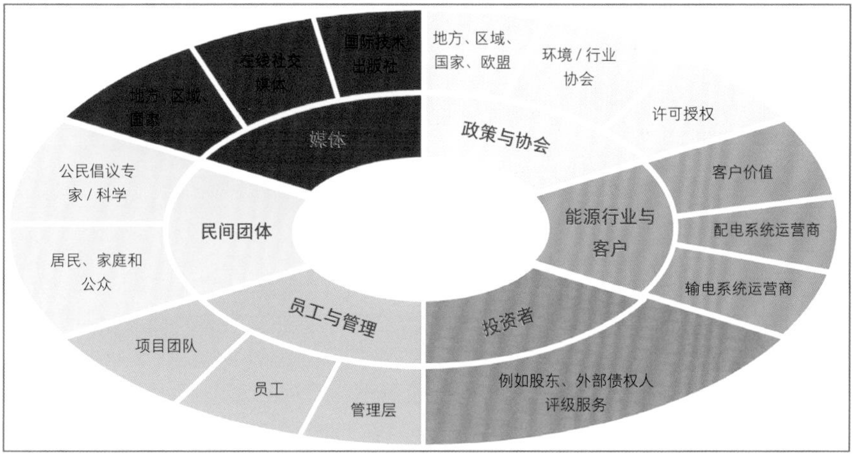

图 5-21　利益相关方—— Amprion（技术手册 787，2020）

* **译者注**　欧洲输电运营商。

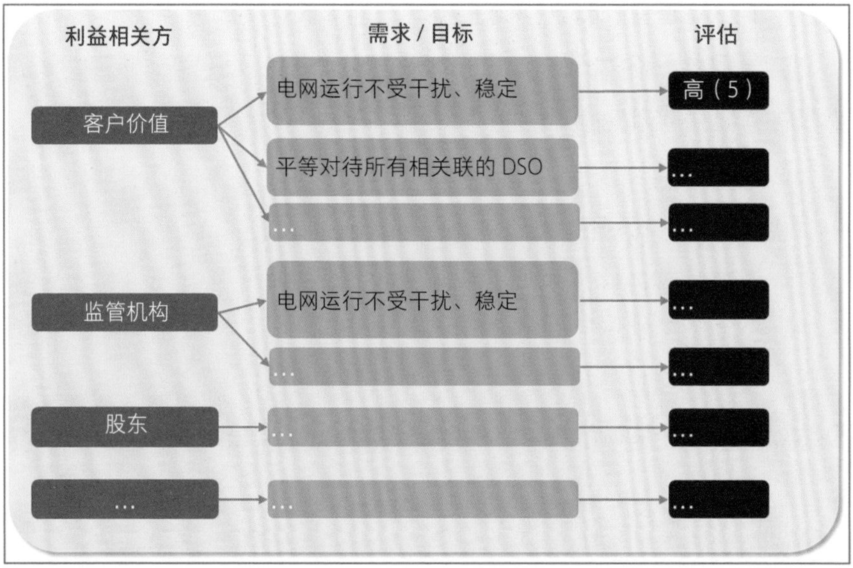

图 5-22　利益相关方需求评估——Amprion（技术手册 787，2020）

5.4.6　领导作用：组织的岗位、职责

高级管理层通常负责定义组织内部的岗位和职责。这需要谨慎履行，以确保公用事业公司的正常运行，特别是资产管理体系的功能。

这些工作必须包括分配负责开发、实施、监控和审查资产管理体系的岗位和职责，并保证这些岗位和职责在组织内得到了适当设置、明确规定并进行了沟通传达。与正常的良好管理实践一样，高级管理层必须确保将职责分配给适当权限的职能、岗位和能够胜任的人员，这对于有效的资产管理体系至关重要。

输配电公司应通过以下方式，确保相关岗位的职责和权限在组织内部得到合理分配和适当沟通：

（a）与最高管理层的有效沟通渠道；

（b）明确定义 AM 岗位、职责以及他们之前的报告关系。

为了确保职责、沟通渠道在整个公司和外部都有文件记录，并具有广泛可用性，ISO 55000 建议制定战略资产管理计划（SAMP），该计划将在高层上概述这些考虑事项。此外，公用事业公司还将制定资产管理政策，用于定义和提供指导。以下是 SAMP 和资产管理政策（技术手册 787，2020）中使用的目录示例。

示例 1：TasNetworks*，澳大利亚——战略资产管理计划的内容说明

图 5-23 是资产管理中用的关键文件“战略资产管理计划”（SAMP）的目录示例。

目 录

图 5-23　战略资产管理计划目录——TasNetworks（技术手册 787，2020）

* 译者注　澳大利亚电力公司。

示例 2：Transpower，新西兰电力系统运营商——资产管理政策

以下以 Transpower 的资产管理政策为例进行说明（图 5-24）。本文件就资产管理计划应包含的内容提供了总体指导。

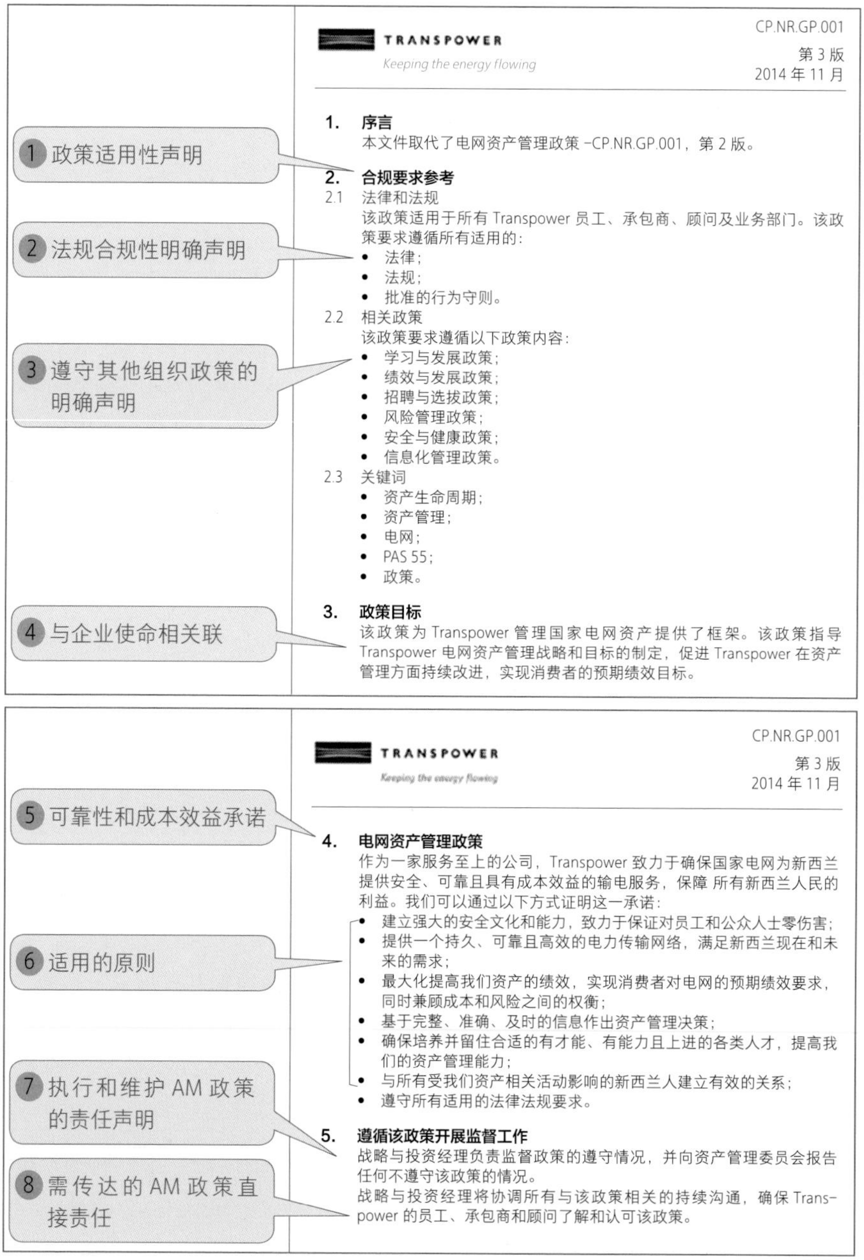

TRANSPOWER
Keeping the energy flowing

CP.NR.GP.001
第 3 版
2014 年 11 月

1. 序言

本文件取代了电网资产管理政策 –CP.NR.GP.001，第 2 版。

2. 合规要求参考

2.1 法律和法规

该政策适用于所有 Transpower 员工、承包商、顾问及业务部门。该政策要求遵循所有适用的：

- 法律；
- 法规；
- 批准的行为守则。

2.2 相关政策

该政策要求遵循以下政策内容：

- 学习与发展政策；
- 绩效与发展政策；
- 招聘与选拔政策；
- 风险管理政策；
- 安全与健康政策；
- 信息化管理政策。

2.3 关键词

- 资产生命周期；
- 资产管理；
- 电网；
- PAS 55；
- 政策。

3. 政策目标

该政策为 Transpower 管理国家电网资产提供了框架。该政策指导 Transpower 电网资产管理战略和目标的制定，促进 Transpower 在资产管理方面持续改进，实现消费者的预期绩效目标。

TRANSPOWER
Keeping the energy flowing

CP.NR.GP.001
第 3 版
2014 年 11 月

4. 电网资产管理政策

作为一家服务至上的公司，Transpower 致力于确保国家电网为新西兰提供安全、可靠且具有成本效益的输电服务，保障 所有新西兰人民的利益。我们可以通过以下方式证明这一承诺：

- 建立强大的安全文化和能力，致力于保证对员工和公众人士零伤害；
- 提供一个持久、可靠且高效的电力传输网络，满足新西兰现在和未来的需求；
- 最大化提高我们资产的绩效，实现消费者对电网的预期绩效要求，同时兼顾成本和风险之间的权衡；
- 基于完整、准确、及时的信息作出资产管理决策；
- 确保培养并留住合适的有才能、有能力且上进的各类人才，提高我们的资产管理能力；
- 与所有受我们资产相关活动影响的新西兰人建立有效的关系；
- 遵守所有适用的法律法规要求。

5. 遵循该政策开展监督工作

战略与投资经理负责监督政策的遵守情况，并向资产管理委员会报告任何不遵守该政策的情况。

战略与投资经理将协调所有与该政策相关的持续沟通，确保 Transpower 的员工、承包商和顾问了解和认可该政策。

图 5-24　资产管理政策—— Transpower（技术手册 787，2020）

5.5 风险管理

二十多年前，企业风险管理（ERM）就曾被政府、政府监管机构及大型企业采纳，将其作为评估和证明投资决策的首选（强制性）方法。因此，PAS 55 和 ISO 55000 系列标准要求：管理行为必须严格考虑风险。在过去，公司已经将风险纳入考虑，但会以一种临时的方式产生并非最佳的战略和战术。事实上，回顾许多工业灾难，包括切尔诺贝利（Chernobyl）爆炸事故、阿尔法（Piper Alpha）钻井平台大爆炸等等，均表明风险往往被视为极小或不存在。

风险包括前面几章所表达的观点，即任何行为都可能产生有利或不利的后果。这些后果都有发生的可能。将概率和结果相结合可以得出一个衡量行为的标准——理想情况下，如果分析得当，就可以确定出比高风险决策更可取的低风险决策。资产管理指南建议采用 ISO 31000“风险管理”的要求进行风险规划（参见第 8 章，了解用于资产管理决策的基于风险的业务案例分析方法）。以下几个章节总结了在战略资产管理职能背景下需要考虑的源于该标准的高层次需求。

电力系统的电网运营会涉及一些商业和社会风险。公众和员工面临的危险、停电可能导致客户和公司收入方面的损失、加强环境法规监管可能导致成本大幅增加等，这些都是风险的几个例子。

资产管理作为计划、执行、检查、行动（PDCA）持续改进循环中“行动”的一部分，必须将风险评估作为决策过程的一个要素。所有的选择，包括“什么都不做”选项，都存在风险。例如，设备老化是资产管理专业人员需要解决的一个常见问题，如前面第 4 章所述。例如，在更换评估中，分析师可能会考虑以下风险：

- 将老化资产保留 5 年与现在或以后进行资产更换所产生的资本净现值和基于风险的成本分别是多少？（参见第 8 章）
- 继续实行传统基于时间的资产维护策略，与将投资监控技术

转向实时的基于状态的维护相比，风险成本是多少？（参见《电网资产管理应用案例研究》第 4 章）

作出基于风险的决策通常是资产管理者在战术资产管理职能中的职责（第 7 章）。然而，资产所有者作为战略管理过程的一部分，负责制定风险标准和公司的风险偏好。

图 5-25 更详细地说明了资产管理三个级别的划分（技术手册 422，2010）。

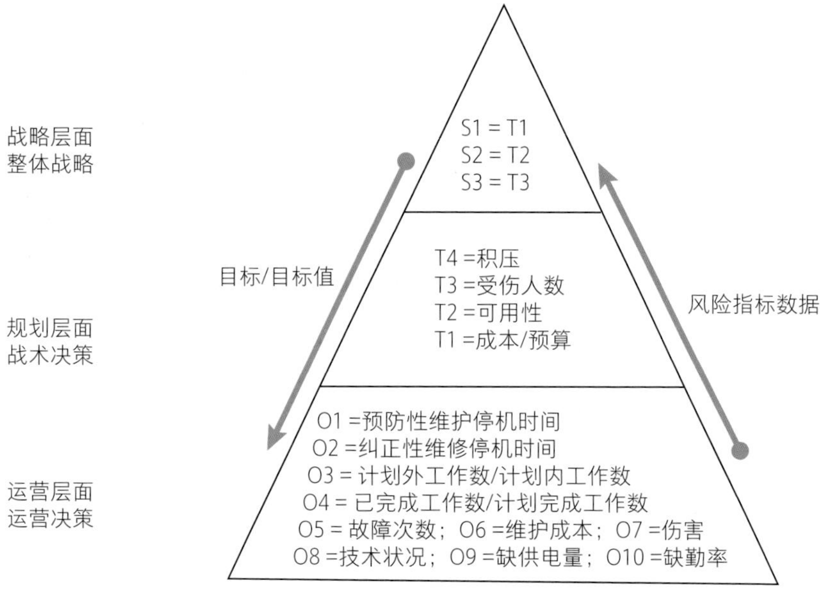

图 5-25　数据和目标流程示例（技术手册 422，2010）

5.5.1　风险偏好 / 容忍度

公司同个人一样，也有风险状况。有些风险是不利的，而另一些则是寻求的机遇。大多数公用事业公司都属于不利风险类别——与风险较低的方案相比，即使最终的支付更高，具有较高不利后果风险的决策也可能不太可取。资产所有者为资产管理者建立了以下档案资料，如图 5-26 所示，来源为 2002 年巴黎会议（技术手册 309，2006）。这种资料更适合于投资者拥有的公用事业公司，因为公用事业公司为了取得业绩愿意承担相应风险。第二份资料由国有公用事业公司（TenneT）提供（图 5-27）。该公司将风险控制在一定范围内，从而确保其绩效在预期水平内（《TenneT 2018 年综合年度报告》）。注意：正如以下几节所讨论的，风险状况也会影响风险承受和保险决策。

业务驱动因素	关键绩效指标	风险承受等级 5	风险承受等级 4	风险承受等级 3	风险承受等级 2	风险承受等级 1
		灾难性的（对业务造成威胁）	严重	重大（严重恶化）	中	轻微（可见恶化）
系统可靠性	系统缺供电量	目标偏差 >40%	目标偏差 20%~40%	目标偏差 10%~20%	目标偏差 5%~10%	目标偏差 1%~5%

图 5-26　风险承受能力示例（技术手册 309，2006）

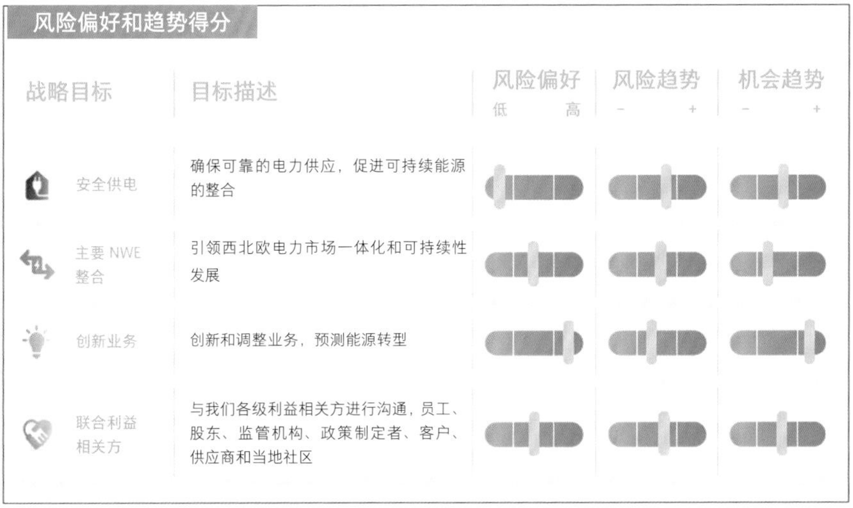

图 5-27　风险偏好示例——TenneT（《TenneT 2018 年综合年度报告》）

5.5.2 风险接受

公用事业公司利用自身的风险承受能力确定哪种选择方案更可取，以及何时采取行动。在某些情况下，与某一情况相关的风险可能不会上升到需要采取任何行动的程度。当这种情况发生时，公用事业公司通常会隐晦地声明问题并没那么严重，可以在问题发生时进行管控；同时说明其接受当前的风险以及此时不采取任何行动可能导致的风险加剧。然而，大多数时候，公用事业公司都会面临一个令人不愉快的选择：某个问题因存在风险而需要解决，但减轻或消除风险的代价过高（涉及成本、有效性、监管许可或其他因素）。在特殊情况下，人们认为风险会随着时间的推移而弱化，或者出于预算或其他原因而认为以后处理更合适。在这些情况下，公用事业公司选择不采取行动或采取有限的行动。这种做法被称为与问题相关的“接受风险”。

根据风险偏好的指导，通常情况下，资产管理者会接受这些风险，而不是资产所有者。如果资产所有者未作出风险接受的决定，资产所有者可能希望对已接受的风险清单进行审查，以确保其符合所有者的内部标准。当某一问题的风险被接受时，最佳实践需要确定所接受的风险、为支持所选方案而被拒绝的备选方案（通常不采取任何行动，但存在其他可能性），以及对决策负责的权利。

5.5.3 风险识别

在正常实施的资产管理计划中，公司已经建立的资产管理目标和关键绩效指标是明确一致的。理想情况下，每个 KPI 代表公司常规评估的一种风险类型，尽管在许多情况下，针对单个 KPI 可能会“汇总”多个风险。战略资产管理者负责跟踪高级 KPI，而战术和运营资产管理者负责追踪涉及该 KPI 的各项绩效指标。

各级管理者也可以通过进行评价，确定具体的风险并制定纠正措施及计划。这在系统可靠性问题中最为常见——例如，资产故障可能导致设备损坏、客户服务损失、监管处罚甚至电力系统电压崩溃的情况。在当今的电力输送过程中，这些通常是从定性的角度来评估的，而并非基于概率或风险的角度。然而，实施纠正措施的紧迫性应包括评估采取或不采取措施所带来的风险。通常，战略资产管理者会审查战术资产管理者和运营资产管理者采用的流程，但将确定单个项目的优先级交给较低级别的管理者来完成。

从战略资产管理到战术资产管理再到运营资产管理，可以从多个层面进行风险识别。下一节内容将介绍更多有关识别风险以及如何管理这些风险的示例。

5.5.4 风险分析：风险矩阵

风险评估是将事件发生时的结果概率与其后果结合起来应用的一种方法。大多数情况下，这种方法涉及一个二维矩阵，可将概率等级映射到一个轴上，将结果映射到另一个轴上。问题（及其解决方案）的优先级由其在矩阵中的位置决定。以下示例来自 RTE*（法国）。

RTE 使用与本章前面描述的流程类似的流程，定义了一系列业务价值。通过这些值，RTE 将事件划分为四个严重级别（其他公司的级别可能存在适当增减）。请注意，这些都代表了“负面”风险，而非机遇。RTE 与大多数公用事业公司一样，针对每个严重级别定义了一系列值。这样做的好处是无需提供精确值，同时可以针对不同严重性

* **译者注** 法国电网运营商。

等级使用定性数值。表 5-3 列出了每个事件的后果（CIGRE，技术手册 597，第 70 页）。

表 5-3　风险判定结果（RTE）

业务价值	中	严重	恶劣	灾难性
财务影响	<100 万欧元	100 万欧元 << 1000 万欧元	1000 万欧元 << 10000 万欧元	>10000 万欧元
供电保障	< 100 MWh	100< <1000 MWh	1 GWh << 10 GWh	>10 GWh
法律	民事责任 诉讼	法律责任诉讼	定罪 判决	损害合法性
环境	局部及短期影响	中期影响	长期影响	持续影响——失去 ISO14001 证书
形象	当地媒体上的批评	地区媒体上的批评	国家媒体上的批评	连续几天在国家媒体上的批评
监管	信息请求	行动计划请求	政策变更请求	需进行相应的监督

如果需要，可以将每个业务价值的后果组合起来创建一个单独的后果值。

风险的另一个输入是失败的概率。与后果一样，RTE 定义了几个级别，每个级别涉及一系列概率值。概率如下（CIGRE，技术手册 597，第 70 页）：

——不大可能，即 <0.01 例 / 年（或 1 例 /100 年）；

——不常见，即 0.1 例 / 年（或 1 例 /10 年）；

——很可能，意味着 1 例 / 年（或 1 例 / 年）；

——很可能，意味着 10 例 / 年；

——经常，即每年 100 例；

——很频繁，意味着每年 1000 例。

就这些后果而言，其他公用事业公司可能会在风险计算中使用不同的范围或级别。

将结果和概率组合在一个风险矩阵中，分析师可以为事件确定优先级。RTE 风险矩阵如图 5-28 所示（CIGRE，技术手册 597，第 71 页）。

发生概率		影响严重度			
定量	定性的	中度	严重	恶劣	灾难性
0.01例/年	不太可能				
0.1例/年	不经常				
1例/年	可能				
10例/年	很可能				
100例/年	经常				
1000例/年	很频繁				

标题

低风险

中等风险

高风险

极端风险

图 5-28　风险矩阵（RTE）

矩阵按照风险和优先级结果进行颜色编码。许多公用事业公司根据风险制定了纠正措施时间框架——针对极端风险的解决方案应尽快实施。

RTE 的这个特殊示例具有指导意义，因为 RTE 将它用于各类应用程序——最值得一提的是将其用于方案评估。风险矩阵最常见的用途是用于资产健康指数 / 关键性映射。战略资产管理者负责制定或批准矩阵中的详细信息；然后战术和经营资产管理者将矩阵应用于各个问题，如第 6 章和第 7 章中所述。

BC Hydro* 也采用了风险矩阵法。矩阵包括概率与后果评估，类似于上文 RTE 的示例。不同于 RTE 矩阵，BC Hydro 指定了负责落实措施的公司管理者以及风险 / 优先级措施。许多公用事业公司还将纠正措施的审批工作交给适当的管理层负责：通常，战略资产管理者会审查最高风险事件的纠正措施计划。图 5-29 列明了问题风险和责任管理层级。

严重程度分类	
极端	必须由高级管理层制定详细计划进行管理
高	项目经理要求的详细研究及计划；需要高级管理人员的关注
中	必须明确管理责任；通过特定的监督或响应程序进行管理
已防范	通过常规程序管理；需定期监督
低	通过常规程序管理

图 5-29　管理 / 流程行动级别——公司风险矩阵

公司矩阵如图 5-30 所示——颜色与上文讨论的管理级别相匹配：矩阵还包括目标及使用说明。

* **译者注**　加拿大不列颠哥伦比亚省国有电力供应商。

企业风险矩阵

风险概率						
1	90%	中	中	高	极端	极端
2	50%	已防范	中	高	极端	极端
3	10%	已防范	中	中	高	极端
4	1%	低	已防范	中	中	高
5	<1%	低	低	已防范	已防范	高
影响标准		1	2	3	4	5
安全		急救伤害 / 疾病	医疗救助伤害 / 疾病	损失工时伤害 / 暂时性残疾	永久性残疾	死亡率
财务影响		影响总计 <$500000	影响总计 $500000~$100 万	影响总计 $100 万 ~$500 万	影响总计 $500 万 ~$1000 万	影响总计≥ $1000 万
可靠性		其中之一： <250000 客户损失工，或 <2GWh 未供电量或未交付电量	其中之一： 250000~100 万客户损失工，或 2G~7GWh 未供电量或未交付电量	其中之一： 100 万 ~300 万客户损失工时，或 7G~20GWh 未供电量或未交付电量	其中之一： 300 万 ~700 万客户损失工时，或 20G~50GWh 未供电量或未交付电量	其中之一： >700 万客户损失工时，或 >50GWh 未供电量或未交付电量
市场效率		客户及纳税人向 BCTC 提出投诉	BCTC 客户及纳税人向政府或公用事业委员会提出投诉	政府或 BCUC 对 BCTC 的实践和政策开展调查	政府或 BCUC 对 BCTC 实施战略和运营变革	未能提供所需级别的服务，导致经营许可证被吊销
关系		外部反对意见导致工作计划出现短期延误或细微改动	外部反对意见影响导致 BCTC 实施工作计划受到限制，以及（或）需要对工作计划进行实质性修改	外部反对意见导致监管监督 / 股东审查和 / 或限制进入工作场所	外部反对意见导致监管 / 立法 / 法院行动增加或政府干预增加，从而引发影响 BCTC 企业授权的责任丧失，包括限制进入大型项目现场	外部反对意见导致吊销经营许可证和 / 或强制进行公司重组
组织 & 人员		对服务交付进度及员工的影响可忽略不计	影响部分服务的效率或效果，但会在公司内部处理	组织内的一部分部门经历了突发的人员流失或吸引力因素降低	达成公司目标的能力受到威胁或服务成本显著增加	多名骨干员工意外流失，包括高级领导层及交付关键服务的能力
环境		非报告环境事件	有短期缓解（<1 年）的可报告性的环境事件	有可长期缓解（>1 年）的可报告性环境事件	可报告环境事件（包括监管部门罚款、可能采取缓解措施）	可报告环境事件（包括监管部门起诉和 / 或不确定是否采取缓解措施）

图 5-30　企业风险矩阵——附加评估详情（缩写版）

5.5.5 风险报告：风险登记

风险矩阵用于确定事件、计划、资产或其他项目的优先级。在每种情况下，公用事业公司必须决定是否需要采取纠正措施以及何时采取措施。此外，纠正措施可能无法将风险降至零——部分剩余风险可能仍然存在。风险计划中包含的问题范围可能因公用事业公司的不同而存在差异。有些只包括项目，而其他的可能包括计划变更或预防性维护任务。

公用事业公司借助于“风险登记册”跟踪这些风险发现，使相关人员能够查看和了解公司的风险情况。风险登记册的内容通常由战略资产管理者负责；登记册中包含的详细信息则由战术和经营资产管理者负责。

风险登记册一般记录事件、故障或问题的原因，以及风险分析的详细信息。每次输入信息时，应记录纠正措施（如果需要），并在纠正措施实施到位后对风险进行重新评估。通常情况下，应包括正在实施的纠正措施的时间进度表，以及纠正措施管理计划的其他详细信息。图 5-31 是一个来自荷兰公用事业公司的风险登记模板示例。

许多公用事业公司的风险登记册采用软件数据库的形式。鉴于可能存在大量资产的情况，使用数字化解决方案将更为可行。

风险登记册通常列出所有“未结”风险项目，但所包括的内容应由战略资产管理者自行决定。表 5-4 是一份来自 BC Hydro 的风险登记表。该登记册基于某个特定的项目，而非整个公司。

该风险登记册包括缓解措施（如果需要）。“风险敞口”值应与前一节中基于特定的风险的公司或项目风险矩阵中的值相匹配。

至关重要的是，公用事业公司必须定期更新风险登记册，确保随时了解当前的风险。上文所述的注册表是针对特定项目的，但是整个公司的注册表通常会包含一个日期。关于风险的附加信息可能会在相关软件或其他文件中列出。

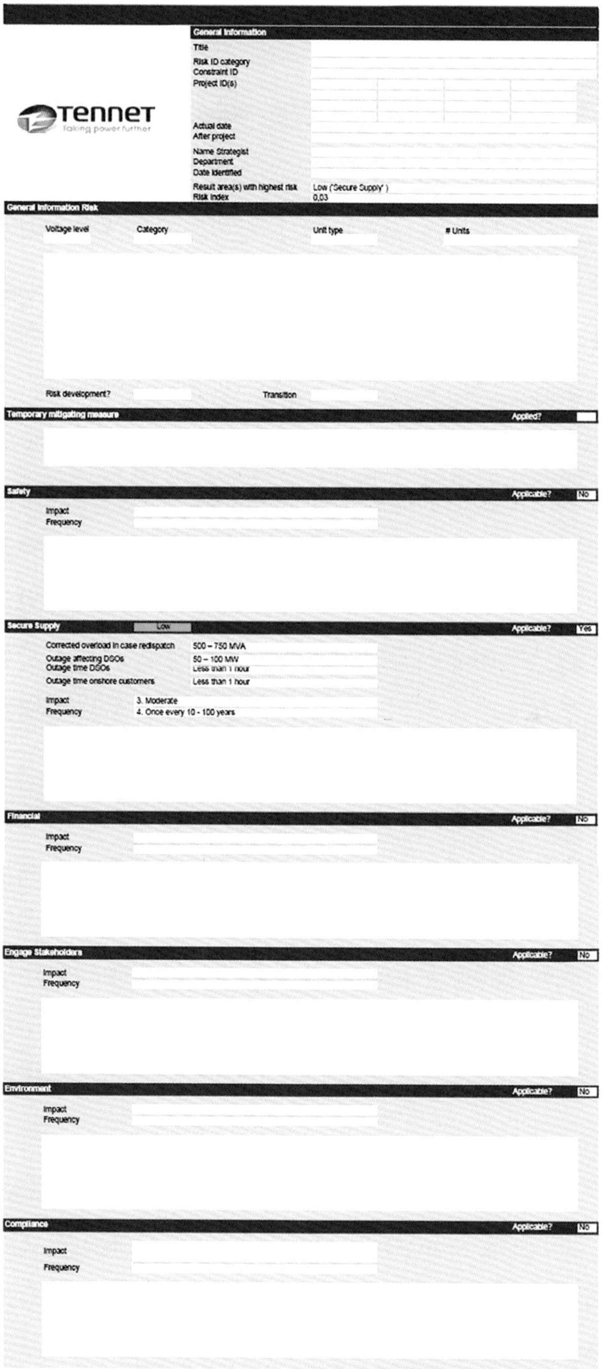

TenneT Taking power further

General Information
Title
Risk ID category
Constraint ID
Project ID(s)
Actual date
After project
Name Strategist
Department
Date Identified
Result area(s) with highest risk: Low ('Secure Supply')
Risk index: 0,03

General Information Risk
Voltage level | Category | Unit type | # Units
Risk development? | Transition

Temporary mitigating measure | Applied?

Safety | Applicable? No
Impact
Frequency

Secure Supply | Low | Applicable? Yes
Corrected overload in case redispatch: 500 – 750 MVA
Outage affecting DSOs: 50 – 100 MW
Outage time DSOs: Less than 1 hour
Outage time onshore customers: Less than 1 hour
Impact: 3. Moderate
Frequency: 4. Once every 10 - 100 years

Financial | Applicable? No
Impact
Frequency

Engage Stakeholders | Applicable? No
Impact
Frequency

Environment | Applicable? No
Impact
Frequency

Compliance | Applicable? No
Impact
Frequency

图 5-31　风险登记册记录示例

表 5-4　风险登记册—项目

类别		标题	描述	持有人：（Teck/Bc hydro）	缓解措施	缓解后的风险级别
CPT5	对方	无法协商签订相关输电协议	尽管 BC Hydro 已同意按照输电条款表要求进行交易，但最终并未签订相关输电协议。这种情况下，依然面临的一个问题是 BC Hydro 将无法签订这些协议，或对 BC Hydro 来说，协商签订这些协议的重要性会下降	BC Hydro	● 现已签订相关输电协议。 ● 最终签订协议后，对 BC Hydro 来说，这种重要性并未发生实质性变化	已缓解
ENV1	环境	环境责任风险	Waneta 项目可能存在环境事故及相关费用风险。面临的最大风险点是前池中沉积物发生污染，需要对这种沉积物进行清除和处置。假如 BC Hydro 承接对 Waneta 项目进行结构改变或停用的任务，则可能会引发这一风险	Teck	● 高达工程咨询有限公司（Golder Associates）在 2010 年交易过程中通过评估的方式确定可能面临的风险。 ● BC Hydro 一直根据自身对受污沉积物的处理经验对 WAX 项目的实操经验进行监督。 ● 针对 Teck 根据 COPOA 要求提出的环境责任签订补救契约。BC Hydro 在环境责任方面受到的合同约束力较小	9
FAC1	设备	持续增加资本投资	需要在设备使用寿命期内大量进行设备资本投资。设备使用寿命越长，资本投资额变化往往越大。目前，本设备已使用 60 多年。因此，所需投资额可能会高出 BC Hydro 当前预期要求	共有（租赁期间）BC Hydro（租赁结束后）	● BC Hydro 按照公用事业公司管理规范最高标准将资本金额纳入交易评估，这种估值比较保守。 ● 已根据 COPOA 条款规定对剩余风险进行部分缓解：BC Hydro 应负责在租赁期内实施上述项目及各种小型资本工程。 ● BC Hydro 将根据自身在运营委员会中扮演的角色对这一风险进行监控，并有望对可能出现的费用上涨问题进行预警	10
RFN7	监管 / 地方监管要求	高出预期交易费用	交易费用之所以可能会超 BC Hydro 估算值，是因为预期监管负担小、协商要求较为集中或法定要求的提出比较意外	BC Hydro	● BC Hydro 将监控并报告交易成本，直至交割和租赁第一年。 ● BC Hydro 将于交割日和租赁第一年对交易费用进行监控和报告	9
RF8	监管 / 地方监管要求	分配交易许可证的挑战	根据 2010 年瓦内塔交易项目经验，基于 2017 年瓦内塔交易项目实际情况，对 BC Hydro 进行交易许可证分配所需的时间可能较长，并且 / 或可能需要额外支付费用	共有	● 尽早与相关监管机构进行沟通，加大顺利实施各流程的可能性	8.5
TRN1	输电	收购输电资产时高出预期资本要求	由于 Teck 资源公司在售后阶段不存在受益情况，因此，在向 BC Hydro 出售之前，Teck 资源公司可能会推迟对输电资产进行资本投资或减少对输电资产的资本投资。如此一来，可能会在收购输电资产之后立即对资本支出作出严格规定	BC Hydro	● 根据《输电协议》要求，输电资产所有人（即 Teck）将实施公用事业公司质量管理规范。 ● 根据《输电协议》（第 10.5g 节）要求，BC Hydro 能够在 Teck 售出资产之后根据转让协议要求向 Teck 收取相关费用	9.5

5.5.6 资产保险

通过保险投资可以避免、保留（接受）、减少（减轻）或转移风险。资产所有者将要求资产管理者尽其所能履行其职责，而谨慎的组织会考虑并可能通过利用保险来制定资产风险管理政策。实际上，即使资产管理计划由于某种原因未能确保一定的回报率，资产所有者也会花费部分财务资源。如果问题未发生，资产所有者会损失一些财务支出；如果问题确实发生了，则资产所有者会获得一定收益。无论是哪种情况，都会以支付费用来换取总体风险的降低。

资产所有者在评估保险策略时，有许多可以考虑的选项。他们可以自我保险，由公司的部门、业务组等支付的内部保费应经过精确计算（见第 8 章）。这种方法的结果是产生了一本“账簿”，这是公司财务账户中的一个控股账户，其中保费作为投资和 / 或保留费用进行管理。另一种方法是从众多保险公司中的一家购买商业保险。其他方法包括不投保，依靠公司盈利来支付任何非预期费用，或者，就政府实体而言，则依靠大政府的税收收入。无论选择哪种替代方案，资产所有者必须就保险作出重大战略决策，以便于资产管理者理解和管理资产管理投资决策与保险费用之间的权衡。

本书的第 8 章包含了如何制定保险策略的讨论和示例。《电网资产管理应用案例研究》中的第 8 章给出了从保险人角度提供保险选择的示例及相关讨论。

5.5.7 电力输送风险和风险标准示例

电力输送公司监测与业务运营和资产管理相关的许多风险，两者可能在一定程度上相互交织。以下 KPI 可能受到资产问题或故障影响：

- 监管制裁或惩罚；
- 在公众、顾客、股东或投资者中的商业声誉；
- 健康和安全（员工）；
- 健康和安全（公众）；
- 环境制裁和惩罚；
- 绩效，对基于绩效监管体系的影响，ENS；
- 直接资本支出或运营费用成本、KPI 货币化成本、收入损失；
- 特定资产类别绩效（针对“问题资产”）。

TenneT 在其综合年度报告中用了很大篇幅专门讨论了风险。需要明确的是，这些风险主要指的是“业务风险”，而不是纯粹的设备资产管理风险。然而，风险之间存在大量重叠。以下是 TenneT 报告中的“运营”风险（图 5-32）。注意，每种风险都有 TenneT 计划用于管理风险的缓解措施。

以下是杜克能源公司确定的具体风险因素（《杜克能源公司 2018 年度报告》）。如上所述，一些风险因素是针对特定资产的，而另一些则是整个业务范围内的：

- 业务战略风险；
- 监管、立法及法律风险；
- 运营风险；
- 核电风险。

从资产管理的角度来看，这些风险都很重要，尽管对于大多数从业者来说，运营风险通常被视为是“最接近的风险”。在杜克能源公司，这些包括（在一定程度上）与电力输送资产管理相关的以下内容：

- 杜克能源公司的运营可能会受到整体市场、经济及其他超出可控范围等情况的负面影响。
- 自然灾害或运营事故可能会对杜克能源公司的运营结果产生

运营风险

下表详细列出了 TenneT Holdings 最重要的几项运营风险

运营风险	风险减轻措施
• 计划维修与保养和实现维修与保养之间的差距。电网状况长期恶化的风险	• 根据大型项目的投产日期判定基于风险的维修和保养计划
• 足够资源（人员、材料与服务）的可用性不足或不一致	变电站驱动的置换策略 • 战略人才规划与发展 • 进一步整合外部服务提供商（例如通过 EPCm） • 企业品牌化 • 战略采购计划 • 绑定订单流程，例如多个项目的订单合并 • 新供应商（市场）的开发与资格认证 • 提高仓储能力的利用率
• 供应商资不抵债（无力偿还）	• 供应商和服务提供商绩效的监督与质量保证 • 监督供应商信用评级 • 过早转让所有权
• 与工作相关的事件和事故，可能会损害我们自己的员工及为 TenneT 工作的承包商员工的健康和福利	• 要求提供保函及履约保证书 • 实施安全救生规则，改进事故调查方法 • 安全文化阶梯的进一步开发与认证
• 无法实现设定的效率目标的风险	• 整合在供应商和服务合同中的 SHE 要求 • 制定与规则框架相关的采购战略
• 因常规电力的封存导致无法提供辅助服务	• 所有业务领域执行精益管理以实现持续改进 • 扩大可再生能源和小型发电厂的市场整合标准，以及已批准发电厂的整合标准 • 开发云端协同平台机遇 • 请求监管机构否决德国系统相关发电厂的退役申请 • 运行资产，保障电网稳定和其有足够的黑启动能力

图 5-32　运营风险——TenneT（《TenneT 2018 年综合年度报告》）

不利影响。

- 潜在的恐怖活动，或军事或其他行动可能会对杜克能源公司的业务产生不利影响。
- 杜克能源公司信息技术系统故障，或未加强现有信息技术系统和实施新技术，可能会对杜克能源公司的业务产生消极影响。
- 网络攻击和数据安全漏洞可能会对杜克能源公司的业务产生消极影响。
- 如果无法吸引和留住优秀员工，可能会对杜克能源公司的运营结果产生不利影响。
- 客户数量增长不足或增长放缓，或客户需求或客户数量下降，可能会对杜克能源公司的财务状况、经营业绩及现金流造成负面影响。
- 杜克能源公司的经营业绩可能会随季节和季度不同而产生波动，而且可能受到天气条件和恶劣天气变化的负面影响，包括会引发气候变化的极端天气条件。
- 如果杜克能源公司无法获得充足、可靠且负担得起的输电资产，其销售额可能会下降。

显然，这份清单（以及报告中未在此列出的其余运营风险）的覆盖范围很广，不仅仅是设备资产管理。

许多其他公司还识别了与特定资产及领域相关的风险。例如，某一特定类型的资产可能被视为可靠性低或即将过时，需要在整个电力输送行业进行更换或翻新。在过去，许多公司基于这一理论将机电继电器转换为基于微处理器的组合继电器。然而，通常情况下，这些决策和任何计划的跟踪落实都是由资产管理者或服务提供商，在战术或运营资产管理层面完成的。同样，被确定存在“问题”区域，例如加利福尼亚州或澳大利亚存在重大火灾风险的区域，也将由资产管理者或服务提供商在单个区域层面进行管理。资产所有者在这些情况下提供指导，但不提供详细实施细节。

5.6 总结与结论

战略资产管理职能包括资产所有者为建立资产管理计划的基础而采取的一系列措施。战略资产管理确定了资产管理计划目标。在确定目标时，公司必须考虑组织中所有利益相关方的目标，例如所有者、客户、员工、监管机构，可能还包括许多其他人。在这个过程中，公司目标被转换为资产管理目标，并最终转换为关键绩效指标和业务价值框架。战略资产管理还要确保公司的目标与部门、区域及管理者个人的目标保持一致。整个过程通常在资产管理政策中进行总结，并在战略资产管理计划中给出较为详细的解释说明。

资产所有者（或在某些情况下，其指定人员）负责领导计划的实施。在这里，最高管理层需确保计划实施有足够的资源，从而保证成功实现公司目标。最高管理层还将确定资产管理人员的岗位和责任，从资产所有者本身到资产经理和服务提供商（战术和运营资产管理者），将向所有相关人员传达资产管理计划的详情及要求，并优化组织整体资产管理职能，以优化组织绩效。

风险是资产管理的关键驱动力。在战略层面，资产所有者必须建立其风险模型，以便根据其价值作出相应的决策。首先，资产所有者审查业务影响框架——公司及其利益相关方如何受到故障的影响？然后，资产所有者还必须确定公司的风险承受能力——公司的计划和行动可以承受什么级别的风险？最后，资产所有者决定如何以及何时接受风险，以及在风险似乎不利时购买保险是否合理。

参考文献

[1] Ault, G.W., et al.: Asset management investment decision processes, Paper C1-106, 2004 CIGRE Conference-cited in TB309 Appendix 1, p. 80.

[2] Balzer, G., Schorn, C.: Asset management for infrastructure systems, 2015, p. 267 .

[3] Bartlett, S.: Asset management in a deregulated environment, Paper 23-303, 2002 CIGRE Conference-cited in TB309 Appendix 1, p. 75.

[4] British Columbia Transmission Corporation(BCTC)Transmission System Capital Plan F2009 to F2018-cited in TB422. https: //www.bcuc.com/Documents/Proceedings/2007/DOC_17571_B-1_BCTC-F2009-F2018-Capital-Plan.pdf

[5] CIGRE WG C1.1, TB309, Asset Management of Transmission System and Associated CIGRE Activities, 2006.

[6] CIGRE WG C.1.16, TB422, Transmission Asset Risk Management 2010.

[7] CIGRE WG C.1.25, TB541, Asset Management Decision Making Using Different Risk Assessment Methodologies 2013.

[8] CIGRE WG C.1.25, TB597, Transmission Asset Risk Management, Progress in Application, 2014 .

[9] CIGRE WG C.1.34, TB 787ISO55000 Standards: Implementation and Information Guidelines for Utilities, 2020.

[10] Duke Energy Annual Report, 2018(available at Duke Energy website www.duke-energy.com).

[11] Duke Energy Sustainability Report-Stakeholders, 2017(available at Duke Energy website).

[12] Enexis Annual report 2017(available at Enexis website www.enexisgroep.com). https: //www.enexisgroep.com/content/annualreport/enexis_annualreport_2017.pdf

[13] IAM The Self-Assessment Methodology Plus-Version 2.0 June 2015(available at //theiam.org).

[14] IAM Asset Management-An Anatomy-Version 3 December 2015(available at //theiam.org).

[15] ISO 55000: 2014 Asset Management-Overview, principles and terminology.

[16] ISO 55001: 2014 Asset Management-Management systems – Requirements .

[17] ISO 55002: 2014Asset Management-Management systems-Guidelines for the application of ISO 55001.

[18] Moore, R.: Making common sense common practice, 2013, Reliability Web.com, p. 291 .

[19] SINTEF Energy Research: Technical Report TRA6787 "Risk Indicators for distribution system asset management" Feb2009. Abstract available at Risk indicators for distribution system asset management-SINTEF.

[20] TenneT Integrated Annual Report, 2018(available at TenneT website www.TenneT.eu).

[21] UK Health and Safety Executive, Costs to Great Britain of workplace injuries and new cases of work-related Ill Health-2017/18(available at http: //www.hse.gov.uk/statistics/cost.htm).

[22] UK RIIO ETI 2018 Report, p.10, 18(available at the OFGEM website www.ofgem.uk.gov).

6 运营资产管理

加里·L·福特（Gary L. Ford）
格雷姆·安谐尔（Graeme Ancell）
厄尔·S·希尔（Earl S. Hill）
乔迪·莱文（Jody Levine）
克里斯托弗·耶里（Christopher Reali）
埃里克·里克斯（Eric Rijks）
杰拉德·桑奇斯（Gérald Sanchis）

加里·L·福特（G.L.Ford）（✉）
PowerNex Associates Inc.（加拿大安大略省多伦多市）
e-mail: GaryFord@pnxa.com

格雷姆·安谐尔（G. Ancell）
Aell Consulting Ltd.（新西兰惠灵顿）
e-mail: graeme.ancell@ancellconsulting.nz

厄尔·S·希尔（E. S. Hill）
美国威斯康星州密尔沃基市 Loma Consulting
e-mail: eshill@loma-consulting.com

乔迪·莱文（J. Levine）
加拿大安省第一电力公司（加拿大安大略省多伦多市）
e-mail: JPL@HydroOne.com

克里斯托弗·耶里（C. Reali）
独立电力系统营运公司（加拿大安大略省多伦多市）
e-mail: Christopher.Reali@ieso.ca

埃里克·里克斯（E. Rijks）
TenneT（荷兰阿纳姆）
e-mail: Eric.Rijks@tennet.eu

杰拉德·桑奇斯（G. Sanchis）
RTE（法国巴黎）
e-mail: gerald.sanchis@rte-france.com

G. Ancell 等人（eds.），电网资产，CIGRE 绿皮书
https: //doi.org/10.1007/978-3-030-85514-7_6

目 录

摘 要

“运营资产管理”是指时间跨度最短、决策颗粒度最精细的资产管理职能。决策主要围绕确定哪些设备需要优先更换、选择哪些维护活动，以及执行这些活动的最佳时间等事项展开。运营资产管理遵循一个持续的过程，在这个过程中，了解相关故障模式及各种故障的发生概率和影响后果是至关重要的。状态评估是决定采取何种缓解措施以及何时采取这些措施的基础。确定不同资产处于何种状态则需要使用一系列测试和数据收集方法。故障模式及相关风险因资产类型及其严重程度不同而存在差异，因此，需要采取不同类型的故障修复措施。

对收集设备状态和关键性数据的投资是必要的，以便为资产维护活动和资产投资的优先级排序提供量化依据。运营资产管理侧重于短期资产投资计划，例如，更多或更少的维护，基于时间的维护、基于状态的维护、以可靠性为中心的维护（RCM）以及不同维护类型的组合，资产维修与报废管理，资产过载与寿命损失决策。

运营资产管理人员通过资产注册与资产数据管理工具、资产状况评估、资产监控数据以及对应分析、健康指数、关键程度等手段，来验证并确定短期资产投资决策和备品备件的利用/计划。

6.1 引言

本章将介绍运营资产管理职能、此职能如何融入整个资产管理（AM）框架，以及它和战术、战略资产管理这两种职能在优先级方面的差异。

运营资产管理的计划周期最短，且涉及最细颗粒度的资产决策。决策主要围绕哪些设备需要优先维修或更换、选择哪些维修活动，以及执行这些活动的最佳时间等事项展开。

了解故障模式及其发生的概率和影响后果至关重要。状态评估是决定采取何种缓解措施以及何时采取这些措施的基础。为确定哪些设备处于何种状况，并决定适当补救措施，需要采用各种测试方法和数据收集方法。

此外，基于设备状况和故障后果来确定哪些目标资产需要开展哪些具体活动，设备数据是必不可少的。不同类型的数据，包括现场手动记录数据、连续线上监测数据，每种数据的收集和存储要求均有所不同。

因此，可通过分析工具将数据处理成健康指数，并与设备关键性一同用于资产概况报告，以此说明投资需求情况。

本章通过多个示例对运营资产管理相关方法及其决策过程进行说明。

6.2 背景介绍

如第 5 章和第 7 章所述，资产管理职能形式和内容多种多样。资产开发框架可以说明资产管理职能的类型及其相互关系。

图 6-1 中所示战略范畴框图表示企业“资产管理决策框架”中的机构设置和持续改进。资产管理决策框架旨在对资产管理决策所能实现的企业价值与效益进行关联。

在战略层面上，决策依据包括发电量和电力负荷的预期广泛变化、技术变化、监管环境的变化、内部因素（如设备更换累积预测需求）、维护计划的高水平投资结构。

对于部分重大项目，需要符合监管部门标准或行业标准，并且独立于公司战略。除了上述情况，对于大量的项目需求，企业可能倾向于个性化的设备更换或针对特定区域制定计划。资产管理体系的其余部分既能融入主要战略，又能填补主要战略的空白。

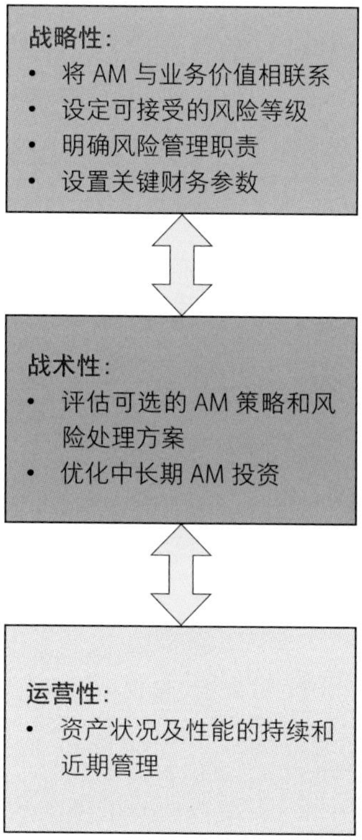

战略性：
• 将 AM 与业务价值相联系
• 设定可接受的风险等级
• 明确风险管理职责
• 设置关键财务参数
战术性：
• 评估可选的 AM 策略和风险处理方案
• 优化中长期 AM 投资
运营性：
• 资产状况及性能的持续和近期管理

图 6-1　资产管理决策［里克斯 · E（Rijks，E.）等人］

图 6-1 中所示战术范畴框图是资产管理过程，主要用于评估中长期资产投资方案，并建立针对不同类型投资和项目价值的比选方法。由资产管理公司负责不断评估并改进与维护、更换和重大重新配置（如重建整个变电站）有关的风险处理决策。风险处理投资决策包括评估并支持资产层面的运行－维修－翻新决策，与维护次数多少有关的决策、资本支出 / 运营支出平衡，以及所涉风险和成本的优化。

战术资产管理将在更大范围的资本战略中发挥作用，而且不可避免地围绕这些战略展开。中期预算就是基于这个层面进行的，包括关于哪些预防性维护计划应优先考虑的广泛决策，中长期翻新与更换的决策。因此，就此层面上进行的变更的灵活性而言，可能会受限于与合规性相关的、系统关键的或合同义务，以及历史实践等因素。

如图 6-1 中所示运营范畴框图表示当前与短期资产管理投资决策，涉及资产维护、报废的确定、故障机制、资产状况监测与评估所需数据的管理。

对于资产管理公司来说，如果不了解在运资产的老化情况，以及可能存在故障风险的资产的故障机理，则无法正确作出缓解风险的处理决定。因此，资产管理公司需要采取行动来设计和持续改进资产故障模型知识，并适当采集资产状况及故障数据。运营资产管理公司经常带领进行重大故障调查，并负责编制与故障有关的各种模式、发生概率、后果和缓解措施。

首要任务包括在既定计划范围内确定维护优先次序、针对高危资产进行主动更换，因故障而进行的个别更换，以及对正在实施的计划进行调整。由于新型设备类型的集成、现有设备的老化和年度运营预算调整，优先次序可能会经常发生变化。

次要任务涉及将从资产规模性能表现中获取的知识运用在企业管理的其他方面。具体包括与系统操作人员合作，以确定可接受致使使用寿命缩短的过载和其他压力源的条件；为减少常见问题的出现，与工程部门一同制定相关标准、功能要求和规范；与现场工作人员和安全专家一同审查维护程序，以及就资产策略背后的根本原因及其资金需求向费用申报提供建议。运营资产管理公司会向战术和战略这两个层面提供有关设备性能的信息。

虽然这种适用于各种类型资产管理职能的框架合乎逻辑，且易于理解，但实际工作是比较复杂，且是不可预测的。尽管部分决策可通过严谨的数据分析得出结果，但这还是远远不够，丰富的经验和良好的判断力也是必不可少的。以下段落提供了一个情景案例分析的视角，来说明运营资产管理在一些未知效用下可能的情况。虽然下面的案例只是一个故事，但它确实说明了运营资产管理的主要内容。

6.3 运营资产管理者的工作日常

昨天，我们遇到了所谓的“管理应急”情况。主张购买资产分析（asset analytics, AA）软件的公司副总裁，制作了设备清单，列出了所有状态不佳的设备，并让我们阐述对清单中各项问题所采取的措施。

经过分析，被判断为不良状态的设备主要有两种情况。一类情况是现场工作人员和维护工程师上报设备状况不佳。另一类情况是出于各种原因触发了AA系统，被软件误判为不良状态，具体原因包括：

该软件的算法的输入之一是故障报修和故障修复指令的工单数量，其中包括与资产状况无关的情况（如名称更改、接地电缆被盗），并且有时这些故障报修属于小问题，例如只需进行部分调整或轻微修理即可完美达到纠正目的，这并不真正反映资产总体健康状况。遗憾的是，对于上述报修信息，我们会花很长的时间进行浏览，并将其标记为非故障。

通过字段指定的状况评价，存在两个问题——评价具有主观性，且评价结果受时间影响。有时候，一些微小的事情会被小题大做，提交的许多报告和这些小问题不匹配；但另一些可能引发长时间停电的重要问题，会因还不够严重、不值得去修理而被忽视。目前系统还不能很好地区分这两类问题。

虽然我们知道测试数据存在错误，但我们无法在资产分析软件中将这些数据标记为错误（或删除）。

因此，我们需要花费数小时的时间研究这些被资产分析软件认为是不良的资产，包括麻烦现场工作人员解释。最后，据了解，没有一个设备被标记为“状况不佳”，而对于其他被认为状况不佳的设备，状况其实都非常不错。从另一方面来讲，据我们所知，有相当一部分的设备状况都欠佳，但资产分析软件并未对此进行标记和说明，例如，某些类型的设备存在某种类型的严重缺陷，当出现这种缺陷时，需要更换设备，因此，该缺陷并未出现在剩余的高危资产范围里。资产规模平均指数似乎足够接近，但我们可能会以此对单个设备作出决策吗？

我们如何对确定需采取措施的设备进行优先级排序？我们必然会对所知悉的问题采取应对措施。现场维护人员一般都对自己所负责的设备情况比较了解，这种情况下，就能够解决设备问题，如果可以的话，他们会修复它，如果他们需要帮助，这些现场维护人员会向整个部门的专家组寻求帮助。该部门会尽全力向现场维护人员提供帮助，在他们需要资金的地方，无论是增加维护活动或寻找设备替代品，该部门都会来找我们的资产管理公司。我们会定期召开会议，审查各种资产组，并讨论在哪些方面进行投资。我们会与运营商展开讨论，确定现在需要修复的设备，以及可暂时不进行修复的设备，理由是它并不影响其他工作，或必须等待，因为我们无法通过停电的方式进行设备修理。我们会与停电计划人员讨论，哪些设备需要用于其他设备才能停电进行维修，以及哪些工作可以捆绑到另一个确定好的停电计划中。这种可用性较低，导致设备的AA分数较低，但这不是设备的故障。

使用软件和软件中的算法来显示设备健康状况，是向外部观察人士甚至监管机构展示健康状况的合理方式，但作为决策工具，这还不够准确。我们这些直接参与日常维护的工作人员要比任何软件更加了解设备。我们知道什么类型的设备存在设计问题，我们需要在哪里改变规格，我们在采购零件时遇到了哪些设备的问题，我们必须针对哪些设备进行更换，以及通过一些基于知识的调整可以保持什么。

我们往往倾向于通过资产分析软件制作各种报告图表，或者结合我们的需要，通过分析给出正确答案。美国一家大型公用事业公司的资产管理经理之所以将他们的资产分析软件形容为“金鸡”，是因为这家资产管理公司可通过调整输入数据的方式让软件系统生出“金蛋”，即他们早已认为软件提供的解决方案就是最佳选择。

在与其他公用事业公司的讨论过程中，我的经验似乎很典型。我们公司似乎相当先进，这是因为我们几乎所有的设备均已列入资产注册表，即使存在许多静态特征数据丢失或错误情况。我们可通过电站位置和电力系统功能中收集到大量信息，以了解变电站的老旧程度、有什么设备、存在什么问题，以及我们有多大的可能通过停电的方式对设备进行修复。如果工程师经验丰富，其可在决策时自动应用这些过滤条件，并手动运用这些过滤条件生成相关报告。资产管理者们并不愿意听我们讲我们拥有的设备数量规模，但这一点正是我们能作出正确决策的原因所在。

将数据输入信息系统中，以此获取人脑中的大量知识是一项艰巨且高成本的任务。只有经验比较丰富的技术人员才能理解铭牌所示内容，从而能够输入相关数据，而此类人员不可能被安排坐下来抄录铭牌。让现场维护人员出资购买此类系统属于另一个问题。当现场维护人员可以通过电话与能够协助他们找到问题部件所在并完成维修的技术经验丰富的人员取得联系时，他们为什么需要花时间阅读下拉列表来确定对应的问题呢？

当然，依赖个人知识是有风险的，这是因为此举持续不了多长时间，而且还会因为人们岗位变化和退休而作出错误决策，或因为人们自我价值得不到认可而离职。例如，在与反复出现的缺陷作斗争多年之后，针对解决设计或应用问题所需的翻新 / 更换的计划被削减了，本应在今年的进行，但到了明年也没有开展，而到了后年，从事论证和业务案例的人继续工作，但该计划就完全丢失了。几年后，缺陷又开始出现，该计划必须重新制定。

没有资产分析仪一览表能够囊括这些因素，也无法反映不断变化的优先次序。此时，运营资产经理应对变电站有充分的了解，并与现场工作人员、运营商和项目经理建立良好的关系。这种分析方法可能看似清晰，但也存在失效可能。

虽然这位工程师的个人经历可能属于极端事例，但该事例的确阐释了运营资产管理者的以下主要基本职能：

（1）收集、校正、趋势分析和解释说明资产数据及信息；

（2）量化资产健康指数和关键性信息；

（3）根据需求进行资产排序，以便采取行动或进行投资；

（4）与相关停电规划者、服务资源和战术资产管理公司进行协调；

（5）根据以上第 3 条和第 4 条分析可选投资；

（6）上报管理层，并说明行动和投资建议的合理性。

以下各节将详细介绍上述职能。

6.4 资产风险管理

风险体现出某一意外事件的发生概率和后果。虽然资产战略的内部重点包括对设备本身造成的影响，但对电力系统及其利益相关者的更广泛影响更为重要。所以，决定短期投资优先级的是最重要后果所对应的风险发生概率。

运营资产管理的重要活动之一是评估特定资产未来发生故障的可能性。无论是基础研究，还是维护工程师的实际选择，输电公司所用评估方法都不尽相同。资产管理者和维护工程师都会使用可靠性统计数据和故障机理信息，这些信息来源于基础研究和企业资产实际运营经验信息，例如，风险评估中的故障模式、影响和危害性分析（failure mode effects and criticality method，FMECA）。

运营资产风险管理模型如图 6-2 所示。

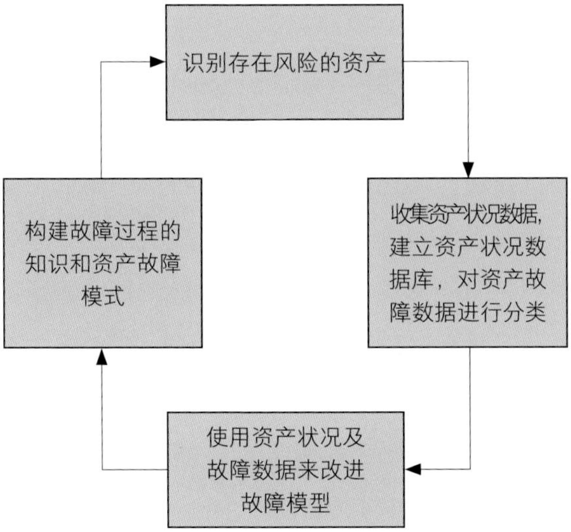

图 6-2　运营层面的资产风险管理

公司特定具体数据是首选，因为它最能准确反映存在于公用事业物理环境和运营环境中的资产的过去和预期表现。此外，行业数据同样有助于进行比较，或者在缺乏足够的公司数据的情况下，模型数据也可能有用武之地（CIGRE 工作组 C1.16）。第 8 章将重点关注业务案例分析和所需数据及信息类型，这些数据的潜在来源，以及分析数据的方法，这些分析方法是可以将数据以业务案例分析的形式进行分析的方法。

就运营资产管理而言，其中一个目标便是对资产绩效进行风险控制，如图 6-3 所示，资产绩效风险控制共包含 3 个必要步骤。该流程图说明了处理维护信息的三个环节（方框）。

图 6–3　从维护时的发现到了解问题再到采取必要行动的流程图（CIGRE 工作组 C1.16）

第一个环节，旨在识别发现问题和相关数据，如维修频率和应用维护措施的范围。此外，也可通过这一环节识别出无效的维护措施。

第二个环节，可以运用资产专家的专业知识。此时，专家的专业知识与前一个环节中的发现直接相关。资产专家根据各种数据和信息对资产状况进行评估，并估计资产的磨损和恶化速度：

- 了解资产设计和运行状况；
- 了解材料及其老化特点和资产运行时的负载水平；
- 诊断此类数据和数据趋势，以及像大卫三角法等变压器专用故障诊断工具（CIGRE 联合工作组 D1/A2.47）；
- 其他资产的经验 – 故障数据；
- 老化模型（如存在，且经证明适于应用程序）。

本文提供资产在特定时期内发生故障概率的一个视角。之所以必须根据特定类型资产的各种重要故障模式进行分析，是因为不同的故障模式可能需要采取不同的缓解措施。此外，资产分组方式也会影响指定资产组的结果，从而会出现掩盖部分问题的同时突显了其他问题的情况。分组的相关性应与不同策略的运用颗粒度有关。

本流程的最后一环说明了从前面环节得出的相关行动和措施，并构成了需要实施的资产策略。这些行动和措施包括资产更换、资产修理、资产维护习惯的更改。

6.5 故障分析和纠正措施计划

运营资产管理可确保资产在短期内发挥作用，最大化实现企业价值。然而，可能会随着资产、劳动力、过程等方面出现问题，资产运行难以达到理想要求。运营资产管理需要全面负责对此类情况进行检查和纠正。

各机构都会通过关键绩效指标（KPI）跟踪资产高水平绩效。这些 KPI 包括：

- 可靠性指数（SAIDI、SAIFI、UENS、可及性）；
- 健康、安全和环境（工时损失——工伤事故、油气泄漏）；
- 过程指标（工作积压、预防性维护计划程序的合规性）；
- 财务状况（预算遵守情况，风险价值等）；
- 缺供电量；
- 顾客满意度；
- 环境绩效。

上述 KPI 可细化至各绩效指标，从而发现具体问题。例如，SAIDI 数值较高的原因可能与某类设备故障，或特定地理区域的设备故障有关。如果某一 KPI 体系发展十分成熟，则该体系能够准确指出或至少缩小需要解决的问题范围。

此外，也可通过定期评价的方式发现问题。KPI 可能存在差距，而且往往可能不会直接监控或衡量资产的物理状况。即使对资产物理状况进行监控，它们在监测过程中也可能无效。为此，ISO 标准要求对资产管理体系及其实施结果（资产和过程的绩效和状况）进行定期评价。此外，这些评价也提供了一个识别改进的机会，使资产在经历质量恶化之前就已经进行了优化。

最后，资产可通过故障、警报、预防性维护或例行检查过程中意外发现不良状况，并向管理层报告相关问题。在前两种情况下，问题会立即显现出来，而在第三种情况下，只有在检查或测试时，才会显现该问题。理想情况下，运营工作人员和维护工作人员都会创建各种日志、工单等文件，以跟踪是否存在上述问题。

某些情况下，现场技术人员很容易确定问题原因。但在其他情况下，问题成因不太明显，需要运用较为复杂的工具，这个过程通常被称为“根本原因分析”（RCA）。在进行 RCA 时，会采用各种各样的方法，从简易的分析工具，如头脑风暴法或“五问法”，到复杂的分析工具，如原因映射、变化分析、障碍分析、故障树、快照图（“那又如何”）、“是 / 否”分析等方法。

由于 RCA 中的技术在复杂程度上各不相同，因此用于该过程的相关资源也有所不同。对于问题比较简单，且后果较为轻微的故障，可由现场技术员或计划者负责进行 RCA，通常会将其作为缺陷报告过程的一部分。如果故障后果比较严重，主管部门或技术权威部门将介入进行 RCA。除了设定故障后果的阈值之外（通常表现为电力系统影响，如电力用户流失或修理成本），还需要成立 RCA 团队。该团队主要由许多具备 RCA 过程处理能力的人员组成，并由比较资深的维护、运营或工程方面的人员担任负责人。该团队主要负责收集各种证据，如设备损坏部件、日志记录、事件发生时的运行参数、资产历史表现等，实施或安排技术测试或技术鉴定，并同事件参与人员或对所发生的事情有特殊了解的人员进行面谈。该团队将通过审查数据的方式确定事件时间表、可能性最大的问题成因，以及问题纠正措施。此外，该团队还会保留这些证据，以便日后存档，并按照标准报告格式记录调查结果。这一过程不仅适用于设备故障，还适用于程序故障。

RCA 的最终目标并非是确定事件的最基本成因。在大部分案例中，RCA 的目标是找出问题发生的原因和影响因素，以便管理层能够采取措施加以纠正，防止类似事件再次发生。此过程的实施起点是故障，如因含气量较高，致使变压器破裂后发生故障。通常情况下，这属于故障表现，而非故障成因。下一步便是要明确此问题的物理成因。为何会产生气体？空气是如何进入油箱的？是否存在引发内部故障的穿越故障？可能存在一系列物理成因——实际上，是一连串的成因和诱因。一旦确定物理成因，下一步便是在管理层面确定原因，此时，如果能够遵循标准的因果分析方法，则会受益匪浅。例如，某一资产可能会因为安装不当而损坏，进而发生故障。然而，“安装不当”并不属于根本成因。安装人员是否经过适当的培训？这名安装人员在作业时是否有合适的工具来完成任务？为避免发生损害，是否充分描述了此作业过程？这些问题的答案可提供一个更基本的根本成因。这些类型的成因可称为“潜在”成因，对此，通常会采取适当的管理纠正措施，避免再次出现此类事件。

可能存在多个成因和诱因。关键是要确定管理层能够实施的、最有可能防止事故再次发生的预防措施，并通过“纠正措施计划”（CAP）进行记录和跟踪。例如，在前面的例子中，安装失败可能是由于缺乏管理层批准使用的用于支撑结构垫片相关的标准，这些纠正措施包括制定这类标准和流程，以确保可提供正确的垫片，以及在类似设备上更换缺陷垫片的程序。

通过 RCA 和由此产生的 CAP，既能确定成因，又能确定需要实施的解决方案。修复设备的直接目标可能是让设备恢复使用状态，但这可能需要以全面分析为前提。相反，调查的目标是通过预防成因或减轻后果的方式来减少再次出现此类事件的可能，这可能包括对未受故障影响的类似资产（如为同一家资产制造商）进行更换，或变更设计规范。

CAP 应包括以下内容：

- 需要采取的行动；
- 责任人；
- 活动时间表，注明完成日期和相关内容；
- 报告要求；
- 长期监测，确保纠正行动的有效性。

最后，在实施 CAP 之前，必须有一个整体跟踪和行动跟进的过程。由于所有组织都对改变存在抵触情绪，因此，必须有管理层的支持和必要的资源来进行变革，并通过检查方式确保变革得到实施。有些更改涉及非常规任务，如只有在下次维护时才更换某些资产集的特定部件，而这可能是多年以后的事情，像这样的更改，可能需要实施特殊的新程序，以便在更换时间到来时触发此任务。

随着实施的进行，CAP 本身需要审查，并应随着不断出现的信息而保持更新。一些措施可能被证明更加有效或更可实现，而另一些措施的实施必要性不大或实施过于繁琐。因此，可对这些措施进行长期监控，直到缓解措施被证明是适当的和完整的，并且将整个过程记录下来，作为未来故障的信息资源。

许多出版物都涉及了与具体的高压资产故障数据记录有关的各种系统性方法（CIGRE WG 12.05 工作组和 CIGRE A2.27 工作组）。尽管如此，但对于许多输电网运营商来说，之所以无法系统性记录相关数据，主要是因为这些运营商的复杂的业务结构和历史悠久的数据库。此外，还使用了各种故障类型定义，造成不同运营商的数据无可比性。甚至 CIGRE 对大故障和小故障的定义也不适用于许多运营商。但众所周知，故障历史记录对于提供特定资产的老化模型至关重要。为获取资产的最大价值，应按照构成健康指数的相同特征进行故障分类。

6.6 运营资产管理方法

运营资产管理涵盖日常维护需求和更换需求。系统必须有办法优先考虑哪些资产面临风险，对故障类型和故障可能造成的潜在后果最合适的缓解措施是什么，以及可用资源（停电、人力、材料）等。

这些计划的复杂性取决于设备数量规模和多样性、设备规范和设计的稳定性、系统灵活度和冗余度，以及企业内可用的专业知识深度。

6.6.1 维持策略

企业可以采用一种或多种策略来解决组件性能问题。哪种策略最好取决于不同设备的各种故障模式的相关成本和风险，每种设备都有一定的风险。风险体现出设备发生在役故障的可能性和后果。后果包括修复成本和设备寿命缩短，可用性损失及其对系统运行和维护的影响，对工作人员和公众造成的伤害，对相邻设备和环境的损害，对电力用户的停电。上述因素在资产关键性部分进行了讨论。

最简单的策略是采取一种“运行到故障”的策略，同时准备充足的备件。这种维持策略，在故障后果较轻、更换不困难、预防性维护不可能实现或经济上不可行的情况下，是可以接受的。在预算严重受限的情况下，这种方法可能会成为唯一选择，即使这会产生更高的生命周期成本。

在资产的使用过程中，对于某些设备或位置来说，是不能发生故障的。从运行到故障策略的一个步骤是了解设备各种故障模式和整体故障风险，并采取积极措施，如变更设计（影响日后的安装）或仅在故障风险变得不可接受时更换资产。即使无法采取任何措施来防止故障的发生，也可通过主动更换的方式避免出现附带损害情况，并提高资源部署的有效性。状态评估活动是任何维护计划的重要组成部分，即使是视为执行运行到故障维持策略的设备，一般也会进行各种检查。故障率的跟踪和故障模式的分析对于状态评估和补救措施至关重要。

另一种策略是积极应对资产状况的恶化，以降低故障的风险。预防性维护活动旨在通过执行有针对性的干预措施来减少寿命限制缺陷的发生概率或减轻故障的后果，从而最大限度地降低设备生命周期成本，因为故障的发生概率和后果均为风险的组成部分。预防性维护计划通常针对某一已知故障模式，而且理想情况下是仅针对那些极有可能会出现这种故障的设备。

对于给定的风险承受能力和可用预算，维护计划将根据某一触发因素安排一系列预定任务，包括状态评估和干预措施。这些状态评估将触发可预测的各种纠正活动，包括异常维修、大修、更换等。在理想情况下，系统覆盖范围较为严格，而应用较为灵活。

然而，评估维护计划是否成功并非易事。对于几十年来一直在实施和演变的维护计划，无法参照假设不进行维护可能出现的情况进行比较。就资产总体统计分析而言，往往会因为缺乏足够的数据而无法进行有意义的分析，因为资产总体具有不同的性能规范，并且这些资产的制造商和制造时间均有所不同。部分资产故障模式可能很少发生，导致了这类历史故障记录数量非常少。

而评估是在整体资产和项目中进行的，并且依赖于发现与遗留的状况报告，以及对可能避免的后果的预判。然而，再次出现这种情况的可能性，需要考虑类似资产的维护历史，还必须考虑它们的操作条件（负载、切换操作次数等）。与维护人员建立牢固的关系是至关重要的，对技术问题的良好理解也同样重要。

虽然不同的维护策略通常适用于不同的设备类型、不同的设备品牌或设备型号，但它们也可能适用于与风险承受能力相关的特定故障模式。对于某一特定类型的设备，可能有多种故障模式，其中一些故障模式引起的后果程度较小，可迅速进行修复，而另一些故障模式则会引起灾难性后果。对于某一优化后的维护计划，可以作为某些故障模式的中断修复来运行，对其他故障模式进行定期评估，并进行复杂的在线监控，避免出现最坏的后果。

正如第 7 章和第 8 章所讨论的那样，无论是维护计划在延长使用寿命或避免出现故障方面的益处，还是更换策略实施理由，都比较复杂。虽说拥有质量更高的数据以实现更严格的目标一事很有意义，但只有在有高质量的输入和经验丰富的技术人员的正确判断支持的情况下才能使用这些数据。

6.6.2 活动

资产管理活动包括更换、翻新、调整、测试、检查等。这些活动会随着设备技术的发展、设备的老化和不同的要求而发生变化，包括新的诊断方法、组件的可用性，以及公司战略和预算限制的变化。在运营预算十分紧张的情况下，高成本的干预措施受到挤压，只有最高优先等级的才可能实施，并可能被侵入性较小的活动所取代（例如，用运行和带电润滑代替开关定期停电调整和润滑）。根据干预措施的触发因素，可能需要通过强化资产状况评估的方式对需要干预的资产进行排名，或对资产恢复使用运行到故障的评估方法，即使从长远来看这样的方式成本将更高。

对于发生灾难性故障的设备，唯一选择便是进行更换或不再使用，并解决失去的冗余，直至出现成熟的更换机会。

对于根据早期标准所安装的老设备上出现重大问题的情况，如果不存在合理的对等更换，则可能需要对结构、母线或保护设备进行重建。在这种情况下，为了延长设备使用寿命，对此设备进行重大翻新可能是值得的。相反，如果滞后的安排，加大了维护成本或对电网构成危险，致使计划内停电给电力用户带来的苦楚不亚于紧急修理，那么在重建整个电站或输电线路之前，对设备进行最小的维修可能会成为一种最佳选择。

就定期维护计划而言，在一开始实施时，往往会根据制造商给出的相关建议进行资产状况评估，以及主动开展相关干预活动。这些措施可能出于设备保修的需要而进行。重要的是，作为设备选择过程的一部分，需要评估上述建议的可行性（包括物理访问要求和工作人员胜任能力），并与维护计划的其他内容相结合。

如果企业内部配备或具备维护工作人员和专业知识，则应检查制造商是否为工作人员提供进行维护活动时所需的各种信息和材料，或者他们是否强制签订了外部维护合同（例如，不间断电源），这一点至关重要。即使外包是常态实施的，但与既定的维护计划相比，将全新维护活动委托给陌生供应商也会引来人们的高度关注。在内部工作人员需要一些供应商支持的情况下，通过增强现实技术承诺的方式让设备专家提供详细的、改善过的指导。无论如何，在设备投入使用之前，都应先确定维护计划，确保维护工作人员和资产管理人员清楚接下来该做些什么。

以可靠性为中心的维护（RCM）是一种选择通过最具成本效益的活动来解决已知故障模式的方法，但同时要求具备良好的数据收集能力和设备性能相关的技术知识。RCM 原则不仅适用于可靠性，还适用于各种性能特征。同样，数据分析仅适用于能够获得相关数据支持的情况，适用范围不宜扩展至无法获得足够信息的设备。

6.6.3 触发因素

虽然维护和更换的触发因素往往被广泛划分为“基于时间的”策

略或“基于状况的”策略，但这两种方法往往都会在不同程度上得到运用。一个企业的“基于状况的维护”（CBM）系统可能与另一企业的基于时间的维护计划看起来非常相似，后者有计划地开展状态评估活动，然后采取有针对性的纠正措施。然而，时间和状况并非唯一触发因素。工作捆绑、停电可用性、资源可用性和进度调整均是影响工作能否完成以及何时完成的其他影响因素。

通常来说，资产状况评估的人工方式都是基于时间的。对于专门需要巡视工作人员的活动，可单独制定计划，但对于一般的变电站检查和测试活动，往往都会按地域捆绑在一起，许多设备会在同一次巡视中进行评估。部分测试计划规定的间隔时间有所不同的，具体取决于设备数量和具体设备的历史运行状况。某一类设备可能会按照所指定的时间间隔进行测试，不过，对于某个制造商的设备或安装位置比较关键的设备，测试频率可能会更高。因此，这需要从技术上对设备及其故障模式进行深入了解。当出现异常结果时，通常需要进行手动的重新检查。随着资产状况不断恶化，可能需要通过编辑程序化的特殊访问序列的方式增加测量频率，或安装在线监控系统。

在线诊断程序虽然在趋势分析和灾难性故障防御方面具有巨大优势，但安装成本很高，不仅对复杂的数据传输和网络安全提出较高要求，而且还可能需要特殊的操作程序，以及提供专家解释。在线诊断程序虽然能够减少维护访问期间对设备所执行的任务数量，但该程序自身往往也需要进行定期维护。尽管在线诊断程序的使用越来越普及，特别是随着公用事业公司配置非运营数据网络进行通信和输出储能，但从设备风险和成本 / 效益分析角度来看，在线监测的应用仍将受到限制。与人工测试相比，之所以最好采用在线监控（包括根据监管部门提出的测试时间间隔要求，如使用电池监控器），是因为在线监控会提供更好的结果，而不仅仅是通过减少人工测试来节约成本。

虽然状况评估活动通常捆绑在现场巡视中，但对于因干扰性较大而需要停电的活动，也可能会出现此情况。停电和其他资源问题可能会推动维护活动。例如，某一大型发电机可能每 20 年才会进行一次重大的计划停电，因此，即使状态指标仍然良好，也可以拆卸并彻底检查其连接的断路器。对于这些风险容忍度低且要求设备完美运行的情况，就需要做最充分的准备，并由最专业的维护人员来指导工作的细节。

同样，对于出于维修散热器目的而对变压器进行的大修，可将范围扩大到包括附近的开关和断路器，然后可以在同一大修窗口期进行检查、润滑和调整。由于随着停电范围的扩大，通常会出现停电时间缩短的情况，因此，为获得最佳结果，对工作进行排序是一件很重要的事情。这可能意味着首先维护危害度最小的设备（即开关），从而优先缩小设备四周比较耗时的隔离区范围，减少完工前将停电设备进行召回的可能性。如果工作人员的可调配情况成为停电计划的限制因素，则可以将最关键的工作安排在第一位，以确保这些工作人员在被叫走的情况下，对电力系统影响最大的工作能够完成。

如有可能，应由停电小组负责协调实施相邻设备维护计划，以通过捆绑干预措施的方式降低维修的总体成本和停电时间。在某些情况下，如对某些类型的封闭式开关设备进行测试，除了同时对同一组设备采取停电措施，并且在维护计划中应将这些设备联系在一起外，别无其他选择。即使开展捆绑式活动，单独进行资产状况评估也有助于从时间和组件需求方面对各设备制定具体的维护实施计划。

当同时安装大量设备（如新建电站），但电力系统又难以让所有设备同时停机，甚至快速依次停电进行维护时，干扰性活动的工作开展节奏将成为一个因素。如果希望断路器在运行一段时间、运行数次或理想监控的 I^2t 暴露之后，通过停电维护的方式进行接触电阻测试，部分机组可能会提前开展此项活动，而另一些机组则会推迟，以错开时间跨度为数年的维护活动。对于计划立即更换的设备，通常会取消旨在确保该设备长期性能的预防性维护活动。因此，可通过错开式活动和捆绑式活动的优化组合降低总体的维护成本。

在对报废设备有针对性地进行更换计划时，也会出现类似情形。因此，一种可取的办法是在一定区域内开展捆绑式设备更换活动，以便在更大范围的停电期间轻松利用物理访问权限，从而为设备提供现代化布局机会。如果此办法行不通，可通过多种方式对计划的更换顺序确定优先次序。首先，可对状况最差/最关键的单元进行更换，从而最大限度地提高可靠性。如果对这一点尚不清楚，或对状况最差的单元停电限制要求过于严格，则可以先更换最容易更换的单元（容易实现的目标），从而最大限度地增加初始投资中的更换次数（特别是在预计进行预算削减的情况下）。如果某一特定资产早已过时，不再提供任何零部件，但设备性能依然合格，在实施一个逐渐更新这类资产且具有工作节奏性的更换计划时，可将使用过的设备保留为备品备件。

6.6.4 输电变电站维护示例

下文将提供与变电站电力设备、其触发因素和预期结果相关的维护活动示例。

6.6.5 变电站常规巡视检查

人工检查适用于所有无需停电进行检查的设备。检查每个现场的基础设施状况，包括道路、围栏、排水系统、密闭系统、消防系统、动物治理措施、建筑物、废弃设备及一般内务管理等，设备结构、设备和结构接地、设备状况（包括仪器仪表、计数器读数，以及命名），工具、现场备件、一般消耗品库存情况等。

日程安排：远程监控系统不太可能完全替代现场检查，因为没有一个永久性的摄像系统（有些甚至包括热成像）可以观察一切事物（例如，破裂的绝缘体，或机械箱中熔化的电线）。对于工作人员到访较少的偏远小场所，以及在用电量较低的地区，一般人工检查可能是发现围栏破损，或存在动物侵扰情况的最有可能的方法。就此类场所而言，可以适当的减少访问次数，并要求由同一个人进行热成像、通用设备、保护与控制以及环境的检查。

对于用电规模较大且更容易访问的地区，其他活动的访问次数往往更多，这种情况下，更有可能发现各种严重问题。此类场所还存在更多待检查项目，以及在非相关访问中可能遗漏的问题。如果许多变电站布局相对靠近，那么不同类型的任务可以由专业的人员单独完成。调查结果：一般检查可用作调查电力系统和记录各种问题的有力工具。由于此活动具有主观性，因此，检查结果往往是不一致的，这取决于工作人员的个人知识和参与度。待检查项目的数量和种类可能很多，需要工作人员凭借丰富的经验来发现问题，并努力充分记录调查结果。由于在一般检查中遗漏的设备缺陷而导致发生的故障会备受瞩目，往往会导致在早已繁冗的工作文件中增加更多更细的检查内容的情况。

对于实施效果良好的移动应用程序，使用载入相关程序、设备清单和数据输入软件的平板电脑，可以提高记录观察的质量。目前，正在进行一些模拟现实环境的试验，移动设备的 GPS 定位和相机读取命名功能会自动为该设备设置表格。此技术可显示检查程序，突出显示异常实施部分，并可调出设备维护近期历史记录，这样就可以重新检查之前所注意到的缺陷，看看这些是否相同，是否恶化，或是否已进行纠正（如果是，纠正是如何进行的）。

6.6.6 高压断路器：状况评估

从 SF_6 断路器的一级预防性维护活动的典型特点来看，虽可能需要对断路器进行停电，但并不需要拆掉断路器。该程序包括对断路器的各种机构、运行特征和仪表进行功能测试。根据类型的不同，操作机构可能需要进行特殊检查、润滑和调整。测量所有电气分级装置。与此同时，采集气体样本，测量接触电阻，记录行程时间。

触发因素：可能会严格基于时间，也可能会考虑断路器年龄、操作次数、故障调整操作或 I^2t。即使在严格基于时间的维护方案中，首次维护活动也可能推后几年实施，特别是在此项活动有助于进行大修调整的情况，但如果已知断路器工作负荷量非常大（例如电容器组断路器）或故障发生数量异常时，则不是这样安排。对于现代 IED（智能电子设备）类型的继电器，内置有 I^2t 值计算器，尽管，这是基于中断电流而非接触位置，因此，电弧持续时间可能不准确。如果把接触磨损当作机械装置退化的主导原因，这是一个非常有效的基于条件的触发因素。然而，此方法可能是机械问题的一个晚期指标。带有气压趋势和位置传感器的全功能断路器监测器，具有更准确的 I^2t 评估，并将指示断路器装置是否开始减速。这包括对断路器长时间不活动后首次出现的跳闸进行计时，而手动计时方式则是不可能实施的。即使现有的监视器很先进，监视器和其他仪器的基于时间的功能测试仍然是必要的。

日程安排：理想情况下，将与附件的设备进行捆绑式停电，如断路器隔离开关，或者在母线或变压器的扩大停电范围中。在高度基于状态的检修方案中，采取捆绑式停电措施的可能性较小。如果维护方案采取混合措施，即可通过基于设备状况评估的优先级活动，对相关设备提前开展进行基于时间的工作，则可使此方案更加有效。

调查结果：工作人员可通过此项活动对断路器的功能和仪器进行人工检查，并对断路器进行总体健康状况评估。虽然在不拆开断路器的情况下可以进行评估的内容是有限的，但工作人员会凭借自身丰富的经验识别出测试数据未反映出来的异常情况。

基于程序性的更换或轻微纠正所需的零件应可在现场随时获得。必须准确记录各种定量测试的数值结果（包括实验室气体测试结果）。如果测试结果不理想，可以在缩短时间间隔的条件下进行重新测试，或请求进行X射线或伽马射线成像等特殊测试。如果有必要进行大修，则必须提出申请，并订购各种必要的零部件。总体测试结果由工作人员根据预定标准所设定的状况评级进行总结。如果根据测试数据通过算法计算出的健康指数与现场评估结果不匹配，则应展开调查。

6.7 资产健康指数和资产关键性

在基于风险的决策中，资产健康指数可以作为衡量资产故障发生概率的指标，而资产关键性则可以代表资产故障后果（图6-4）。故障发生的概率和故障发生的后果可共同衡量资产所面临的风险情况。资产健康指数和资产关键性可通过各种方式进行评估。

对于一些价值较低的资产，可以采用非常简单的评估方法，如仅根据资产年龄和资产所在位置。而较为复杂的评估方法包括通过资产详细测试和建模的方式预测故障发生概率，以及在各种运行状况下进行广泛的电力系统分析。

如果能够对故障发生概率和故障后果进行量化分析，就可对资产风险进行财务估值。财务估值不仅适用于评估降低资产风险的成本和收益，而且适用于确定资产更换和资产维护的预算优先级。

6.7.1 资产健康指数

资产健康指数是一种根据资产现有数据和信息，对资产生存的可

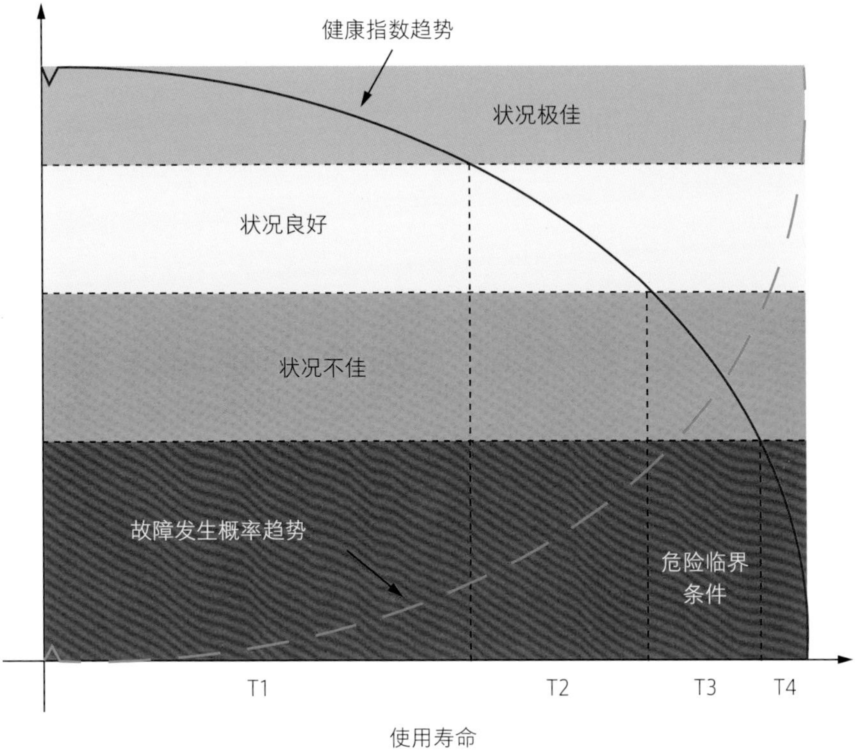

图 6-4　资产健康指数与资产年龄（CIGRE 工作组 C1.16）

能性进行衡量的方法。可用数据包括资产的设计、规格、运行历史记录及相对于额定值的负荷量、基于诊断测试或监控信息的状况评估、对所用材料和典型故障机理的了解、同类资产先前故障数据等信息。为获得健康指数评分，可对这些数据进行考量、加权和整合。评分可按分数段进行排列，如按 1~5 分或数字分值排列。

在长时间使用的情况下，第 4 章所述资产年限和健康指数通常会变差。

起初，受制造缺陷和新技术使用经验不足影响，资产会出现早期故障，并且在使用寿命初期内发生故障的概率会有所上升。设备运行一段时间后，资产所有组件状况均良好，发生故障的风险极小。在 T2 时期，资产状况虽有所下降，但可靠性仍可以接受；在 T3 时期，资产状况不佳，故障风险有所增加；在最后一个时期 T4，资产状况危急，即将发生故障的风险较大（图 6-4）。

这种简易表述有助于人们了解健康指数的一般原理。在现实中，根据资产的复杂性，资产健康指数评分工作可分为几个部分。

部分类型的资产具有多种故障模式。资产健康指数考虑了各种故障模式下的资产状况，以及其他因素，如对资产所耗费的时间和精力，以及是否存在与设计相关的已知问题等因素。

为获得资产健康总指数，可对这些评分进行加权处理。在任何特定的特征都没有构成故障威胁的情况下，将所有加权指数相加，就可获得资产健康总指数。如果某一故障模式存在重大故障风险，则其他因素不再相关，那么该特定特征即代表了资产健康总指数。

以下通过一个非常简单的包括三个特征（通常存在其他考虑因素）的变压器健康指数示例，说明这一原理。

（a）所测量的绝缘状况（基于溶解气体分析和 / 或功率因素测试）；

（b）漏油速率；

（c）利用率（平均负荷、过载次数 / 持续时间，以及可能导致机械性能下降的故障暴露的某种组合方式）。

上述特征可根据加权方案进行组合，从而获得资产健康总指数，每个指数可能为 33.3 分。如果上述特征均良好，则可根据健康状况极佳（评分：100）的新单元适当对加权评分计算总和。

对于某一特定单元，在上述三个特征上可能都会出现一定程度的退化。

（a）存在部分氢气和水分证据：评分为 22（共 33.3 分）；

（b）明显存在可见性漏油情况，并且尚未要求一次性加满油：评分为 28（共 33.3 分）；

（c）已按照设计负载条件下运行了 20 年，在此期间，出现过 2 次严重过载和 10 次故障情况：评分为 20（共 33.3 分）。

以上考虑因素均不属于重大风险。该变压器虽存在部分退化情况，但在需要特别注意之前，预计会继续运行一段时间。加权得分可直接相加，以此说明退化程度，总评分：70（共 100 分）。

如果其中一个特征非常差，则变压器将面临重大风险，并且其他因素已不再重要。

（a）乙炔气体含量在数月内呈上升趋势，并且存在其他加热气体：评分为 5（共 33.3 分）；

（b）无可见性漏油：评分为 33（共 33.3 分）；

（c）较新的机组，在明显低于设计负载的条件下运行，无过载，出现过 2 次穿越性故障：评分为 30（共 33.3 分）。

经对加权系数进行简单求和，结果为 68（共 100 分），与前面的例子类似，但该机组可能处于严重危险之中，必须停止使用并进行调查。如果重要特征评分极低，表示存在重大风险，则此特征的得分必须代表总体评分，而不再考虑其他评分，以便根据分析算法对此特征进行标记，从而引起相关人员的重视这种情况下，评分为 5（共 100 分）。

在评估运营资产管理实践绩效时需要用到资产健康指数来分析资产状况的长时间趋势，如果资产的健康状况与此处安装的设备是分开记录的，则资产健康指数本身必须作为与资产运行状况有关的时间序列予以保留，而非此处所装设备相关的时间序列。如果将资产健康指数分配给设备，则在更换该设备时，其状况不佳到状况良好的变化数据就会丢失。理想情况下，资产健康指数按照类似于与设备相关的其他时间序列数据的方式进行存储，确保能够根据健康指数历史记录数据生成新报告。至少应通过记录系统提供定期运行的资产统计报告，以便进行历史记录数据比较分析。

在更换设备，并重置健康指数时，应同样将更换原因注明为事务记录，理由是这会影响日后规划。如果资产发生灾难性故障，则可能需要加大维护力度，或提前进行更换。主动更换也可能会促进实施设计变更或其他额外的预防性维护，但主动更换同时也可用作为证明该资产未发生过任何故障的成功事例。然而，通过更换方式实现设备升级并不能反映现有策略的成功。

总体健康指数评分可提供资产故障发生概率信息。但是，还必须考虑故障发生会产生的后果。

6.7.2 资产关键性

资产健康指数可用于表示或衡量资产在特定时期内发生故障的概率，而资产关键性可用于代表或衡量资产故障产生的后果。通常情况下，资产健康状况和资产关键性用于将资产归类。每个类别的资产在风险优先级、缓解措施和处理方法方面可以有所不同。

如果某一组资产的故障发生概率较高，将根据资产关键性来确定故障后果最为严重的资产。这种情况下，此类资产将优先予以考虑。

资产关键性通常与运行位置有关，而不是与特定设备相关，因此，如果简单进行设备更换，关键性通常不会发生变化。不过，在电力系统发生变化，以及防火墙或围油栏等局部特征发生变化的情况下，则确实需要对关键性重新进行评估。同时，还应考虑影响清理和维护方便性的设备重新配置，也就是说，与需要进行大面积停电和长时间停机的设备相比，易于维修或更换的设备故障后果严重程度较小。

资产故障产生的后果可从多个方面进行描述，包括：

- 取消或推迟工作计划的实施；
- 供电中断或发电量损失；
- 发电和输电受限；
- 连锁断电甚至停电风险加剧；

- 环境破坏;
- 影响工作人员人身安全和公众安全;
- 故障维修的直接成本。

供电中断从整个电力系统轻度停电（小负荷短暂性断电）到整个电力系统重度停电情况不等。发电损失影响从轻微到严重，从调度高成本发电量，调用备用发电或容量受限的输电走廊，到通过中断电力负荷方式以限制电力系统频率下降。环境破坏包括水道污染、温室气体排放、清理修复所产生的成本。如果发生涉及爆炸的变电站资产故障，还将对附近工作人员人身安全构成威胁，掉落在地上的导线和塔杆则对公众安全构成威胁。直接成本包括与补救措施相关的成本、监管机构罚款、合同罚金等。

根据设计要求，电力系统的安全性应达到一定级别。某一或多个电路或变压器断电后，预计电力系统能够保持令人满意的状态（资产未出现令人不可接受的过载情况，并且电压在可接受范围之内）。当某一资产发生故障后停电，将会降低电力系统的安全性，这是因为另一资产会出现损失，进而可能导致电力系统进入令人不满的状态（资产过载，且电压令人不可接受），此时，需要运营商采取行动（如甩负荷），让电力系统恢复到令人满意的状态。

如果两个地区之间丧失互联，则可能会导致部分电站无法发电，只能通过高成本的电站弥补所缺的发电量。根据互联程度和发电量可及性，这种影响可能比较严重。

如果停电导致电力系统安全性下降，几乎无一例外会出现以下后果，即取消或推迟实施对关键性较为相似的资产的维护和更换活动，进而增加了电力系统的长期风险。如果确实按计划进行了停电维护，将会缩短资产召回时间，导致一些维护活动需要分为多次实施，并增加了维护成本。如果延迟实施重大资本项目，则可能会直接面临经济处罚。虽然与电力用户断电相比，这种后果的严重度似乎较低，但当电力系统受到破坏时，会产生严重的后果几乎是板上钉钉的事，而且可能会带来许多巨大的设备成本。

这些影响可能是复合的。如果某一资产发生故障，则可能无法更换相邻不良资产，这种情况下，该不良资产必须承担更大的责任，这会增加该不良资产发生故障的可能性。

资产的部分组件的关键性与该组件本身的经济价值大小无关。某一关键区域的开关不工作，也不会对电力用户供电、工作人员人身安全或环境构成任何威胁，而且开关更换成本相对较低，这说明其对电力系统的影响风险很小。然而，仅出于对其更换需要而进行停电，这一点可能难以做到，而且隔离点故障后，需要在大面积停电条件下对相邻设备进行作业，而这又可能会延迟或取消重要作业。

图 6-5 为风险示例定性分析。

可靠性衡量标准的改进将可能包括除电力用户断电之外的电力系统安全性下降，以便考虑即使组件发生故障也不会直接造成电力用户断电的关键组件。

6.7.3 资产健康指数和关键性应用示例

6.7.3.1 Ryen（挪威）

挪威一家公用事业公司（CIGRE 工作组 C1.16）采用相对不同的方法对所有变压器进行排序，以便查找需要进一步审查的变压器，从而确定相关补救措施。各变压器都会获得一个可称为“变压器全局关键性（GCT）”的评分，该评分成为“全局战略性影响”（GSI）与“通用技术条件”（GTC）之间的过程实施结果。

GSI 表示故障后果。GSI 是通过企业不同价值的组合进行评估的，并对每个价值进行权重平衡（见表 6-1）。各价值评分数值（指数）范围为 1~4 之间的数字。

影响标准		1	2	3	4	5
安全影响		急救伤害 / 疾病	医疗救助伤害 / 疾病	失时援助伤害 / 暂时残疾	终身残疾	伤亡
财务影响		影响总计 <$25000	影响总计 $25000~ $1000000	影响总计 $100000~ $600000	影响总计 $600000~ $1000000	影响总计 $1000000
可靠性影响		其中一方面是电力用户工时损失不足 5000 小时或缺供电量不足 250MWh	其中一方面是电力用户工时损失范围为 5000~10000（不含 10000）小时或缺供电量范围为 250M~500(不含 500）MWh	其中一方面是电力用户工时损失范围为 10000~50000（不含 50000）小时或缺供电量范围为 500M~1000（不含 1000）MWh	其中一方面是电力用户工时损失范围为 50000~100000（不含 100000）小时或缺供电量范围为 1000M~5000（不含 5000）MWh	其中一方面是电力用户工时损失不低于 100000 小时或缺供电量在 5000MWh 以上
市场效率影响		电力用户和纳税人向电力企业提出投诉	电力用户和纳税人向政府或监管部门提出投诉	政府或监管部门对电力企业的做法和政策展开调查	政府或监管部门对电力企业进行策略和运营变更	无法按要求提供电力服务，致使政府或监管部门进行机构改革，并加大对企业的处罚力度
关系影响		外部反对意见致使工作计划出现短期延误或修改情况	外部反对意见影响导致电力企业实施工作计划受到限制，以及 / 或需要对该工作计划进行实质性修改	外部反对意见致使监管监督力度加大、股东价值有所损失、股东审查力度加大，以及 / 或限制进入工作场所	外部反对意见致使监管立法行动力度加大，或政府干预致使电力企业责任损失，从而影响公司授权，造成股东价值的一定损失	外部反对意见致使企业失去营业执照，股东价值蒙受重大损失，以及 / 或企业重组
机构及人员影响		对电力服务和员工的影响可忽略不计	对某些电力服务效率或有效性的影响（将可能进行内部处理）	机构部分经历意外出现吸引力或吸引力因素有所减少	实现企业目标的能力受到威胁或电力服务成本显著增加	包括高级领导在内的多名关键员工和提供关键服务的能力意外流失或丧失
环境影响		不可报告环境事件	短期进行风险缓解的可报告环境事件（6 个月内）	长期进行风险缓解的可报告环境事件（至少 6 个月）	可实现监管处罚和风险缓解的可报告环境事件	可进行监管起诉，以及 / 或风险缓解不确定的可报告环境事件

图 6-5　风险判定条件示例（CIGRE 工作组 C1.16）

表 6-1 GSI 评分表

价值表现	权重（%）	指数（1/2/3/4）
货物及人员安全	27	x_1
电力系统安全	27	x_2
环境影响	18	x_3
财务竞争力	10	x_4
企业影响	18	x_5
GSI		$\sum_i x_i$

同理，计算 GTC 时，可遵循表 6-2 所示模型：

表 6-2 GTC 评分表

状况	权重（%）	指数（1/2/3/4）
变压器健康标准	50	x_1
技术标准	10	x_2
年龄标准	20	x_3
运行标准	20	x_4
GTC		$\sum_i x_i$

GSI 与 GTC 交叉的表示方法是以风险管理矩阵形式呈现的，图 6-6 为预期采取补救措施的关键情况。请注意，在某一因素影响变得高度活跃的情况下，该因素的权重可能会明显增加。

6.7.3.2 RTE（法国）

法国输电系统运营商 Réseau de Transport d’Electricité（RTE）所用的方法可作为类似风险货币化的方法示例。RTE 开发出一种名为“电力服务供应”的方法，可用于比较不同技术项目的影响，即使所涉及资产可能按照不同政策进行管理。此方法主要基于 CIGRE 工作组在技术手册 422 所述资产管理方面所开展的工作。

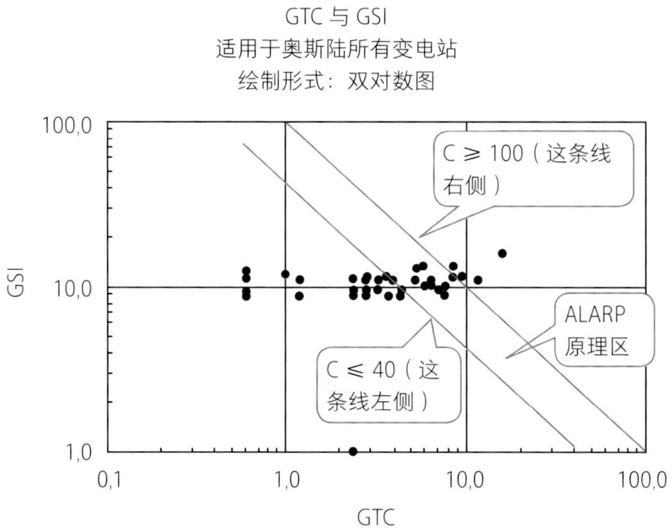

图 6-6　全局战略影响与全局变压器关键性图

这种“电力服务供应”方法基于多标准方法。在结合企业商业价值的同时，还实施了风险评估方法，包括根据以往经验情况进行定量分析，并以专家给出的定性意见为辅。RTE 所考虑的商业价值包括：

- 财务影响；
- 供电安全；
- 健康与安全；
- 立法；
- 环境影响；
- 公众形象；
- 法规。

各商业价值的风险评估依据的是关键绩效指标（如成本、缺供电量）。后果的严重程度按照以下 4 个级别进行定义：中度、严重、恶劣、灾难性。

表 6-3 为 RTE 所用商业价值影响表。

表 6-3 RTE 所用商业价值影响表

商业价值	中度	严重	恶劣	灾难性
财务影响	<100 万欧元	100 万欧元 << 1000 万欧元	1000 万欧元 << 10000 万欧元	>1 亿欧元
供电安全	< 100 MWh	100<<1000 MWh	1 GWh << 10 GWh	>10 GWh
立法	民事责任诉讼	法律责任诉讼	定罪判决	损害合法性
环境影响	局部及短期影响	中期影响	长期影响	持续影响——ISO 14001 证书丧失
形象	当地媒体上的批评	地区媒体上的批评	国家媒体上的批评	连续几天在国家媒体上的批评
法规	信息请求	行动计划请求	政策变更请求	需进行相应的监督

事件发生概率可按照以下 6 个级别进行定性和定量定义：

（1）不大可能，即 <0.01 例 / 年（或 1 例 /100 年）

（2）罕见，即 0.1 例 / 年（或 1 例 /10 年）

（3）有可能，意味着 1 例 / 年（或 1 例 / 年）

（4）可能性大，意味着 10 例 / 年

（5）经常，即每年 100 例 / 年

（6）非常频繁，意味着每年 1000 例 / 年

以下风险评估矩阵（图 6-7）是根据上述商业价值影响表和事件发生概率构建的：

预防性措施可根据影响严重程度进行调整。

- 如为极端风险，则可立即采取预防性措施；
- 如为高风险，则可计划通过预防性措施缓解风险；
- 如为中风险，则可通过风险监控方式进行风险演变评估；如

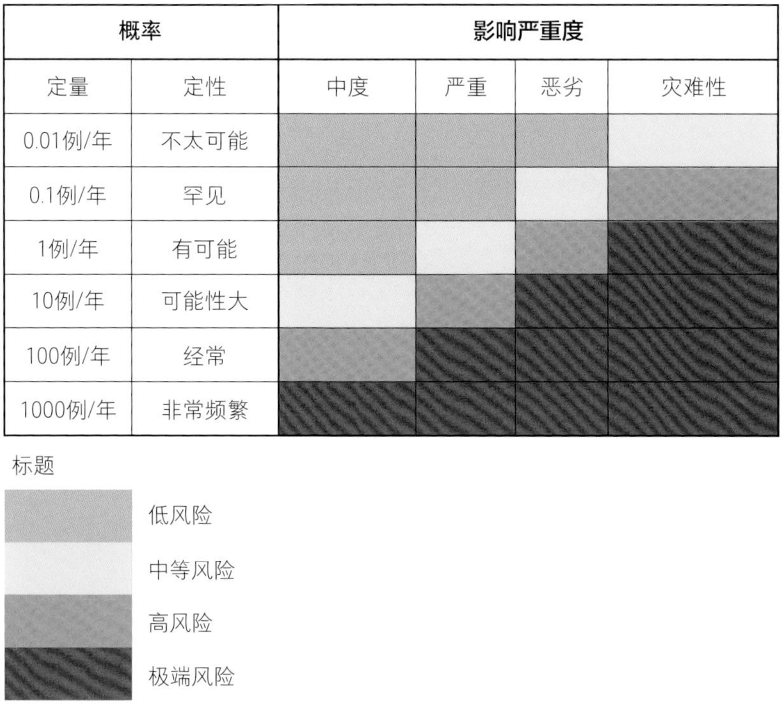
概率
影响严重度
定量
定性
中度
严重
恶劣
灾难性
0.01例/年
不太可能
0.1例/年
罕见
1例/年
有可能
10例/年
可能性大
100例/年
经常
1000例/年
非常频繁
标题
低风险
中等风险
高风险
极端风险

图 6-7　风险评估矩阵（RTE）

为低风险，则无需采取任何行动。

这种“电力服务供应”方法对所有技术方案均适用。因此，首先根据适当标准（如地理位置、环境、功能）进行资产排名：

- 识别可能带来各种风险的非预期事件；
- 识别受影响的商业价值及相关关键绩效指标；
- 评估有用数据，如故障成本、维修持续时间等；
- 评估可能发生的每个非预期事件的严重程度；
- 评估每个非预期事件发生概率；
- 根据商业价值影响表评估每个商业价值的风险等级。

然后，对不同情景进行评估，例如：

- 技术方案适用于整个资产组；
- 技术方案适用于但仅限于资产组的一部分；

- 没有应用技术方案。

成本评估考虑因素包括:

- 预防性措施的直接成本;
- 故障成本，包括维修成本、缺供电量成本。

目标是选择最佳方案，一方面考虑预防性措施的成本，另一方面考虑所涉及的风险。

情景风险评估会持续一段时间，如 10 年。可使用风险评估矩阵对每年和每种情况的风险进行评估。评估的结果（风险等级）可采用图形表示法记录在表格中，以便更容易对受影响的商业价值（BV）进行长期情景的比较。

这种“电力服务供应”方法通过考虑财务成本、所需措施和相关风险评估，有助于对技术项目进行优化组合。

这种方法允许在影响不同资产类别的不同技术方案之间进行比较，而该种比较是基于长期（如 10 年）的成本与效益分析，以及 CIGRE 技术手册 422（CIGRE 工作组 C1.16）所述风险评估方法。此外，这种方法还有助于沟通，特别是与利益相关方（尤其是监管部门）的沟通。

6.8 资产分析与数据要求

6.8.1 资产分析注意事项

资产分析是从记录系统中获取设备数据并生成一个综合评估结果的自动算法。资产分析通常用于资产状况评估过程以确定资产健康指数，但它可能会结合其他考虑因素对资产更换优先次序进行评估。在某些情况下，手动分配健康指数虽说是一种较为适当的做法，但分析引擎仍然可以用于整合与电力系统要求、所装设备、维护活动和成本有关的多个数据源。

资产自动分析仪表盘具有客观性和全范围覆盖设备数量的优势（图 6-8），因此，资产自动分析仪表盘现已成为向监管机构上报资产状态的一种流行方式。

线路和电缆

资产状况评估

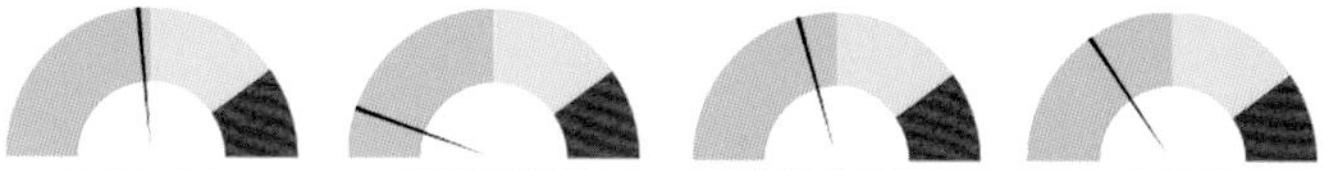

	配电与低压 O/H 线	配电与低压 U/G 电缆	次级输电线路与电缆	电线杆
数量	98549km	44096km	11640km	1360973
RAB 值	$2446.2m	$2781.1m	$1318.7m	*
平均等级（H1–H5）	3.73	4.28	3.87	4.14
1/2 级	3.8%/7.7%	0.2%/3.5%	2.7%/6.2%	1.4%/3.1%
未知等级	2.9%	1.9%	2.4%	1.6%
平均年限	38 年	26 年	36 年	33 年
超过通用值	8931km (9.1%)	555km (1.3%)	1294km (11.1%)	166176(12.2%)
未知年限	0.9%	0.9%	1.6%	2.7%
5 年置换需求	7.7%	2.0%	5.8%	3.0%
5 年置换计划	4.8%	1.3%	4.9%	5.3%
预测 repex（平均值）	$175.0m+3%	$53.5m+69%	$36.3m+32%	*
Repex 系列				*

*RAB 和电线杆的支出包括在配电和低压线路中。

图 6-8 资产分析仪表盘示例
［《新西兰配电运营商业绩总结》——截至 2019 年 3 月 31 日
RAB 监管资产基础（新西兰商业委员会）］

根据要求，新西兰配电运营商每年需要向监管机构（新西兰商业委员会）提供资产状况信息，然后由该商业委员会公布所提供信息的摘要。等级是指 0~5 级，描述了从立即更换到重新安装的资产状况。1 级和 2 级是指根据计划要求需要在短时间内进行更换的资产。

资产分析仪表盘的良好应用依赖于良好的基础数据质量。即使电力系统数据稀少且不准确，分析系统仍能够生成一份令人印象深刻的报告，但它在优化维护计划方面的实际作用有限，并可能导致错误的决策。这种分析必须限于用来填写和维护可靠资产数据。

状态评估采用的是时间序列测试数据。此算法虽会受静态特征（例如，设备特定的测试极限）影响，但只有在提供新信息的情况下才会随着时间的推移而发生变化。时间序列数据可综合运用人工测试数据（包括由现场工作人员分配的一般状况因素）、在线监控数据，以及正常运行数据类型（如电流或电压测量值）。基于相同的数据可能有多个状况因素，例如生命周期累积价值、有限移动平均值。在某些情况下，例如在线局部放电监测仪器，数据量非常大，因此最好在现场进行数据分析，并且只将有限的结果数值传输至中央数据收集系统。

健康指数通常将严格的状况数据与其他因素相结合，例如故障呼叫次数和/或相关成本、资产统计信息、负载或其他利用因素。如上所述，健康指数可用作表示设备的生存概率，并结合关键性，以更全面地评估运行风险。

为了判断和比较不同的资产策略性能参数，在计算时间序列时，必须结合设备规模及其更换和维护历史记录，以及相关的系统与环境事件。

无论分析的可用性如何，都需要由具有良好技术知识和资产全局意识的能够胜任的工作人员进行判断，以便为实施的维护策略和更换策略提供合理的意见。此意见虽未进行严格优化，也不便于显示，但与不良数据可能产生的结果相比，更有意义，也更合适，而且往往包含即使分析良好数据也可能不具备的洞察力。

将二者同时利用起来的一种办法是包括通过手动覆盖方式直接为存在已知问题的特定设备填充指数值。在设备信息快照因输入数据稀少而过于分散的情况下，可根据已知的性能指标对设备子集进行人工分类，并向各成员设备分配平均结果。由于这种方法的优势在于专家知识，因此，与基于缺失或错误数据的分析结果相比，所生成的报告更符合实际情况。随着数据质量的提升，可以考虑采用自动算法进行分析。

6.8.2 数据类型

各组设备（发电站、变电站或输电线路）和其运行位置都有多种类型的数据与之相关，这些数据具有不同的来源、存储要求和更新频率。虽然将所有数据录入到一个数据库中可能非常便捷，但很少进行此类操作，理由是数据的收集和维护往往是由责任方逐步积累起来的。资产管理需要将这些数据进行全部整合，只要有办法对各种数据源进行索引，并对其进行可靠维护，使用多个数据库就不会成为很大的障碍。

数据类型共可分为三种。第一种类型是静态数据，主要用于描述设备特征，包括设备相关组件及各自功能；第二种类型是业务数据，包括从与设备相关的活动中所创建的记录（源于业务活动的概念），如缺陷报告、维护项目、手动诊断测量；第三种类型是实时数据，传统上用于系统运行的，如电压和电流、开关设备状态和报警条件。在线状态监控技术使用呈上升趋势的情况下，将会持续形成可用于维护和更换规划的数据流。随着这些数据流的激增，将推动这些数据流从各种运营的 SCADA（数据采集与监控）系统中分离出来，并建立单独的非运行的资产数据网络。

6.8.3 静态数据

与某一特定设备有关的静态数据来源和用途多种多样。与运行位置有关的一些特征的静态数据，无论那里有什么设备（包括设备规格数据），以及与安装在该位置的、与特定设备有关的其他特征的静态数据。因此，对这些静态数据单独进行记录可能较为方便。部分设备可能存在某一指定运行位置分配多个设备（即各阶段进行独立安装）的情况。这种情况下，最好避免在数据结构中增加维度，因为单个设备也有多个运行名称（如用作断路器和接地开关的多位置开关）。

运行位置典型静态数据：

- 运行名称；
- 地理位置；
- 工作人员分配；
- 额定容量（MVA）；
- 标称电压；
- 最大电压；
- 其他关键规格数据；
- 最大可用故障电流；
- 关键性（包括是否为关键基础设施的一部分）；
- 停电组群（用于维护计划）。

设备的典型静态数据：

- 设备类型（与维护计划有关）；
- 制造商和型号；
- 序列号；
- 制造年份；
- 安装日期；
- 额定电压；
- （其他铭牌数据）；
- 数据表位置（对于未转录到字段中的信息）；
- 维护计划编号；
- 报废指数。

在安装新设备或重新配置电力系统时，需要严格按照工作流程和数据标准要求准确收集静态数据。新设备的调试多见于内部大型项目、外部交钥匙项目和紧急更换项目，会形成多种数据输入流。

对于老旧设备的数据收集难度较大，需要由知识较为渊博的人员开展广泛的调查活动、仔细进行目视检查，有时还需要停电。一种选择是在开展维护活动时，收集铭牌数据，但为确保成功进行此操作，需要现场工作人员高度参与此活动。这种情况下，将导致部分地区和部分设备类型的数据比其他地区和设备类型的数据质量好很多，如此一来，这将使算法结果出现偏差。

设备使用年限记录方式应分为两种。无论设备是何时投入使用的，制造年份都有助于评估制造批次问题，有时可以从序列号进行搜集，或根据型号获得近似数据。使用日期记录了设备在电力系统中的使用时间，并通常大致用作利用率的粗略指标。任何一种记录方式都可能会对制造商的保修期产生影响。

如果设备在使用寿命结束前被拆除，并作为备用设备进行保留，然后在其他地方重新投入使用，则需要保留存放时间的记录，以便正确记录该设备的实际运行年限。虽然不连续使用的设备数量可能很少，对维护计划毫无影响，但如果这些设备处于关键位置，则可能需要特别关注，这种情况通常需要人工干预。

静态数据之所以至关重要，有两个原因。最初，静态数据用于分配维护计划。后来，静态数据用作整个资产集状况评估和报告的基础，然后用于调整维护活动，计算战略备件需求，并用于规划整体资产和单个设备的更换。当严重的设计缺陷暴露出来时，特定资产群体需要进行特殊处理，此时静态数据的准确性就变得尤为重要。

6.8.4 业务数据

业务数据包括定期维护计划内容（任务清单、时间表）、维护历史记录、缺陷报告、纠正措施等内容。这些记录包括日期、成本、材料、工时，以及任何观察到的结果数据。记录的数据可以包括发现和遗留的状况评估和/或测量结果、问题分类、自由文本注释、状况总体评级等。

基于计划内常规维护活动的人工输入可分为多种形式：书面定性观察结果（例如腐蚀程度或损坏零件描述）、手工记录的定量观察结果（例如破裂绝缘体的数量，视镜所示油位），转录的测量结果（例如断路器操作计数器、微欧姆测试读数），或通过专门测试仪器记录便于以后下载的测量结果（例如一些电池电导和电容测量仪）。在记录系统中记录数据的步骤越少、越容易、越及时，这些录入的数据就越有可能是准确的和有用的。纸质笔记可以替换为具有适当故障类别下拉菜单和数值范围检查的移动平板电脑。对于外部实验室所提供的常规测试数据，如油中溶解气体分析，可通过电子方式返回并自动上传到业务数据库，甚至可根据规定的标准（如 IEEE 标准）预先标记报警级别。

6.8.5 连续数据

连续数据流，例如典型的 SCADA 数据（如电压、电流、开关设备运行），现代 IED 继电器内置的状况评估功能（例如断路器触头磨损、变压器绝缘老化计算）和专用在线状态监控设备（测油仪、断路器位置传感器、局部放电检测仪），除了定期检查和测量之外，还可以新增大量信息。

开发一个安装在线监控设备的商业案例并非一件易事。《电网资产管理应用案例研究》第 4 章将介绍与此商业案例开发有关的“案例研究”。虽然在线监控设备可以免除一些现场检查，但总是需要进行人工检查与核对，因此，通常不能以缩短工时为由证明安装监控设备的必要性。对于公用事业法规要求进行的测量，则可通过在线监控设备减少由于日程安排和数据收集错误所致的不合规发生概率。

为防止发生灾难性故障，使用能够形成数据流的在线监控设备可以成为传统设备报警的一个极好的补充。通过战略性地选择试点装置，当成本节约效果显著时，可以激励更大范围的实施。相反，如果具有持续监控功能的设备发生灾难性故障，则将会阻碍对类似设备的进一步投资，即使该故障模式与该设备的检测内容完全无关。

因此，安装监控设备只是监控系统的一个方面。虽然即使仅向 SCADA 发送警报，并且需要前往现场进行数据收集，也存在持续监控的好处，但具有实时数据采集、访问功能的全面实施可能是一项重大的 IT 投资。如果这类监测设备数量较少，就可将它们的数据流与 SCADA 直接集成，并且运营商将按照最低限度要求承担职责。当此类监测设备使用数量达到一定规模时，要么需要升级这些系统，要么必须单独建立一个非运营的数据网络。

在线监控装置所产生的数据大多是不可改动的（用于快照读数或日后健康评估趋势分析），这些数据可以在某些条件下变得可以修改，这使得设备的连接和数据的管理变得复杂。对于具有操作功能的在线监控装置及其数据来说，需要更高的可靠性和安全性，即如果数据用于发出警报。如果警报可以在现场生成，并从数据存储流中分离出来（边缘分析），有时可简化上述操作。

对于在电力系统中使用的任何测量设备或仪器，同样需要维护，并且存在自身的可靠性问题。例如，用于变压器的在线溶解气体分析仪器可能需要消耗性材料，并且装有可能会发生故障的移动部件。为确保成功进行各种安装，计划必须包括上述活动。

6.9 总结与结论

运营资产管理主要涉及有关维护和更换的组件级别的决策。这些计划的特点在于活动类型，如状况评估、翻新或更换；触发因素，如时间、状况或机会；资源要求，如材料、劳动力、停电。该计划的总体设计取决于历史实践、技术及标准的演变，以及可用的资金。

与活动开展类型和开展时间有关的决定基于资产类型、资产特征、资产历史表现（包括故障模式、故障频率）、资产关键性、资源可及性等。资产关键性越高、问题越严重，资产评估就越频繁、越复杂，并且资产受到的干预程度越大。

状态评估可以基于检查、手动测试或连续监测。对于某些设备来说，“运行至故障”是一种较为合理的选择。实施干预措施时，通常会综合运用基于时间的活动和基于状况的活动的组合。对于触发因素，既可通过算法进行定义，也可针对设备进行人工评估。具体情况可能存在较为特殊的触发因素，例如增加对恶化组件的测试频率，或者在即将更换的情况下取消大修安排。

资产健康指数、资产关键性 / 风险分配和分析算法是客观作出决策的三个重要工具。只有在有足够数据支持且在模型应用范围内的情况下，才能使用算法。充分掌握技术专业知识、熟知设备群体，以及与工作团队保持良好关系，成为作出最佳资产管理决策的三个不可替代的决定因素。

参考文献

[1] CIGRE JWG D1/A2.47 Advances in DGA interpretation, TB 771 2019.

[2] CIGRE WG 12.05 "An international survey on failures in large power transformers in service", Electra no. 88, pp21-48.

[3] CIGRE WG A2.27 Transformer Reliability Survey, TB 642, 2015 .

[4] CIGRE WG C1.16. TB 422: Transmission asset risk management. CIGRE 2010.

[5] New Zealand Commerce Commission, Performance summaries for electricity distributors-Year to 31 March 2019. https: //comcom.govt.nz/__data/assets/excel_doc/0022/203773/Performance-summaries-for-electricity-distributors-Year-to-31-March-2019.xlsx. Accessed 6 Mar 2021.

[6] Rijks, E., Sanchis, G., Ford, G.: Risk Management in asset Management Processes. Paper 164 CIGRE International Symposium, Guilin City China, October 28-30, 2009.

7 战术资产管理

加里・L・福特（Gary L. Ford）
格雷姆・安谐尔（Graeme Ancell）
厄尔・S・希尔（Earl S. Hill）
乔迪・莱文（Jody Levine）
克里斯托弗・耶里（Christopher Reali）
埃里克・里克斯（Eric Rijks）
杰拉德・桑奇斯（Gérald Sanchis）

加里・L・福特（G.L.Ford）（✉）
PowerNex Associates Inc.（加拿大安大略省多伦多市）
e-mail: GaryFord@pnxa.com

格雷姆・安谐尔（G. Ancell）
Aell Consulting Ltd.（新西兰惠灵顿）
e-mail: graeme.ancell@ancellconsulting.nz

厄尔・S・希尔（E. S. Hill）
美国威斯康星州密尔沃基市 Loma Consulting
e-mail: eshill@loma-consulting.com

乔迪・莱文（J. Levine）
加拿大安省第一电力公司（加拿大安大略省多伦多市）
e-mail: JPL@HydroOne.com

克里斯托弗・耶里（C. Reali）
独立电力系统营运公司（加拿大安大略省多伦多市）
e-mail: Christopher.Reali@ieso.ca

埃里克・里克斯（E. Rijks）
TenneT（荷兰阿纳姆）
e-mail: Eric.Rijks@tennet.eu

杰拉德・桑奇斯（G. Sanchis）
RTE（法国巴黎）
e-mail: gerald.sanchis@rte-france.com

G. Ancell 等人 (eds.)，电网资产， CIGRE 绿皮书
https://doi.org/10.1007/978-3-030-85514-7_7

目　录

摘 要

名片或组织结构图上的"资产管理者"一词代表组织内各种不同的职责和职能。这些可能包括近期资产状况评估和维护管理。或者这些职责可能包括近期资产状况评估和维护管理，抑或涉及复杂的中长期资产管理，以及以管理、监管为目的的可选投资论证。本章主要讨论后一种资产管理关注点，即战术资产管理。从事战术决策领域的资产管理者需要顺应来自战略资产管理职能部门的战略方向，并与具有运营资产管理职能的同行以及系统开发规划者进行协调和合作。战术资产管理主要处理中长期资产投资选择及策略相关事宜。本章重点介绍了用于确定资产需求、风险评估与风险缓解方案、可选投资的评估，还介绍了一些公用事业公司案例。

7.1 引言

随着 2000 年后资产管理领域的发展，显然拥有"资产经理"等头衔的公用事业人员实际上在其组织内履行着截然不同的职责。其中一部分人参与了近期资产状况评估和维护管理，还有一些参与了中长期资产管理规划，以及以管理和 / 或监管为目的进行的可选投资论证。2010 年，C1.16 工作组在技术手册 422（TB422）的出版物中确认了管理者角色及职能的多样性。手册中还定义了运营、战术和战略资产管理职能。并非每个资产管理组织都在其组织结构中确定了战术资产管理职能。但是，为了满足特定规划期间最低监管要求，这种职能需由公用事业公司履行。本章有关内容是根据几个组织履行该职能获得的经验编写的。

在战术资产管理职能方面，资产管理者的首要目标是将资产风险水平管控在可接受的水平，确保并证明资本及运营资金的投资与短期投资有效协调，且在中长期内是最佳的实施方案。出现安全风险、不可接受的资产可靠性问题，以及统计数据表明资产组接近或超过其正常假设的经济寿命，或资产状况 / 关键性数据表明行动具有高优先级的情况下，可能会提出潜在投资需求。从事战术决策领域的资产管理者需要响应来自组织战略资产管理职能的战略方向，并与具有运营资产管理职能的对应人员以及系统开发规划者进行合作和协调，如图 7-1 所示。

战略资产管理职能提供了资产管理者所在公司在建立财务和风险政策，以及组织方向及优先事项等方面的框架。运营资产管理负责处理资产投资的近期优先级。战术资产管理则主要负责处理中长期资产投资选择及策略相关事宜。如图 7-1 所示，这两个资产管理职能部门需要与系统开发规划人员协调有关资产维持投资和资产更换投资相关的工作。

本章主要介绍了在全系统、资产类别及特定资产的基础上确定战术资产投资需求的流程。在不确定系统开发计划的当前状态和预测背景下，以及现有基础设施的典型老化和不利的资产结构的条件下，这将是一个随着监管要求和公司政策的不同而有所变化的复杂过程。本章重点介绍了用于确定资产需求的流程、评估风险及风险缓解方案、评估可选投资方案等，还介绍了一些公用事业公司的实际案例。

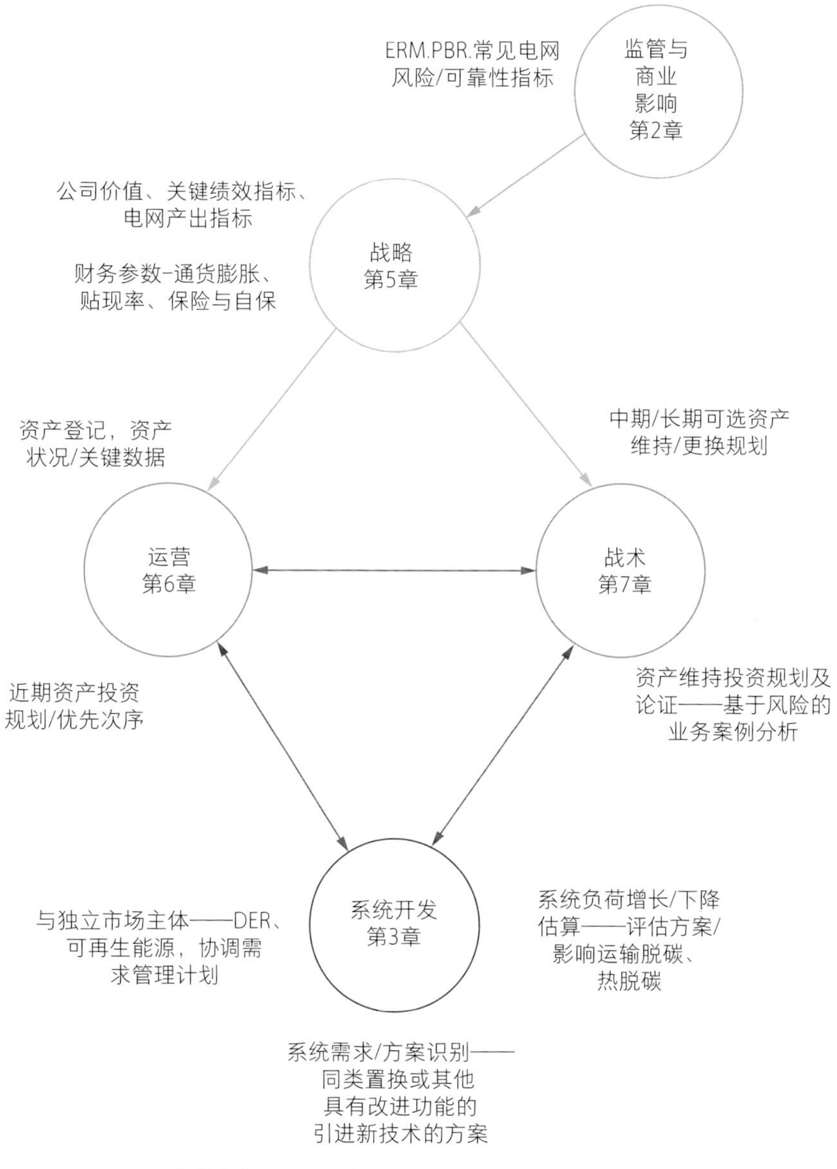

图 7–1 组织的战术资产管理职能与系统开发规划、运营资产管理和战略资产管理职能的协调

7.2 资产需求的识别

识别系统投资需求通常从回顾问题发生的根源开始。系统可靠性指标的水平（对 SAIDI、SAIFI 指标等的输电贡献）揭示了系统中问题存在的位置，发生了什么类型的问题，以及为什么会发生这些问题？由于批准投资、采购必要的设备和设施以及建造或安装资产所需的必要时间，战术资产管理者还需要提前预测并通过开展系统研究，来确定 5 年、10 年或 15 年规划期内的系统和资产需求。例如，PJM——美国一家大型区域输电运营商（RTO），执行了一个持续的区域规划过程，该过程以 24 个月和 18 个月为周期不断进行审查和更新，如图 7-2 所示。该图还说明了 PJM 的项目效益 / 成本（B/C）评估及项目选择过程。2006 年，PJM 扩大了输电规划进程，考虑将项目扩建或增强项目的期限延长至 15 年。此举有助于 PJM 公司通过规划工作及时预测更长交付周期情况下的输电需求。基线可靠性分析成为 PJM 公司进行规划分析和提供相关建议的一种基础条件。如今，PJM 公司的 15 年规划审查形成了一个区域计划，主要包括以下内容：

（1）基线可靠性升级；

（2）基于运行性能问题驱动的升级（负荷潮流、短路与系统电压、功角稳定性问题）；

（3）基于市场效率驱动的升级（例如，输电阻塞问题）；

（4）FERC 项目及公共政策要求；

（5）输电运营商补充项目，包括解决现有设施报废管理问题的资产维持项目。

《电网资产管理应用案例研究》第 12 章 * 将通过案例研究描述

*** 译者注** 该部分为《电网资产：投资、管理、方法与实践》第 2 部分的第 21 章。

PJM 公司的备用变压器规划概率风险评估，该评估是基于可靠性和市场效率升级情况按照此过程要求得出的。显然，在投资决策中，系统可靠性、高效运营和成本效益高的资产管理是 PJM 关注的关键问题。PJM 公司的案例研究描述了支持备用变压器投资决策的分析，以及这些备用变压器如何选址，以便在运变压器出现故障的情况下，通过减少输电阻塞费用从而获得重大效益。

根据监管措施的不同，公司将对绩效评估指标的影响非常敏感，例如未供应 / 交付的总电量、客户满意度指数、安全或环境影响及其原因。英国的 Ofgem[1] 已启动了一项积极主动的方法，要求配电公用事业公司和输电公用事业公司都要为其所有主要系统资产（线路、变压器、开关设备等）提供货币化的风险概述，如下所示：

管理资产绩效的可用干预措施包括从日常维护到全面更换。按照最高要求，每一种主要设备类型都有四种干预方案，具体定义如下：

- **维修**——在检测出缺陷或在发生故障后进行的活动，并将资产恢复到故障前的状态及资产寿命。
- **维护**——实现资产寿命并确保资产绩效的活动。维护活动不会延长资产的使用寿命。
- **翻新**——改变资产状况和 / 或延长资产寿命的活动。
- **更换**——更换处于需替换状态的资产。

采取干预措施是为了确保 TOs 网络的寿命及性能。如果未对这些活动进行有效管理，同时也不了解它们之间的相互作用，TOs 必然会经历输电网输出退化这一过程，从而对输电网的能力产生重大不利影响。

图 7-3 显示了如何将输电网输出度量指标（NOMs）的元素如何纳入与负载无关的投资计划的过程。将资产信息（例如，状况、性能）转换为表示电网资产状态的故障概率（PoF）值。这些 PoF 与货币化

[1] Ofgem 是英国天然气和电力市场监管机构。

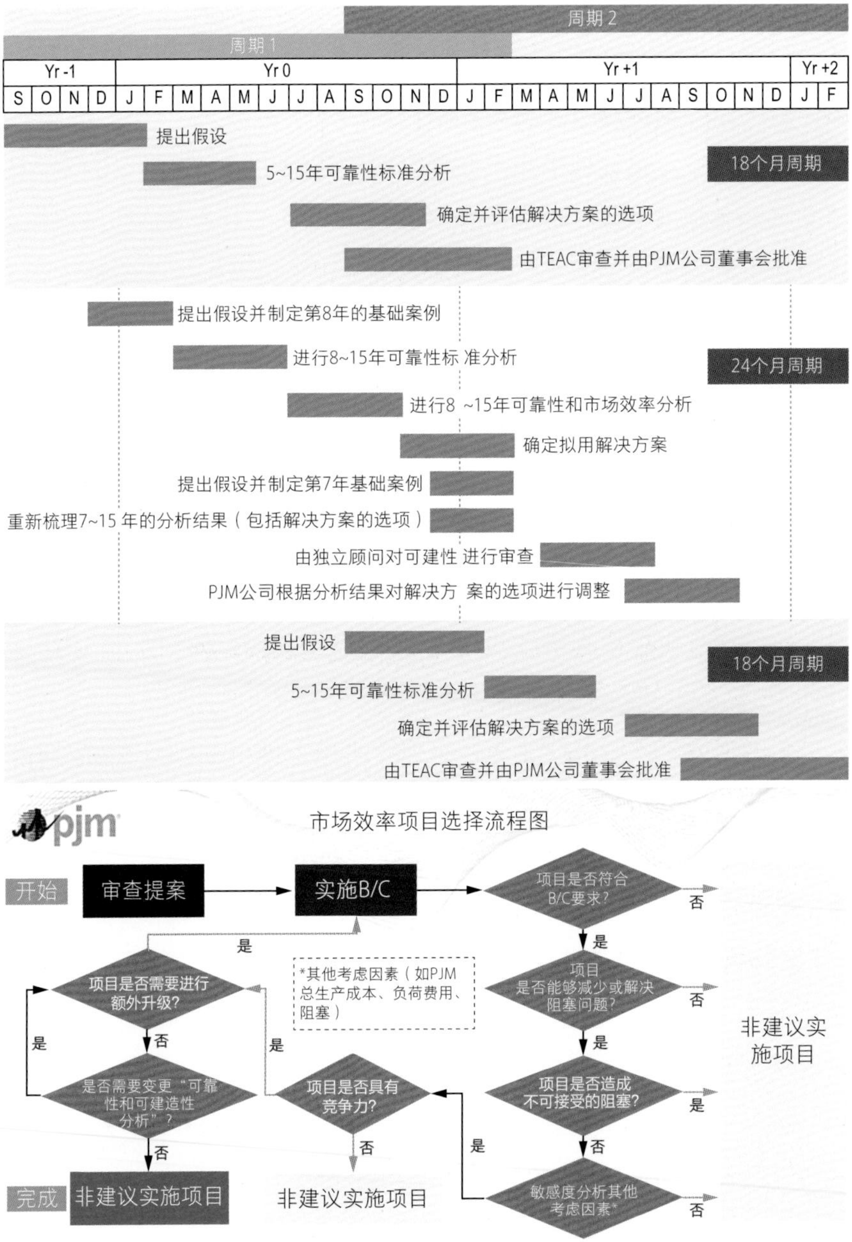

图 7-2 ©PJM 24/18 个月区域规划周期与项目选择过程

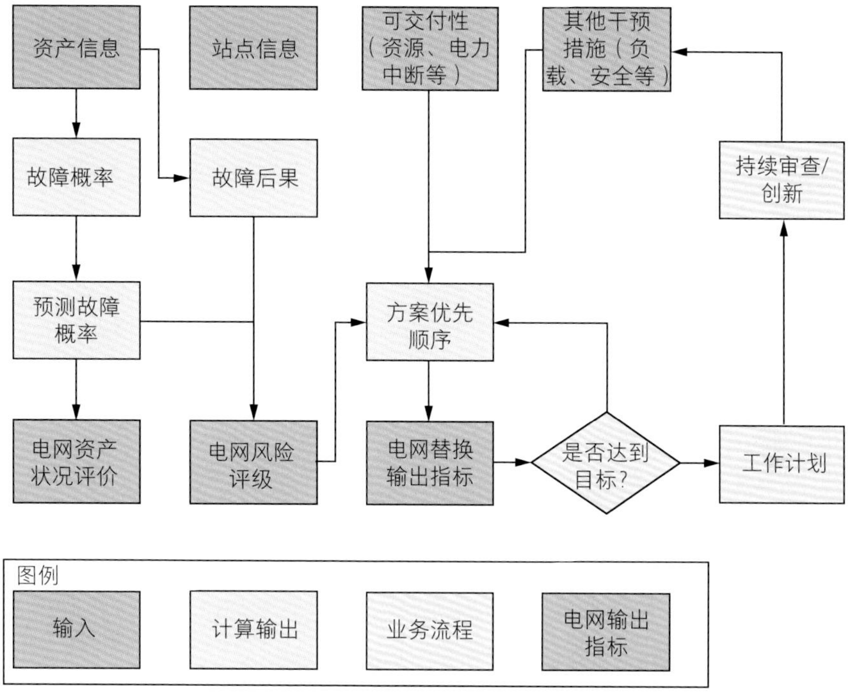

图 7-3　节选自《输电网输出度量（NOMs）方法论》第 18 期（Ofgem）

的故障后果相结合，确定电网风险衡量指标。当与其他因素（例如，停电、资源）结合时，可以确定电网替换输出度量指标。TOs 可以确保他们提出的工作计划达到预期的风险等级或降低风险水平。

电网风险是影响电网替换输出的主要因素之一，为 Ofgem 提供了监测和评估 TOs 资产管理绩效的能力。电网替换输出的非负载相关目标，在特别许可条件 2 M 中规定了每个 TO 的相应许可。这些目标将转换为货币化的风险值。货币化的风险值可以在期末用于评估被许可方的交付与其目标的对比结果。

为了运用这种电网风险进行成本效益分析，将采用 NOMs 方法测算整个生命周期内“采取干预措施”和“不采取干预措施”两种情况下货币化的资产风险降低水平。这样就可以将相对风险降低水平能够在不同的干预成本（例如，更换与翻新）和不同的资产之间进行比较。

Ofgem 通过要求其受监管的公用事业公司执行这一过程，显然希望确保公用事业公司识别并优先考虑资产投资需求。

在当前及可预见的情况下，需要战术资产管理者与运营资产管理者和系统开发投资规划者之间密切协调。如第 6 章中所述，在资产管理的运营层面，服务提供商将根据设备过去的性能表现、设备的状况及剩余使用寿命，行动成本（即执行预防性维护或潜在纠正性维护任务）和不作为成本（推迟预防性维护任务，从而增加设备部件的故障风险），来确定未来几年要执行的任务，还要考虑的其他因素，如资源可用性和安排停电的能力等。服务提供商将需要访问典型的设备信息，如铭牌、诊断及维护历史信息。传统意义上讲，这些信息中一部分或大部分可以从资产登记册、计算机化维护管理系统（CMMS）、设备数据库（如变压器测试数据）及其他当前可用的工具中获得，比如当地工作人员创建的个人数据库、故障统计数据和现场检查的纸质数据。

除了要与近期资产需求的资产管理者进行协调外，战术资产管理者还需要与系统开发投资规划者进行协调。在过去，公用事业组织通常采用垂直集成方式，系统负荷逐年稳步增长，系统开发规划和资产投资需求的确定非常简单。然而，近期公用事业公司的组织结构采用分离模式，输电、配电、发电和系统运营分别交由完全独立的公司负责。相对于可通过系统控制调度的大型中央发电厂相比，发电方式逐渐向大量独立、不定期的分布式可再生能源发电方式转变。因此，对于即将报废的资产，战术资产管理者不能想当然地把“更换 / 同类置换”当作唯一选项，还需要考虑智能继电器、真空断路器和负载分接开关以及由先进材料制成的电线杆等新技术带来的机遇。系统开发规划者现在需要考虑替代解决方案，例如需求管理技术、分布式资源方案等。简而言之，战术资产管理和系统开发规划的协调已变得非常复杂，并受到相当大的不确定性和风险因素影响，如第 3 章所讨论的。

7.3 资产风险评估和缓解方案

在资产管理的战术层面，资产管理者需识别潜在的投资需求，包括资本性质和维护性质的投资，对于每一项潜在投资，他们都需要考虑可选的解决方案，包括不采取任何行动、报废资产、投资于资产的额外维护或监控、资产翻新、资产更换、增加备件库存或将备件转移至现场等。先要分析每种替代方案的有效性（替代方案实现其目标的可能性）及成本。有一些替代方案可能会因不切实际、技术低劣或与公司价值观不符而被淘汰，不过，最终资产管理者还是会面对两个或更多在技术上可行且成本相当的可选方案。

战术资产管理者需考虑的替代性方案，应高度符合公司及其资产要求，以及在规划期间存在或可能出现的特定情况。如第 2 章中所述，监管机构所实施的行业“指导方针”，具体说明了资产管理公司应如何开展研究，来支持他们推荐的投资决策（Ofgem，AER）。例如，澳大利亚《国家电力规则》（NER）要求，电力公司应在其年度规划报告和监管投资测试中披露有关输电网的资产报废、更新（即更换或翻新）及降级的信息。为了响应公用事业公司的要求，AER 制定了“应用指南”，明确了他们将 NER 要求应用于其电网资产相关的更换支出计划。“应用指南”就公用事业公司如何满足 NER 要求提供了详细指导和示例，通过基于风险的业务案例分析，证明了电网资产投资在资产报废及降级减额决策方面的审慎性和高效性。虽然“应用指南”不具有约束力，但公用事业公司对其有很强的采纳意愿，因为 AER 认为遵循该指南“将有助于了解 AER 的顾虑”。

例如，澳大利亚公用事业公司 AusNet（De Beer）提供了以下材料（图 7-4），其中列出了他们考虑的战术方案。

选项识别

典型的资产更新选项包括：

▶ **选项1：现状运营**

› 继续维护和运营现有资产。
› 随着资产状况恶化，安全风险和维护成本会随着时间的推移而增加。
› 设置与其他选项相比较的基准风险。

▶ **选项2：资产集中更换**

› 更新置换所有健康状况较差的资产。
› 在许多资产需要更换的情况下，重要站点的改造能够达到单一资产更换所无法实现的项目协同效应。
› 与选项1相比，由于资产状况改善，风险和维护成本将降低。

▶ **选项3：通过资产整修或运营措施推迟更换**

› 为资产故障事件制定应急计划，例如临时负荷转移，持有可跨多个站点使用的备件。
› 增加了维护成本，但减少了资本支出，即资本支出/运营支出（CAPEX/OPEX）的交易。

概率规划接受风险并对其进行度量

15

选项识别

▶ **选项4：资产报废或用较低容量替换**

› 如果负载增长平稳或出现下降趋势，从经济性角度而言，选择将资产报废可能比进行资产更换更为合理。
› 例如，配置三台变压器的变电站可能会压缩成配置两台变压器的变电站。
› 很可能会导致负荷永久转移至邻近区域的变电站。
› 安全风险和维护成本下降应与可能增加的供应风险进行权衡。

▶ **选项 5：组合资产更换和增加**

› 例如：
  · 在一些负荷增长区域（例如，Warragul），区域变电站容量，用更大容量的变压器代替现有变压器可能是较经济的选择。
  · 转换配置——引入新的转换方案来减少资产发生故障的后果可能是经济的。

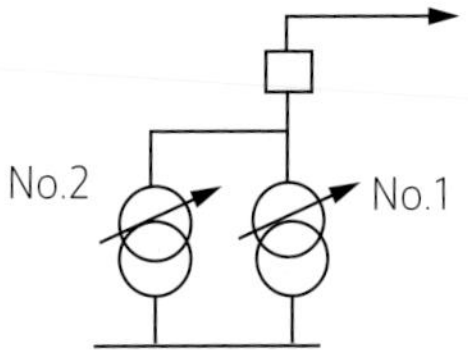

并联变压器——因变压器故障，可能导致整个变电站停电

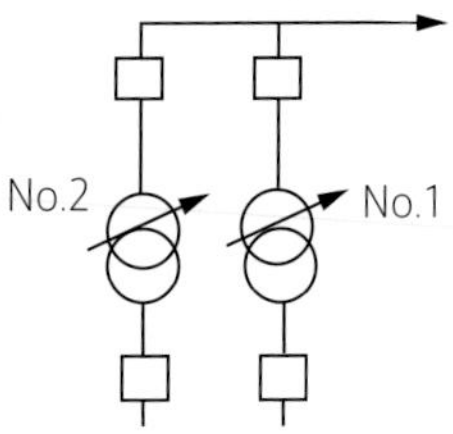

开关转换变压器——因变压器故障，可能只损失变电站的一半

16

图 7-4　AusNet（De Beer）考虑的可选资产投资策略示例

选项识别

▶ 选项 6：非电网方案
› 可用于延迟更换或增加投资（即观望方法）。
› 示例包括：
- 需求管理——终端用户根据指令或价格信号减少负荷；
- 移动发电——采用移动式发电机在高峰时段提供电力；
- 嵌入式发电——在电能表生成用电量后，用于减少负荷以响应电网需求；
- 储能（电池）——可以在低需求时存储电量，在高峰需求时释放电量，或在停机期间提供备用电力供应，提升供电可靠性；

› 最佳非电网选项将取决于一系列因素，包括负荷分布、客户基础、资产状况等。

电网与非电网选项

电网	非电网
众所周知且得到广泛认可	经验和能力有限
稳定（结果可靠）	不确定性较大
长寿命资产	短期解决方案
电网控制	客户可能拥有控制权
资本支出解决方案	可能是运营支出解决方案

AusIlet Services GEss设施。
图片由ABB提供

图 7-4（续） AusNet（De Beer）考虑的可选资产投资策略示例

最终，战术资产管理者可通过上述流程确定中长期的特定系统需求及实用的可选资产投资策略，例如：

（a）继续进行日常维护及短期维修，以延迟主动更换 / 翻新。这可以作为实际的或计划中的故障政策，与备件投资相协调。

（b）调整缓解资产负载配置以延长寿命。

（c）投资于替代技术（如在线诊断监测、动态评级系统、需求管理等），以降低在役故障风险，并推迟更换投资。

（d）在规划期的可选时间内，投资翻新资产。

（e）在规划期的可选时间内，投资资产更换计划。

（f）通过投资保险转移上述选项中的部分或全部风险。

7.4 可选投资评估

成本和有效性分析通常根据公司的财务和投资政策或监管机构在费率制定过程中的要求，在一个规划期内进行，一般情况下，为5年、10年或15年。

此外，备选方案的成本和有效性分析必然会涉及一些参数，这些参数可能在规划期间不断变化，或者必须通过数据统计才能知晓，因此分析过程中需要考虑这些可变因素。这一需求促使政府机构、监管机构，以及许多私营企业，将企业风险管理作为确定投资合理性的首选方法。此外，资产管理ISO 55000（详见技术手册787）强调在资产管理过程中使用风险管理，关于风险管理的ISO 31000，进一步支持了基于风险的定量业务案例分析在资产投资论证和决策中的应用。第5章中对风险管理进行了更高层次的讨论。

在资产管理的战术层面上，确定和证明维持老化资产群体的有效性，同时管理消费者的成本，是公用事业公司管理机构及监管机构的首要关注点之一。这方面的决策包括确定要做什么（维修、更换、翻新、通过资产监测加强对选定资产的评估、加速预防性维护以推迟更换的需求、考虑改变运营实践方法、接受风险增加而不采取任何行动等）以及何时进行投资。从财务的角度来看，此类投资分为两大类，即资本投资和运营投资，通常称为资本支出和运营支出。运营费用，如资产维护、修理等，作为当年发生的费用。资产置换、重大翻新等费用应计入到资产资本账户中，每年只有一小部分资本成本作为折旧成本产生。如上所述，资产管理者确定一系列资产投资，可能是资本支出或运营支出。例如，即将接近使用寿命的资产可能会被更换（CAPEX），或者作为替代方案，该资产也可能会实施更积极的预防性维护计划（OPEX）。

几十年来，公用事业公司在有关变压器效率的采购规范中考虑了资本支出和运营支出之间的权衡。但如上文所述，资产管理者将考虑通过对即将报废的资产进行监控和维护来增加运营支出，从而推迟资本支出。这样做降低了与在役故障相关的风险。同样在监管程序中，如果公用事业公司提出大幅增加资本支出用于替换使用寿命即将结束的资产，监管机构和干预机构可能会对削减运营支出施加压力。两者之间的这种权衡可能是合理的，但这并不一定取决于资产数据统计。例如，在处理冲击波效应方面，如第 2 部分第 16 章所示，公用事业公司可能能够证明同时增加资本支出和运营支出的合理性。

选择合适的投资时机很重要。过早的主动投资可能会浪费现有资产的寿命，还可能会增加不必要的成本，而投资太晚则可能会延迟投资费用，但会使公司面临潜在的不可接受的企业价值风险。在业务案例分析中，通过比较业务风险（资产故障概率乘以对业务价值的影响）与规划期内每年的相应投资成本进行比较来评估备选方案的可行性。公用事业公司需要保持严格的当前及历史财务和业务相关的成本数据，这对于确定设备故障造成的成本和对业务价值的影响有积极作用。而有关设备可靠性的历史数据、故障记录（包括停机和故障的原因）、设备运行及维护历史数据，甚至资产统计数据，都不太可能随时可用或以全面的格式提供。这些数据中的一些用于估算整个规划期内的资产故障概率，一些用于评估对业务价值的影响，还有一些则用于估算相关的成本。最后，由于业务案例分析需要进行假设，并使用对规划期内企业价值、财务参数（折扣率和通货膨胀率）以及故障概率值的货币化影响的估算结果，因此需要开展敏感性研究，旨在确定是否可通过改变这些假设参数来改变最终决策。第 8 章说明了基于风险的业务案例分析方法的详细信息，这是证明最佳战术资产投资及其时机合理性的必要信息。

总之，评价过程需要借助大量数据和资料，包括：

- 确定切实可行的资产管理投资选项。

- 财务数据整合，通常基于现有的公司政策及传统的业务案例流程。
- 以货币形式表示的公司关键绩效指标来评估资产故障的影响。
- 资产状况和统计数据整合，通常可借助资产登记处获得。
- 通过分析故障数据和幸存单元、收集行业数据，从维护信息、负荷记录或状态数据中推导等方法，确定适用的危险率函数。

鉴于以上信息，资产维持投资的战术资产管理流程可以采取图 7-5、图 7-6 所示的流程方式。

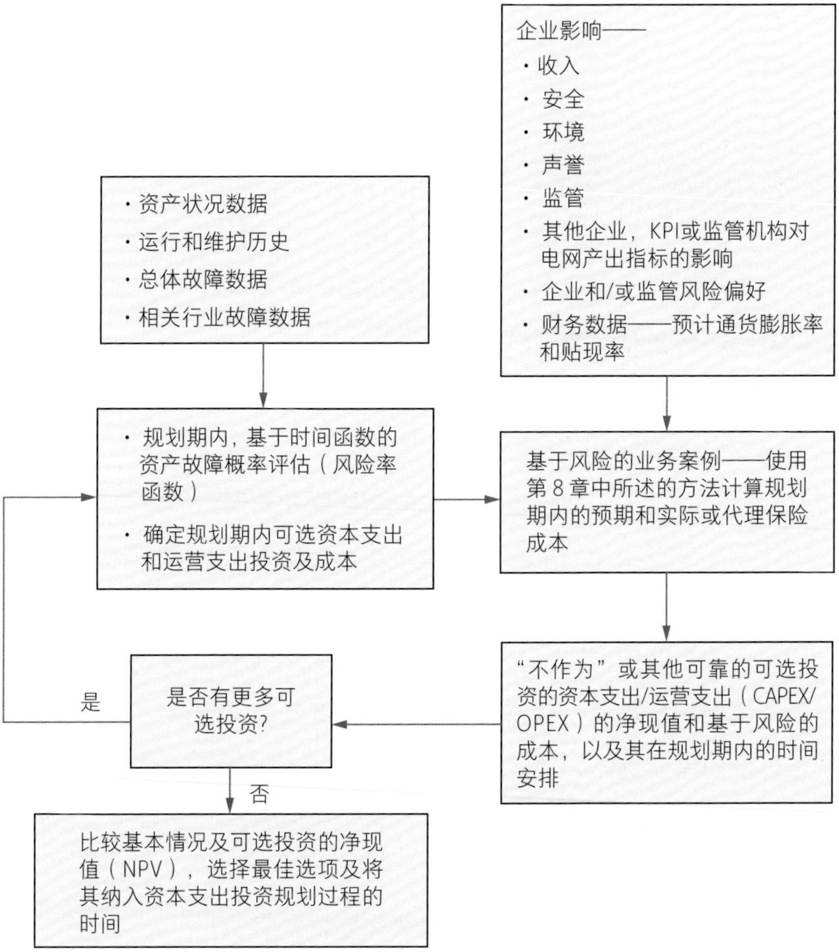

图 7-5　基于技术 / 财务 / 风险的战术资产管理分析过程

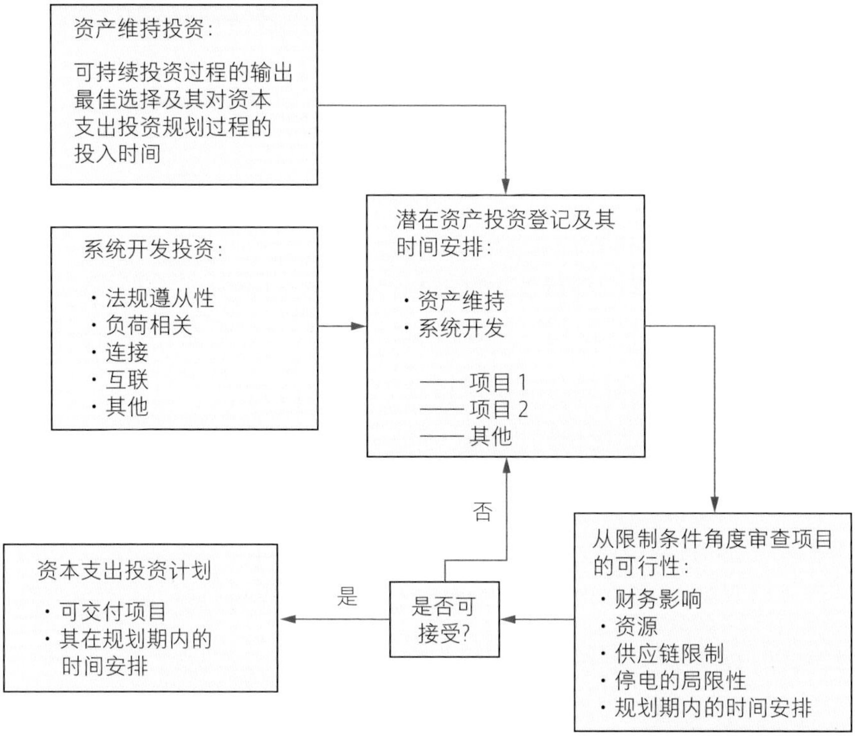

图 7-6 为确保可交付性对系统开发和资产维持投资之间协调的简要说明

将资本投资项目组合用于管理和监管审查审批，还需要协调潜在的资产维持投资与系统开发投资，并在国家电网输电实践规范中提到的几项实际财务与监管限制下对这些项目进行评估。安省第一电力公司（Hydro One）在最近的一份监管文件中描述了下文所述的流程：

有关寿命结束（EOL）的主要高压输电设备的信息

对输电和配电基础设施的更换进行管理是资产所有者对其安全、可靠运行的首要责任。主要资产，如变压器、断路器和电缆，需要具备一定的专业知识才能进行评估和规划更换事宜。然而，有时规划机会很多，为此，Hydro One 制定了一个内部流程，用于收集主要高压输电设备的最佳可用信息，并与区域规划研究团队共享。作为区域规划的一部分，评估的主要高压设备，如下文所示，这些设备将在未来

10 年或更长时间内更换，用于未来区域规划或大型系统规划过程。

（1）自耦变压器。

（2）负荷服务降压变压器。

（3）一个电站将更换 6 个以上高压断路器。

（4）需要翻新的高压输电线路：

翻新可能有另一种规划方案，或者需要将对线路进行增容，以满足增长的需求。

（5）需要更换的高压地下电缆：

更换可能有另一种规划方案，或者需要对电缆进行增容，以满足增长的需求。

与上述设备相关的数据将包括—资产识别（例如电站名称、线路 / 电缆长度以及与接近报废的相关设备的线路 / 电缆），以及预计翻新或更换年份。每个区域的技术研究小组将在区域规划过程的每个阶段，即需求分析（NA）、综合区域资源规划（IRRP）和区域基础设施规划（RIP）期间，或根据需要，对规划方案进行审查、评估、论证，并给出“适当规模”建议。

在 NA 阶段，评估和资料存档工作首先由研究小组（即 Hydro One、IESO 以及受影响的本地配电公司）在适用地区范围内进行。作为分析的一部分，不同的方案将被逐一评估，给出首选方案及选择该方案的理由。

研究小组审查了负荷增长预测数据，在考虑了不断变化的客户需求和新技术的影响，以及非电网选项 [例如，节能和需求管理（CDM）和分布式发电（DG）]，以确定处理即将报废设备的适当方法。评估包括但不限于：通过将负荷转移至其他现有设施来缩减设备规模 / 淘汰设备；用具有相同或更高容量的类似设备来更换当前设备；考虑采用经济和实际的方式落实额外的 CDM 活动，以推迟或消除这种需求，同时确保为客户提供安全、可靠的供电服务。潜在的目标是选择“规模合适”的更换资产。遵循区域规划流程，电力传输方应向与正在接受评估的EOL资产直接关联的所有受影响输电客户（例如，最不发达国家、工业等）进行咨询并提供协调，希望在首选更换方案实施之前获得有关其预期需求的意见。

此外，还有一些EOL设备需求，也需要进一步评估和/或区域协调。例如，EOL设备提供了具有成本效益、可靠性更高，或容量规划更好的重新配置机会（例如，站点进行重大重建），以此来满足更广泛的区域需求。在这种情况下，对EOL设备需求的进一步评估将进入区域规划过程的下一阶段。在该阶段，研究小组将进一步审查各项方案并制定首选的更换方案。

下文中，在较高的层次上说明了执行这些考虑因素的迭代过程，其中包括对项目交付能力约束的考虑。通过该过程，最终将形成一份资本投资计划，其中涵盖一系列可交付的投资项目及其在规划期间的时间安排。

显然地，对于涉及系统开发或资产维持的资本支出项目，如果以人员承诺的方式使用有限资源，则需要优先考虑、协调和管理供应链中断等问题。最初未被接受的项目可能会重新配置，或者在规划期内以次优方式推迟，以使其成为可接受的，但其他优先级较低的项目可能需要推迟到规划期之后。公用事业公司还将调查对具有共同停电需求、资源或供应链等协同效应的项目分组的效率。虽然前文所述的协调过程可能有一定作用，但公用事业公司还是会开发自己的定制程序。对公用事业公司的实践和程序开发调查，可能成为未来工作组的研究主题。

管理层和监管机构将使用关键绩效指标（图7-7）或如英国的电网产出指标，来判断和监督公司和管理层的绩效。在基于绩效的监管环境中，这些指标可以直接影响公司的财务绩效和个人管理薪酬。这些绩效指标以货币形式进行量化，并与故障概率的估算一起用于Ofgem NOMs程序中，旨在计算公司风险估值。其中一些指标，由于涉及直

影响标准	1	2	3	4	5
安全影响	急救伤害 / 疾病	医疗救助伤害 / 疾病	失时援助伤害 / 暂时残疾	终身残疾	伤亡
财务影响	影响总计 <$25,000	影响总计 $25,000 ~ $100,000	影响总计 $100,000 ~$500,000	影响总计 $500,000 ~$1 百万	影响总计 $1 百万
可靠性影响	其中一方面是电力用户工时损失不足 5,000 小时或缺供电量不足 250MWh	其中一方面是电力用户工时损失范围为 5,000~ 10,000（不含 10,000）小时或缺供电量范围为 250M~500（不含 500）MWh	其中一方面是电力用户工时损失范围为 10,000~ 50,000（不含 50,000）小时或缺供电量范围为 500M~ 1000（不含 1000）MWh	其中一方面是电力用户工时损失范围为 50,000~ 100,000（不含 100,000）小时或缺供电量范围为 1000M~ 5000（不含 5000）MWh	其中一方面是电力用户工时损失不低于 100,000 小时或缺供电量在 5000MWh 以上
市场效率影响	电力用户和纳税人向电力企业提出投诉	电力用户和纳税人向政府或监管部门提出投诉	政府或监管部门对电力企业的做法和政策展开调查	政府或监管部门对电力企业进行策略和运营变更	无法按要求提供电力服务，致使政府或监管部门进行机构改革，并加大对企业的处罚力度
关系影响	外部反对意见致使工作计划出现短期延误或修改情况	外部反对意见影响导致电力企业实施工作计划受到限制，以及 / 或需要对该工作计划进行实质性修改	外部反对意见致使监管监督力度加大、股东价值有所损失、股东审查力度加大，以及 / 或限制进入工作场所	外部反对意见致使监管立法行动力度加大，或政府干预，致使电力企业责任损失，从而影响公司授权，造成股东价值的一定损失	外部反对意见致使企业失去营业执照，股东价值蒙受重大损失，以及 / 或企业重组
机构及人员影响	对电力服务和员工的影响可忽略不计	对某些电力服务效率或有效性的影响（将可能进行内部处理）	机构部分经历意外出现吸引力或吸引力因素有所减少	实现企业目标的能力受到威胁或电力服务成本显著增加	包括高级领导在内的多名关键员工和提供关键服务的能力意外流失或丧失
环境影响	不可报告环境事件	短期进行风险缓解的可报告环境事件（6 个月内）	长期进行风险缓解的可报告环境事件（至少 6 个月）	可实现监管处罚和风险缓解的可报告环境事件	可进行监管起诉，以及 / 或风险缓解不确定的可报告环境事件

图 7-7　企业关键绩效度量指标的一个示例（CIGRE 工作组 C1.16）

接成本很容易实现货币化转换，而另一些指标则较为复杂。

此外，如上文所述，影响的程度会因情况而异。例如，安全影响有可能比较小，也可能最终导致死亡。英国健康与安全执行局提供了图 7-8 所示的有用的货币化安全影响数据。

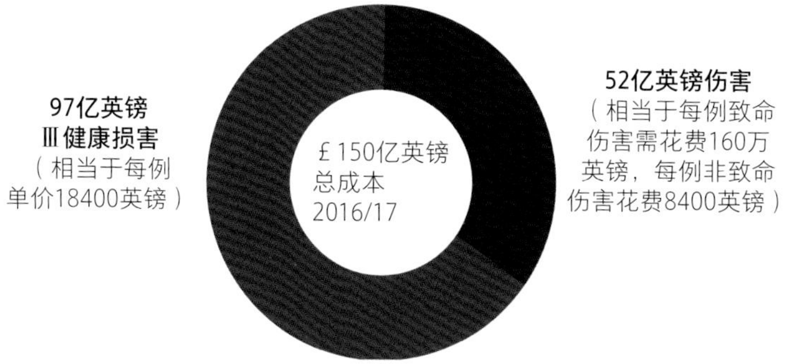

图 7-8　来自英国健康与安全执行局关于造成伤害的事故成本数据（HSE）

除了伤害严重程度的范围外，对公众或人员安全的影响不仅需要包括资产故障的概率，还需要包括人员处在危险源附近的概率。同样，不同设备故障对环境的影响也存在很大差异，具体取决于设备故障的特定类型、设备中是否含有可能泄漏或溢出并污染环境的材料、故障发生时是否提供了防范设施等。对环境影响的费用估算因国家和地点不同而异，最好基于公司的经验进行估计。

如第 5 章中所述，需要在战略层面上明确资产管理决策相关的公司财务数据及政策。在基于风险的业务案例分析中，受股东和监管投入或政策影响的企业风险偏好，是需要资产管理纳入考虑的。此时，需要明确说明使用外部保险供应商进行风险转移的政策，或自行购买保险的财务程序。最后，在政府所拥有的公用事业公司中，需要对更广泛的政治问题进行管理和界定，以确定它们如何影响战术和运营职能方面的资产管理决策，以及影响的程度。

战术资产管理业务案例分析及决策的质量，很大程度上取决于信息和数据的准确性、可信度及相关性，而这些信息和数据通常是通过运营资产管理者、战略资产管理者和系统开发规划者之间的有效沟通获得的或产生的。

7.5 战术资产管理示例

以下部分描述了几个示例研究的结果，这些研究描述了可以考虑的策略。这些示例的侧重点是战术，而不是提供业务案例分析方法和定量结果的详情（CIGRE 工作组 C1.25）。本书的第 2 部分 * 中包含了商业案例分析方法的详细案例研究的描述。

对寿命中期资产翻新以达到延长寿命的目的如图 7-9 所示。

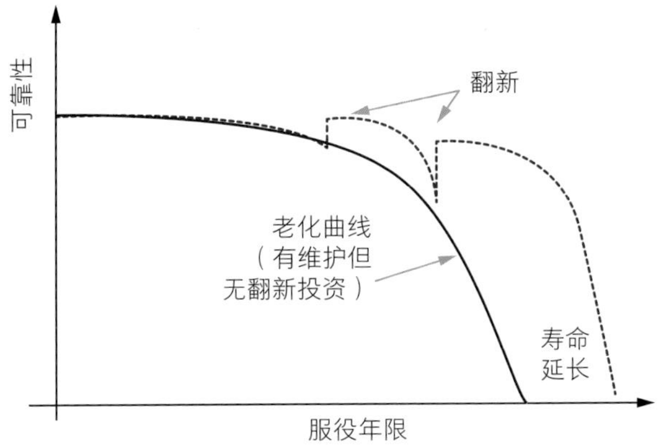

图 7-9　寿命中期资产翻新以延长寿命的一般概念

例如，如果变压器系统的例行试验确定绝缘处于恶化状态，那么投资于可能的补救或翻新将成为一种选择。正如 Lundgaard 等人所指出的，

* **译者注** 《电网资产：投资、管理、方法与实践》中文引进版分两册出版，该内容为第二册《电网资产管理应用案例研究》。

油 / 纸绝缘的劣化和老化过程会导致不可逆的损坏。资产管理者面临的问题是，如果我们投资于某个绝缘翻新项目，可靠性能有多大提升？因此，与延长寿命相关的节省是否合理？这一点可以使用 [福特等人] 描述的模型与基于条件概率的分析进行评估，其中考虑了在彻底干燥和脱气翻新之前，绝缘材料因水分进入和暴露于氧气下而恶化的时间。

如图 7-10 所示，这些结果阐释了保持绝缘系统处于良好状态的重要性。如果因某种原因导致绝缘劣化，应尽快采取补救措施，越早效果越好。这些与基于风险的业务案例分析结合使用的风险率曲线，可用于判定尽量减少水分和氧气进入的程序相关的高维护成本和 / 或有助于防止变压器恶化到需要翻新状态的配件投资是否合理。

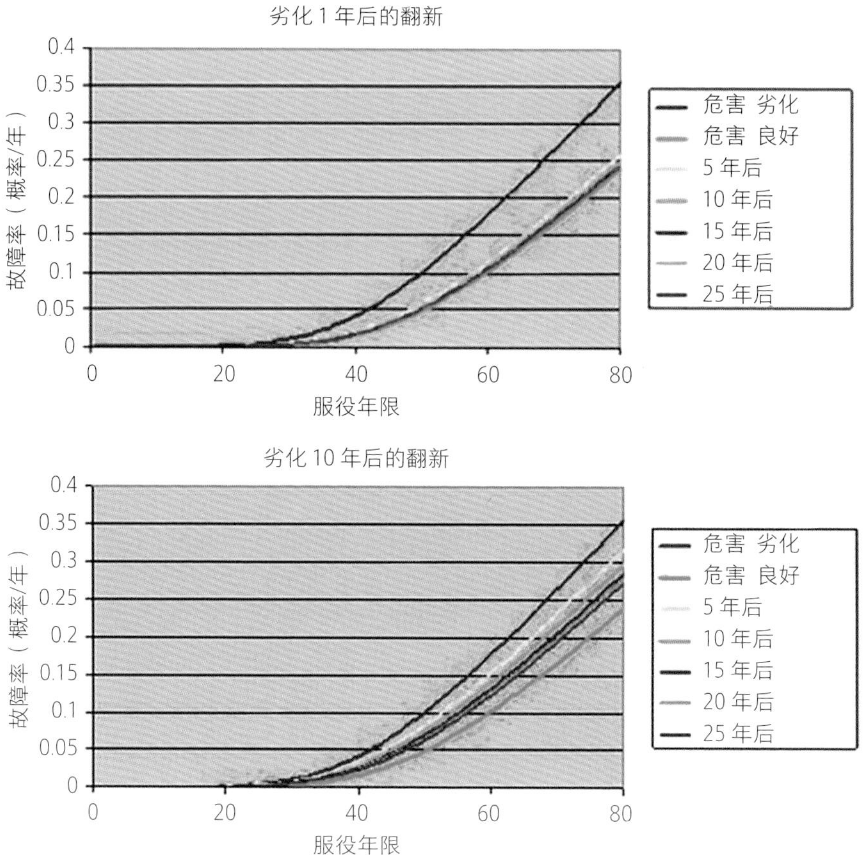

图 7–10 通过处理劣化状态来改善绝缘的效果和比率

主动更换资产计划：

由 EPRI 资助的一项研究重点放在提高 KCP&L 的 50 MVA 变压器组可靠性性能的几种可选策略的商业案例上。该项目说明了基于风险的资产管理方法是如何应用的。通过该方法，可以预测未来变压器的故障次数。这些预测可用于量化可选策略的净现值，以及规划期内每种策略的预算需求。

作为长期的实践，该公用事业公司大范围使用 50MVA 双二次绕组变压器作为区域供电变电站的标准设备，并在此基础上开发了系统设计。当故障发生时，对故障的性质和程度进行评估，如果可能，可将发生故障的变压器进行修复。这通常会涉及到全面拆卸设备、清洗设备、重新堆叠现有铁芯、使用新绕组重新缠绕线圈以及用旧的油箱重新装油。这种修复所产生的成本费用，远远低于更换一台新设备的费用。然而，经过几年的实际表明，修复设备的可靠性问题变得日益突出。图 7-11 所示的风险率曲线说明了这一点。

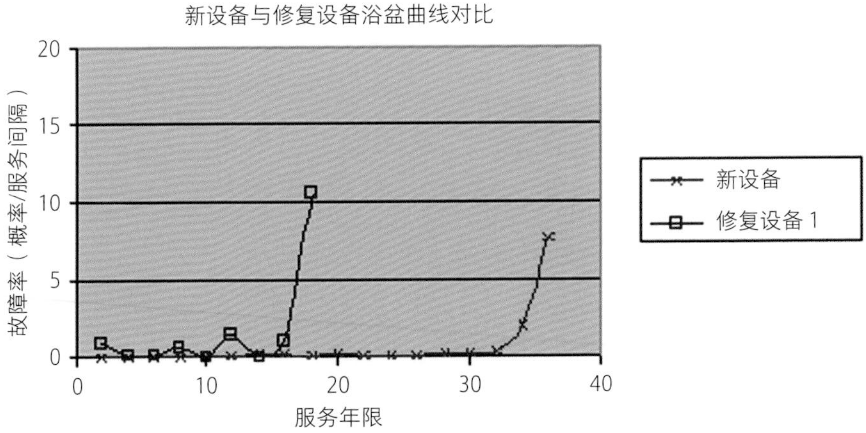

图 7-11　设备群内两组变压器的风险率函数

如果继续执行这种操作，预计故障次数如图 7-12 所示。

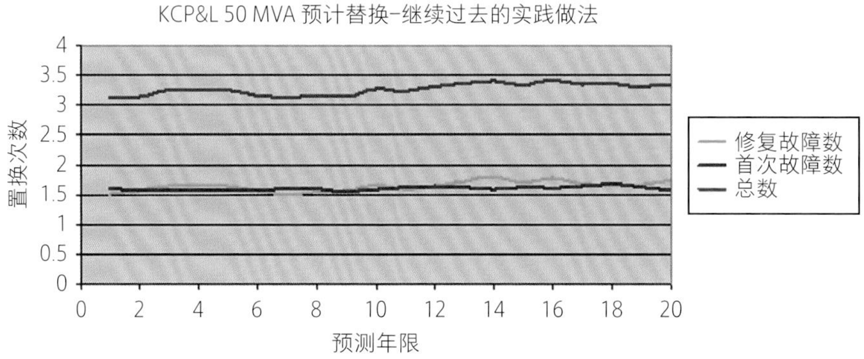

图 7-12　假设继续使用当前置换政策的情况下的预计故障数

基于对 KCP&L 故障信息的审查，对故障设备样本的检查，以及对现有变压器规范的审查，一般认为用设计改进的设备替换故障设备的策略是一个切实可行的选择。设计改进的设备的预期寿命，将有望与公用事业行业的平均预期寿命相媲美。据估计，与传统设计的成本相比，这种设计改进费用预计最多不会高出 5%。用改进设计的设备替代故障设备的结果如图 7-13 所示，更换率稳步下降，远低于每年一次。执行这项策略后 20 年期间的更换数量达到 42 台，与基本情况下的 65 台相比，这种策略确实更为有效。

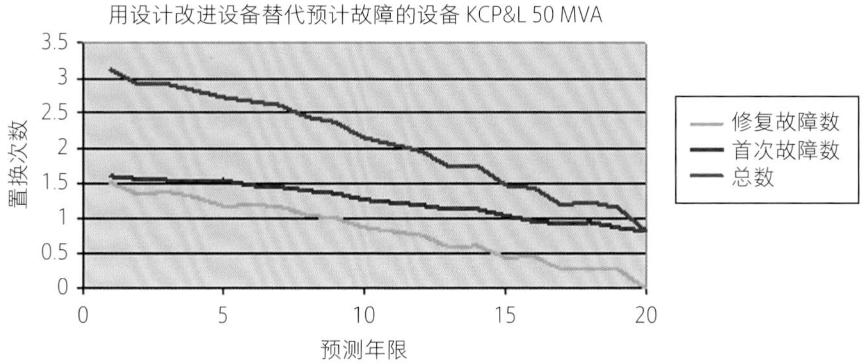

图 7-13　假设采用新策略—用改进设计的新设备替代故障设备的情况下两组的预计故障数和总故障数

在可接受的风险等级下不采取任何措施推迟资本支出的计划：

在这个示例中，一家发电公司拥有一组发电机输出变压器，其中包括几台在接近额定输出值的情况下服役长达 30 年的变压器。尽管这些设备长期以来都进行了良好的维护，但近年来还是发生了故障。将该公司同等 GSU 设备的历史故障数据与 CIGRE 行业风险率数据进行比较，结果表明：GSU 数据显示了其在总体情况中具有良好的代表性，如图 7-14 所示。

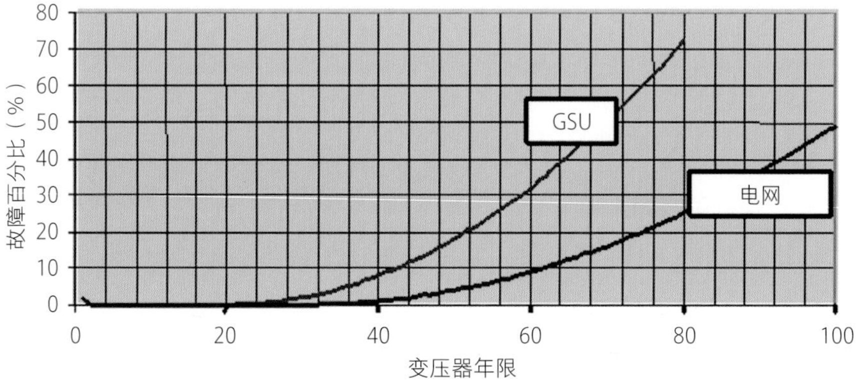

图 7-14　GSU 设备历史故障数据与行业风险率数据比较
（GSU 风险率函数的平均值是 40 年，标准偏差为 8 年）

鉴于资产类别总体统计数据，预期风险率函数，以及这些变压器所需运行任务类型的故障历史数据，考虑机组更换方案是合适的。因此，该公司决定尽快购买新变压器，并在重大停电期间优先使用这些变压器更换现有变压器。由于 GSU 的平均预期寿命为 40 年，还可以有另一种选择，即将更换计划的启动时间推迟 10 年。尽管此次研究涵盖了与故障相关的后果成本的敏感性分析，但表 7-1 所示的结果表明，除非假设后果成本非常高昂，否则推迟的决定是占主导地位的。

表 7-1 假设故障的后果成本对建议决策影响的敏感性分析结果

案例	积极主动型	推迟	最终决定
环境和监管成本的 2 倍	$ 5271	$ 5299	积极主动型
环境成本的 2 倍	$ 5267	$ 5216	推迟
环境和监管成本的 1.5 倍	$ 5265	$ 5175	推迟
环保成本的 1.5 倍	$ 5263	$ 5133	推迟
基本情况	$ 5259	$ 5051	推迟
环境成本的 1/2	$ 5254	$ 4968	推迟
环境成本和监管成本的 1/2	$ 5252	$ 4926	推迟
安全成本 100 万美元	$ 5259	$ 5066	推迟

在监督或增加维护、现场备件或其他选项方面进行风险降低投资的资产运行计划：

从质量的角度来看，良好的维护实践具有延长资产寿命和减少在役故障发生的效果。例行维护包括目视检查、常规诊断测试、活动部件润滑、受污染的绝缘或冷却系统清洗等活动。简单的目视检查可以检测到轻微泄漏、异常噪声或振动、污染等。离线和在线溶解气体分析、红外检测、Doble 测试、局部放电试验、断路器定时试验可以检测出潜在的严重问题，如果没有发现，可能会导致故障发生。对此类缺陷，如果不加以处理，只按常规方式进行例行检查，很可能导致故障；如果对此类缺陷进行处理，则可以避免故障、延长寿命，并对相关资产的故障统计数据产生相应的影响。图 7-15、图 7-16 所示的荷兰的一个示例，涉及电缆接头故障及减少在役故障数量的可选策略。对历史故障数据和统计数据的分析，可以预测未来的预期故障数量。为此，公用事业公司制定了一份试验计划，计划的实施显著减少了预期故障的数量。

启动联合试验计划后，故障发生数与基于 2000—2010 年故障数据分析的预期故障数的比较如图 7-15 所示。

每年对一些在役时间最久的接头执行预防性更换策略，会对更换不同数量接头的预期故障发展带来影响，如图 7-16 所示。

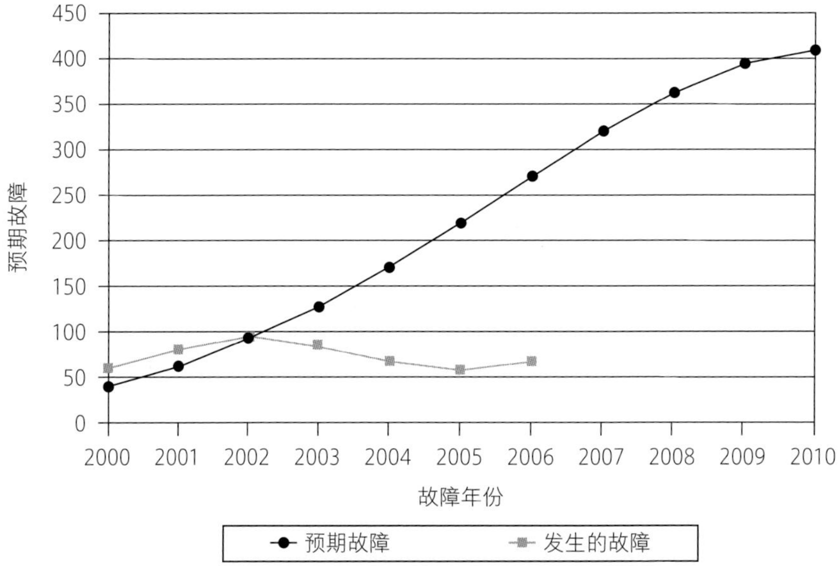

图 7-15　发生故障数据与预期故障数据比较

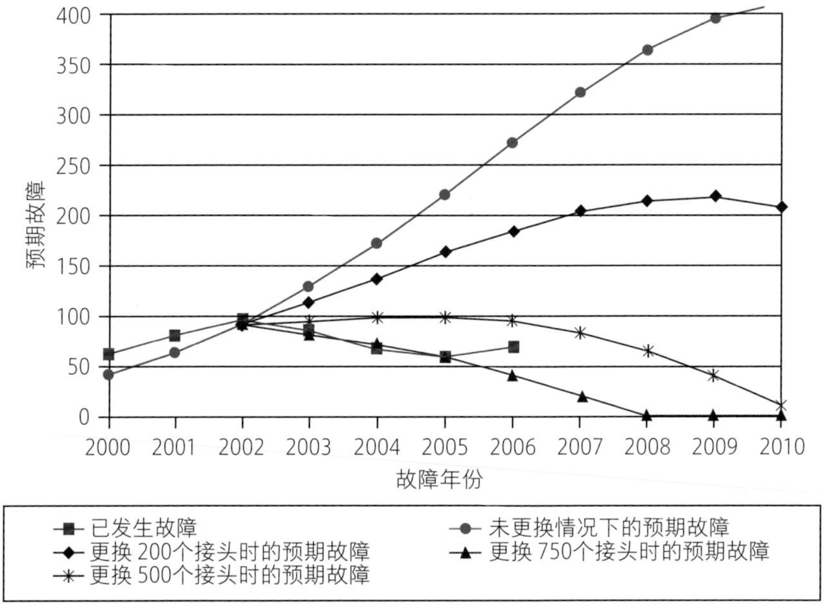

图 7-16　接头执行预防性更换策略对更换不同数量接头的预期故障发展的影响

7.6 总结和结论

本章用示例说明了简化的典型战术资产管理流程，包括数据和信息的组合和特定资产管理可选投资的识别，以及在实际中它们如何与系统开发投资相协调。进一步发展和完善战术资产管理流程将是工作组未来研究的新主题之一。

在这个过程中，开发适当的基于风险的业务案例分析模型将是一个不可或缺的组成部分。这些模型通常以简单的 Excel 电子表格形式呈现，用于分析数据并为规划期内所需的各种方案生成财务分析结果，以便公用事业公司高级管理层考量并确定首选方案和最佳投资时机。在第 8 章，业务案例分析说明了如何开发这些业务案例分析模型。

参考文献

[1] AER, Industry practice application note Asset replacement planning, January 2019. https://www. aer.gov.au/system/files/D19-2978%20-%20AER%20-Industry%20practice%20application%20note%20Asset%20replacement%20planning%20-%2025%20January%202019.pdf

[2] CIGRE WG C1.1 Asset management of transmission systems and associated CIGRE activities-Technical Brochure 309, December 2006.

[3] CIGRE WG C1.16 Transmission asset risk management TB 422 August 2010, reference 10-British Columbia Transmission Corporation (BCTC) Transmission System Capital Plan F2009 to F2018.

[4] CIGRE WG C1.25 Transmission assetrisk management- Progress in application, TB 597 June 2014.

[5] De Beer, H.: Personal communication regarding AusNet presentation-Replacement Expenditure-Presentation to customer forum June 7, 2018, Steve Owens, John Dyer, Andy Dickinson.

[6] Ford, G.L., Vainberg, M., Kurtz, C., Desai, B.: Advanced models for transformer life, Paper 17 CIGRE Brugge 2007.

[7] HSE, Costs to Great Britain ofworkplace injuries and new cases of work-related Ill Health-2016/ 17, http://www.hse.gov.uk/statistics/

cost.htm

[8] Hydro One, EB-2011-0043-2020 Regional Planning Status Report of Hydro One Networks Inc. November 2, 2020. https://www.hydroone.com/abouthydroone/CorporateInformation/regionalplans/Documents/HONI_OEB_RP_STATUS_REPORT_20201102.pdf

[9] Jongen, R.: Statistical lifetime management for energy network components, thesis TU delft 2012. https://repository.tudelft.nl/islandora/object/uuid%3A33b6ff3d-1025-48a5-914e-e88fd09af719

[10] Kurtz, C., Ford, G.L., Vainberg, M., Desai, B.: Factoring in the cost of poor reliability into the procurement decision, Doble Client Conference, Boston March 2007.

[11] Lundgaard, L.E., Hansen, W., Linhjell, D., Painter, T.J.: Aging of oil-impregnated paper in power transformers. IEEE Trans. Power Deliv. 19(1), 230-239 (2004).

[12] Ofgem, Letter- Decision to not reject the modified Electricity Transmission Network Output Measures (NOMs) Methodology Issue 18, with links to reference documents.

https://www. ofgem.gov.uk/system/files/docs/2018/08/et_noms_methodology_issue_18_confirmation_let ter_1.pdf

[13] PJM, Manual 14B: PJM Region Transmission Planning Process Revision: 48 Effective Date: October 1, 2020 Prepared by Transmission Planning Department https://www.pjm.com/~/media/documents/manuals/m14b.ashx, https://www.pjm.com/-/media/planning/rtep-dev/market-efficiency/2020-mc-study-process-and-rtep-window-project-evaluation-training.ashx

8 支持资产管理投资的商业案例开发

加里·L·福特（Gary L. Ford）
格雷姆·安谐尔（Graeme Ancell）
厄尔·S·希尔（Earl S. Hill）
乔迪·莱文（Jody Levine）
克里斯托弗·耶里（Christopher Reali）
埃里克·里克斯（Eric Rijks）
杰拉德·桑奇斯（Gérald Sanchis）

加里·L·福特（G.L.Ford）（✉）
Power Nex Associates Inc.（加拿大安大略省多伦多市）
e-mail: GaryFord@pnxa.com

格雷姆·安谐尔（G. Ancell）
Aell Consulting Ltd.（新西兰惠灵顿）
e-mail: graeme.ancell@ancellconsulting.nz

厄尔·S·希尔（E. S. Hill）
美国威斯康星州密尔沃基市 Loma Consulting
e-mail: eshill@loma-consulting.com

乔迪·莱文（J. Levine）
加拿大安省第一电力公司（加拿大安大略省多伦多市）
e-mail: JPL@HydroOne.com

克里斯托弗·耶里（C. Reali）
独立电力系统营运公司（加拿大安大略省多伦多市）
e-mail: Christopher.Reali@ieso.ca

埃里克·里克斯（E. Rijks）
TenneT（荷兰阿纳姆）
e-mail: Eric.Rijks@tennet.eu

杰拉德·桑奇斯（G. Sanchis）
RTE（法国巴黎）
e-mail: gerald.sanchis@rte-france.com

G. Ancell 等人 (eds.)，电网资产，CIGRE 绿皮书
https://doi.org/10.1007/978-3-030-85514-7_8

目 录

摘 要

资产投资涉及选择，选择“做什么”（如果有的话）和“什么时候去做”（如果做的话）。选择也可能是“什么都不做”（不采取任何行动），修理、翻新、更换（同类或其他形式）、新增资产等投资选项。每种选择都可能存在规划期内发生变化的风险。资产可能会在规划期内发生故障，如果投资时机过早，则会对资产有效使用寿命造成浪费，并放弃可能通过推迟投资实现的节约成本。但如果投资时机过晚，则有可能带来不可接受的可靠性、未供应/交付电能的费用和在役资产故障的相关成本。就资产管理决策而言，需要对各种决策进行分析，以证明资本性投资或运营性投资的合理性，并给资本投资或运营投资提供支撑依据。本章将介绍为支持这些决策而采取的各种技术/财务/基于风险的分析方法。

8.1 引言

本章讲述了电力行业的商业投资案例开发。电力行业的投资环境特点是各电力市场竞争激烈、垄断的输电运营业务受到监管、各电力企业已完成垂直整合。就电力系统资产而言，建设成本很高，使用寿命很长，而且重复使用机会有限（如不再需要使用）。一旦未有效作出投资决策，不仅会付出高昂代价，而且还会产生长期后果。本章的相关背景资料在第 5 章“战略资产管理”、第 6 章“运营资产管理”、第 7 章“战术资产管理”中有所描述。这些章节描述了不同机构的资产管理岗位和责任，为本章提供了有用的背景资料。正如第 4 章所讨论的那样，电力资产的性能随着时间和使用会出现恶化，需要对维护、修理和报废更换进行投资。

公用事业公司所处的商业环境和监管环境都会对资产管理和投资决策过程及制约因素产生重大影响。此外，电力市场的演变、各种可再生能源发电技术应用、终端技术更新，以及监管形式的变化，都让系统开发规划日益复杂。例如，诸如需求管理投资对需求预测的影响，发电量预测及情景分析，电力系统充裕度和弹性、选项分析，对非传统解决方案的高度使用，补救行动方案，动态资产评级，监控技术等主题。系统开发规划需要与系统维持规划相协调，而这些方面将使得资产管理决策进一步复杂化，相关描述见本绿皮书第 2 章和第 3 章。

本书第 2 部分 *——电网资产管理应用案例研究，包括由多家公用事业公司和电力企业共著的 12 个章节，旨在通过详细记录各种资产投资案例研究的方式提供与运营资产管理和战术资产管理有关的实用信息。此外，这些案例研究还将从 A1、A2、A3、B2、B3、C1 等多个 CIGRE 专业委员会的设备类型和技术视角说明通用方法和特定方法或定制方法，以及对这些方法的运用情况。

本章涵盖以下主题：

- 电力行业投资决策演变历程；
- 公用事业公司商业案例开发要素；
- 基于风险的技术 / 财务分析方法；
- 风险偏好敏感度分析。

---

* **译者注** 《电网资产：投资、管理、方法与实践》中文引进版分两册出版，该内容为第二册《电网资产管理应用案例研究》。

8.2 背景

电力行业业务的技术性较强。随着电力系统在20世纪几十年来的发展和扩张，公用事业公司从上到下通常由工程师和其他具有技术背景的人员进行管理。因此，决策者们使用共同的语言进行讨论，支持资产投资决策的沟通要求很简单。在电力系统快速扩张阶段，即使是重大投资，也是根据“工程判断”“这是我们的标准实践……”或“这是标准行业实践……”等理由作出决策。这并不是说财务分析被忽视了，而是说在诸多情况下，投资决策是依据相关技术建议做出的，以做“正确的事情”，在财务方面主要是提供做“正确的事情”所需花费的成本。

电力系统扩张的第一阶段包括发电、输电、配电以及连接电力负荷的建设。在此阶段，电力系统的年增长率非常高。在第二阶段，由于所有需要接入电力系统的负荷均已连接，且能源利用效率和经济衰退降低了电力需求，电力系统的扩建速度减慢。在这个阶段，电力系统年度增长速度也会相应放缓。随着全球对供暖和能源供应采取去碳化措施，进而产生更大的电力负荷需求，人们即将迎来电力系统快速扩张的第三阶段。

就第二阶段而言，电力系统负荷像过去几十年一样继续按照每年x%的速度增长的假设已不再成立，并且公用事业公司也认识到，用于电力系统开发的资产投资存在很大的不确定性。在20世纪90年代，人们认为20世纪40年代和50年代投入使用的资产群体处于即将报废状态，并且维持这些资产顺利度过报废期所需的投资不断增加，同时也存在着相当大的不确定性。在20世纪90年代，各国政府、监管部门和公用事业管理者都放松了对公用事业公司部分业务的监管，重新监管其他业务，并将垂直整合公司拆分为第1章所述的发电公司、输电公司以及系统和市场运营商。在 20 世纪 90 年代，公用事业公司同样通过重组的方式形成以资产为中心的商业模式，而且公用事业公司中的关键决策者们也越来越多地具备金融背景、法律背景和 MBA 学位。对于公用事业公司中的工程师们，虽然继续担任着关键技术职务，但是，获得批准资金投资于这些资产的要求变得越严格。虽然从工程和技术方面说明资产投资理由依然是一件很重要的事情，但同时需要对财务分析和商业决策不确定性的考虑有一个量化认知。结合工程技术、财务分析和风险分析来说明资产投资理由是一件比较困难的事情，部分原因是能够将这三个领域的专业知识集于一身的人才数量很少。因此，许多公用事业公司仍在努力解决“投资决策要求具备这三个专业领域知识”和“开发完善的基于风险的商业案例分析能力”之间的矛盾。

公用事业公司甚至各国政府的资源都十分有限，最终需要在相互竞争的投资需求之间作出选择。那么，政府是应该投资于解决水污染问题的技术，还是投资于改善道路安全的项目，抑或是投资于改善老年人家庭护理？各国政府很快认识到，在解决上述类型的决策问题之前，需要比较替代投资的效益和成本。在美国，从 1981 年里根政府颁布行政令开始，成本效益分析成为政策评估过程的核心焦点。根据该命令要求，美国所有监管部门都需要对拟实施的监管新条例进行成本效益评估［维斯库西（Viscusi），2006 年］。在英国，与本主题有关的一大贡献是英国政府出版的《财政部商业案例开发绿皮书》，该书于 1997 年首次出版，随后几年里又更新了关于商业案例开发的内容（英国财政部，《财政部绿皮书》，2015 年）和关于风险管理的英国财政部橙色手册（英国财政部长，《财政部风险管理橙色手册》，2004 年）。这两个文件为制定严格的基于风险的商业案例提供了一个“企业风险管理”（ERM）框架。《财政部绿皮书》对商业案例的定义总结如下：

"商业案例分析"作为一种管理工具，将随着提案的变化与时俱进、不断完善。"商业案例"以公开透明的方式，汇集并总结了各种支撑决策的必要研究与分析结果。最终形成的"商业案例分析"将会是该提案的关键记录文件，总结了各种目标、实施管理的主要特征和事后评估的安排。这些商业案例可涵盖各种支出类型和支出水平。开发各案例的目的是将反映出所考虑使用的提案类型。各部门在提案编制方面所耗费的精力应与极有可能出现的成本和效益成比例。

商业案例结构：

商业案例可从 5 个不同方面（即从战略、经济、财务、经营和管理案例方面）进行细分，而且这几个方面相互关联但又各不相同。英国财政部和其他利益相关人应能够通过商业案例对以下提案作出确定：

获得"变革案例"大力支持的提案（"战略案例"）；

资金价值优化提案（"经济案例"）；

经营上可行的提案（"经营案例"）；

财务上可负担的提案（"财务案例"）；

可顺利交付的提案（"管理案例"）。

虽说上述几个方面都很重要，但每个方面的重要程度会因提案的自身性质和复杂性而有所不同。对于部分复杂性不高的提案，特别是那些不涉及重大新采购、新电力系统或新建结构的案例，可能只需要很少或根本不需要实施的经营案例，只需实施较为简单的管理案例。这些案例将随着商业案例的进展而开发（详细解释见本文件第 4 节）。

注：《财政部绿皮书》中的"商业案例"定义、相关章节。

企业风险管理（ERM）是包括方法、过程和文化在内的风险管理框架，这些风险和机会将影响到关系公司战略和价值的诸多措施。ERM 旨在构建一种决策文化，重点关注这些决策对组织的关键绩效指标（KPI）的影响。KPI 定义了一个机构的关键价值及其衡量标准，而这些衡量标准每年都会进行一次制定和更新。KPI 是组织具象化、可衡量、可实现的目标。对于电力公司来说，典型的关键绩效指标的设定出发点包括公众安全和工作人员人身安全、电力用户服务、财务业绩、机构声誉 / 与监管部门之间的关系、环境影响。在本 CIGRE 绿皮书和英国《财政部绿皮书》中，从战略和经济角度来看，KPI 对商业案例的开发起着一个关键作用。表 8-1 为天然气和电力市场办公室（Ofgem）和英国国家电网输电监管机构（NGET）这两家监管机构在2013—2021年期间所设定的目标和激励措施情况。虽然监管机构Ofgem所列出的各项绩效指标及其对应的激励措施或奖励说明了KPI，但从Ofgem的角度来说，NGET还另外从财务绩效、成本效率、成本效益等方面制定了内部关键绩效指标。

表8-1　NGET针对2013—2021年间对RIIO-T1所设定的输出和激励措施参数情况（Ofgem，2012年）

类别	输出	激励措施
安全	遵守英国健康与安全执行局（HSE）所设定的安全义务	法定要求；无财务激励措施
	通过资产健康、资产状况和资产关键性这三个衡量标准，以及商定的目标和对RIIO-T2资金建立的影响来支持	按电网替换输出的超额/不足交付价值的2.5%进行罚款/奖励
可靠性	基于缺供电量（ENS）的主输出	激励比：16000英镑/MWh［根据对电力失负荷值（VoLL）的估计］；财务处罚上限为允许收入的3%
可用性	编制并维护网络准入策略（NAP）	声誉激励措施；在NAP制定和更新过程中，可能会实施财务激励措施（如适用）
电力用户满意度	开展电力用户/利益相关方满意度调查	最高为允许收入的+/-1%
	利益相关方的有效参与	最高为允许收入的0.5%（根据酌情奖励计划）
关联性	满足现行法律要求	一般执法政策
环境	SF_6——每年根据新装资产最佳实践漏损率（0.5%）所计算的基线目标	对于与基线目标之间的差异，需要根据碳排放当量非交易碳价标准进行奖励/惩罚
	损耗——公布输电损耗和年度实施进展总体策略，以及对输电损耗的影响	声誉激励措施

续表

类别	输出	激励措施
环境	企业碳足迹（BCF）——公布RIIO-T1的年度企业BCP账户	声誉激励措施
	EDR方案——主要从RIIO-T1激励措施中未明确规定的TO和SO角色方面说明衡量标准情况	如果在不同的记分卡活动中取得领导绩效，将获得积极奖励
	视觉舒适性——有效满足基础设施新建规划要求，并通过减少对指定区域内现有基础设施的影响方式实现视觉舒适性输出	在以下两种机制实施中的声誉激励措施表现： （1）基线不确定性机制（旨在为开发许可所需缓解技术额外成本提供资金）。 （2）5亿英镑初始支出上限（旨在减少对指定区域内现有基础设施的影响）
大规模工程（新建工程投资）	大规模工程基线输出约为7250MW的额外转供输电容量（资金来源：基线资金）；最佳视角大规模工程输出（约新增22150MW）将通过弹性基线（如果交付结果不同，则根据数据量驱动因素调整允许值）和SWW安排（另一潜在7900MW输电容量）提供资金	NGET计划内基线和SWW输出将遵循及时交付标准要求。 就最佳视角大规模工程（即非SWW）而言，NGET应按要求满足NDP标准，并提出符合消费者最佳利益的大规模工程输出时机和阶段

全面分析商业案例时，第一步是确定组织的战略需求情况。我们通过商业案例战略需求部分对投资需求、投资的合理性与目标、面对投资需求时所考虑采用的可选策略，以及投资如何与KPI具体衡量标准保持一致并提供支持的过程进行了说明。发生了什么问题？需要怎么做？需要从哪些方面加以改进？哪部分已损坏需要修复？就公共事业公司而言，不利的资产分布统计（即将报废的资产所导致的弓形波）、系统性能指标下降或智能化实用性技术的引进，都是公用事业

公司的潜在需求和机会。针对老化资产产生的弓形波问题，可以考虑采用的可选策略包括资产翻新投资，或新增监控设备，以便作出更明智的维护决策并延长资产使用寿命；或者更换资产等。另外，商业案例分析中的经济部分要求在限定的规划期内，定量地描述和评估替代投资和拟议投资方案的成本和收益。目前，可通过以下几种公认的财务分析方法进行投资方案的比较：

（1）现值分析法；

（2）年值分析法；

（3）回收期分析法；

（4）收益率分析法；

（5）终值分析法；

（6）储蓄－投资比分析法。

尽管回收期分析法通常用于估算，但现值分析法可能在公用事业公司中最为常用，同时也是相关监管部门的首选方法（英国财政部，2015 年；新西兰财政部，2015 年）。就现值分析法而言，可在规划初期通过净现值计算的方式计算日后各种成本和效益价值，然后，通常在规划期内对这些现值相加，从而得出成本或效益净现值（NPV）。

虽然《英国财政部绿皮书》中所述的商业案例其余组成部分（即经营、财务和管理这三方面）对企业处理实际商业案例决策非常重要，但这些部分会涉及诸多因素（包括供应商的可用性、企业的融资能力、企业的专业技术和资源能力），而这些因素在时间、市场和企业方面均具有特定性，都不在本 CIGRE 绿皮书的讨论范围。

8.3 公用事业公司商业案例开发要素

商业案例分析的基本思想是在同一基准下评估所有投资方案的成

本和收益，从而选出最佳方案。这种分析方法在多个 CIGRE 技术手册中均有所介绍。例如，2000 年，工作组 22-13 发表了技术手册 175《现有架空线路管理》，对诸多与架空输电线路有关的投资方案（包括维护投资方案、翻新投资方案、重新设计投资方案）进行了描述。这些方案是基于风险的成本效益进行评估的，可按照以下公式计算净现值

$$\mathrm{NPV}=\sum_{i=0}^{i=n}\frac{C_i}{(1+r)^1}$$

式中：

- NPV 表示年度支出净现值；
- n 表示考虑使用的时期；
- r 表示贴现率；
- C_i 表示第 i 年的年度支出，而在以下公式中

$$C_i=E_i+R_i$$

- E_i 表示第 i 年的确定性成本或计划支出；
- R_i 表示第 i 年的故障风险概率成本。

注：技术手册 175 中的风险净现值计算公式（CIGRE 工作组 22-13 2000）。

数量 R_i 表示根据故障发生概率和故障后果成本的乘积计算得出的风险成本。此计算方法并未考虑规划期内的成本膨胀，也未考虑规划期内由老化或其他因素引起的故障发生概率变化。

工作组 SC C1.1 针对出现老旧资产弓形波效应的资产群体开展了相关资产管理相关的研究。图 8-1 示意图为 CIGRE 技术手册 309《输电系统资产管理及 CIGRE 工作组相关活动》中的计算方法。根据该示意图所阐述的具有一定使用寿命的断路器群体概念，当与危险率函数相结合时，可以估计规划期内的故障数量。根据替换成本和相关故障成本来预测规划期内的预期成本现值后，便能得出结果。

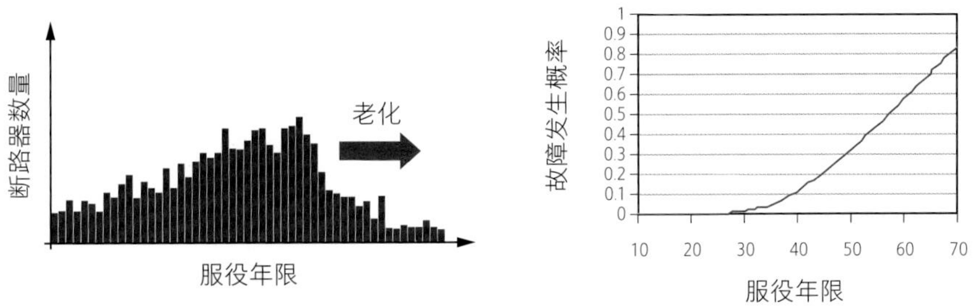

断路器数量 VS 服役年限 × 危险率 VS 服役年限——断路器（技术手册176）

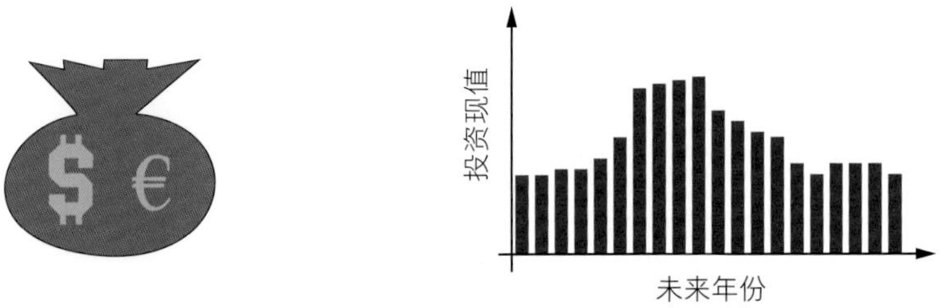

图 8-1　具有“弓形波”统计数据特征的资产群体的管理

（CIGRE 工作组 C1.1，2006）

资产管理者所面临的一个共同的挑战便是应对弓形波问题，公用事业公司如何制定切实可行、负担得起的投资计划，从而让高级管理层赞成，并获得相关监管部门的批准。

第一步是结合具体情况，与运营、维护、工程、财务和其他等企业内部利益相关方和企业外部利益相关方（视情况而定）进行沟通讨论，确定出多个可信可靠的替代投资策略。通过这一过程，可能采用各种潜在策略，包括延长使用寿命的投资方案（如翻新或加大维护力度）、资产状态诊断监控系统的投资方案（实现更智能的维护，降低在运老旧资产的故障风险），或主动更换的投资方案。

这些策略均需要参照基础案例（通常是按照一切照常经营的战略）进行评估。各种方案都需要从技术实用性和风险成本 / 效益（图 8-2）角度进行评估。

示例：预期收益

根据最初预期要求，一个新策略的实施将产生巨大收益，但后续风险分析令人怀疑当初种种预测过于乐观，部分收益是否能够实现存在着相当大的不确定性。用 NPV（年度支出净现值）和发生概率来评估，现认为可能会出现 4 种结果：

	NPV	发生概率	效益预期值
1	1000 万英镑	0.2	200 万英镑
2	2000 万英镑	0.4	800 万英镑
3	3000 万英镑	0.3	900 万英镑
4	4000 万英镑	0.1	400 万英镑
预期值			2300 万英镑

经严格评估，实施该策略的成本范围为 1200 万 ~1700 万英镑，预估为 1500 万英镑。

因此，预期净效益为 800 万英镑（NPV）。

图 8-2 《英国财政部绿皮书》（2015 年）中关于预期成本和预期效益的比较阐述

以下内容（表 8-2、表 8-3）为另一个与公用事业公司高度相关的案例，其中描述了一项研究，针对新型风力发电接入系统时需要增加输电容量，该案例对比评估了“一切照旧”（BaU）方案与考虑“动态热额定值”（RTTR）的投资方案。

表 8-2 “一切照旧”方案和考虑 RTTR 的方案比较

情景	BaU	RTTR
1	新建 132kV 双回路	新建 132kV 单回路 +RTTR
2	现有 132kV 单回路升级改造（翻新）	现有 132kV 单回路 +RTTR

续表

情景	BaU	RTTR
3	在现有 132kV 单回路线基础之上新建（平行）线路	现有 132kV 单回路 +RTTR

容量增加情况假设如下：

1. 根据夏季静态额定值，对输配电网进行翻新（将“Lynx”导线替换为“Upas”导线）升级改造之后，输配电网容量将由 89MVA 增至 176MVA；
2. 对输配电网进行线路新建升级改造之后，输配电网容量将可能翻一番（由 89MVA 增至 178MVA）；
3. 根据 RTTR 参数试用所得出的容量增加最小平均值，RTTR 电力系统将对输配电网容量增加 30%。

表 8-3　财务数据汇总

描述			初始投资	运维成本（P/A）	总支出现值
情景 1	BaU	新建 132kV 双回路	£ 7200000	£ 20500	£ 7504691
	RTTR	新建 132kV 单回路 +RTTR	£ 4889900	£ 14075	£ 5129232
情景 2	BaU	现有 132kV 单回路升级改造（翻新）	£ 2857143	£ 10250	£ 3009488
	RTTR	现有 132kV 单回路 +RTTR	£ 190300	£ 14075	£ 433988
情景 3	BaU	在现有 132kV 单回路线基础之上新建（平行）线路	£ 4700000	£ 20500	£ 5004691
	RTTR	现有 132kV 单回路 +RTTR	£ 190300	£ 14075	£ 433988

注　输电容量增加方案案例研究汇总（CIGRE 工作组 C6.19，2014）。

在以资产管理为中心的公用事业公司中，以风险成本最低为目标，要全面考虑各个投资方案中影响企业关键绩效指标（KPI）的风险效益和风险成本。需要对投资方案的策略选择进行评估，确保并证明资本类投资和运营类投资既能够与短期运营投资进行有效协调，而且从电力系统发展角度来看，资本投资和运营投资也是中长期最优选择。当资产可靠性不可接受，或资产统计数据表明各组资产接近或超出正常假设的经济寿命，或资产状况 / 关键性数据表明需要高度优先采取行动时，将出现潜在的投资需求。此时，战术性资产管理者需要研究各种实用方案，包括不做任何更改的情况下继续运行资产，在采取某种风险缓解措施的情况下运行资产，或者最终进行修理、翻新或更换投资（RRRR 方案）。正如英国《财政部绿皮书》所述，这种与公认需求处理有关的替代方法研究和开发属于商业案例的“战略阶段”。

8.4 基于风险的技术 / 财务分析介绍

由于绝大多数需要在商业案例开发的战略阶段确定的方案，都涉及资本性投资或运营性投资，或者两者兼而有之，因此，这些方案都需要说明投资理由和投资时机。商业案例开发的这一部分，在《英国财政部绿皮书》中被称作“经济效益阶段”的相关内容。对于这种投资的理由说明和时机选择，通常采用对战略阶段所确定的可靠可选策略的简表进行基于风险的商业案例分析的方式。在新西兰优秀商业案例文件中，提供了一个关于进行上述分析的 Excel 格式电子表格模板。如图 8-3 所示，该电子表格包括用于现值计算的贴现率数据、长达 50 年的可选规划期，以及与投资有关的其他数据输入框架。很明显，这一工具适用于各种类型的政府投资，因此，直接用于公用事业公司的投资是不适合的。尽管如此，这一通用方法仍能够稍作改动用于公用事业公司投资分析（见图 8-4 简化示例）。

如同新西兰电子表格模板一样，技术手册 597 中描述的基于风险的资产维持投资分析简表也包括了财务基础数据和覆盖整个规划期的

最初投入情况（截至 6 月 30 日）

是否填写策略目标? 否

CFISnet 参考号		仅在标有此色的单元格中填写数据，其他单元格将自动填充相关内容。

倡议详细信息

标题	
描述	

策略目标同期群

	2018	2019	2020	2021
项目实施头年开始获得服务的人员数量				

净现值分析单位（如个人、家庭等）？

策略目标群描述：

时间段

第一个财政年度	2018	用于单位成本调整和时间序列输出设置
净现值分时间段（年）	50	

截至 6 月 30 日

	2018	2019	2020	2021
净现值分析时间段	2018	2019	2020	2021
用于贴现时间序列输出	6.0%	6.0%	6.0%	6.0%
替代贴现率（链接到输出摘要）	3.0%	3.0%	3.0%	3.0%

贴现率	6%
贴现率（替代）	3%
换算系数	百万美元
因素	1000000
单位	美元

图 8-3　新西兰财政部提供的用于投资方案比选的财务分析电子表格模板（新西兰政府）

时间框架。不过，与新西兰电子表格模板不同的是，该简表还包括需要纳入成本 / 效益分析的诸多因素，如资本性成本、运营性成本以及资产故障成本，这些成本都会随着规划期内通货膨胀或资产故障发生概率变化而改变。有了上述基础数据之后，便能折算出历年的货币化风险。

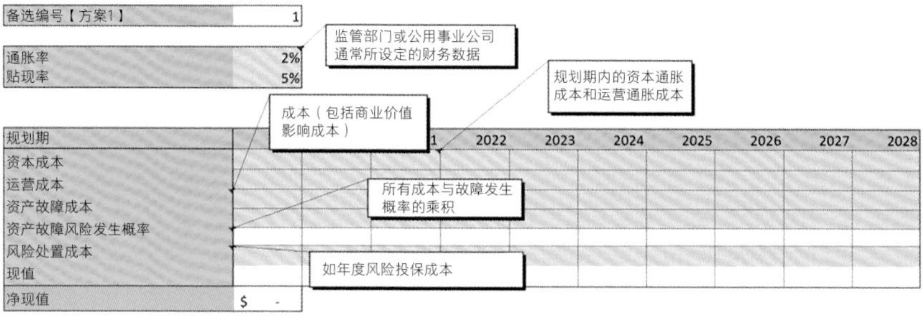

图 8-4　简化版基于风险的资产可持续投资商业案例分析表（CIGRE 工作组 C1.25，2014）

在比较各种备选的投资方案时，都需要填写这一工作表，以此确定最佳的投资方案。或者，这种工作表的结构也可用于计算其他财务参数，包括“净现金流”“内部收益率”等。老化资产发生故障的概率较大且会随着时间推移不断增加，因此在基于风险的资产维持投资的商业案例分析时，如图 8-5 所示，有必要将现有资产的故障概率和此类故障所需的成本数据（以货币表示的风险价值）同时考虑进来。

从前文所述的简化电子表格情况来看，在规划期内可随时输入风险补救投资，以此评估最佳投资时机。例如，老化资产替换或翻新的投资时间可以评估为立即替换，或推后 5 年、10 年或 15 年进行替换。通常情况下，会将此类风险补救投资方案与不作任何处置继续运营资产的基础方案进行比较。

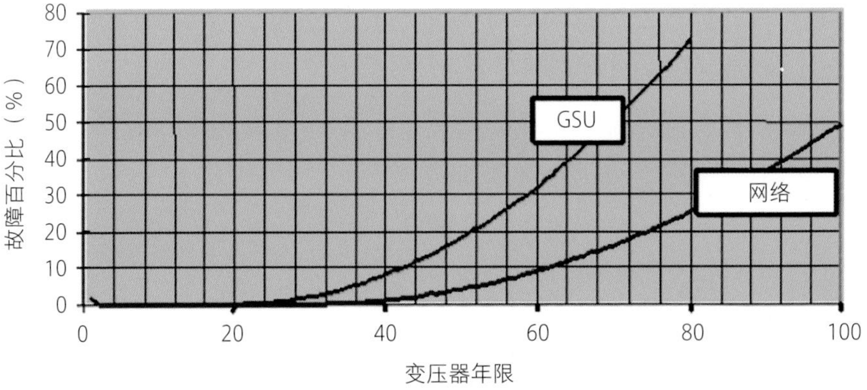

图 8-5　两类电力变压器（即负载相对较小的电网变压器、负载相对较大的发电站输出变压器）危险率函数（CIGRE C1.1 工作组，2006）

在技术手册 353《现有架空输电线利用率提高指南》（CIGRE 工作小组 B2.13，2008）中，提供了一个很有意思的案例研究，即对一条使用寿命为 47 年的 100km 架空输电线进行翻新的投资方案。使用与案例研究中相同的基本数据和类似的电子表格，可以得出以下结果：翻新投资推迟时间越长，架空输电线潜在故障风险成本就越高，而资本性支出净现值也会随着推迟时间增加而相应增加。因此，立即进行喷漆处理是一种成本最低的方案。如果采用将投资推后 5 年的方案，规划期内的风险处置成本将大于投资推后 5 年所节省的成本。之所以对腐蚀结构钢进行喷漆和更换的组合投资优于在第 5 年仅进行喷漆处理，是因为［如技术手册 353 示例（图 8-6）所述］与单纯采用喷漆处理方案相比，更换结构钢能够在更大程度上降低风险处置成本。

“风险”是指故障发生概率乘以故障成本的货币数量。用于计算上述结果的故障发生概率数据，如图 8-7 危险率函数所示，该函数与技术手册 353（CIGRE 工作组 B2.13，2008）中所述危险率功能近似。欲详细了解此示例，请见《电网资产管理应用案例研究》。

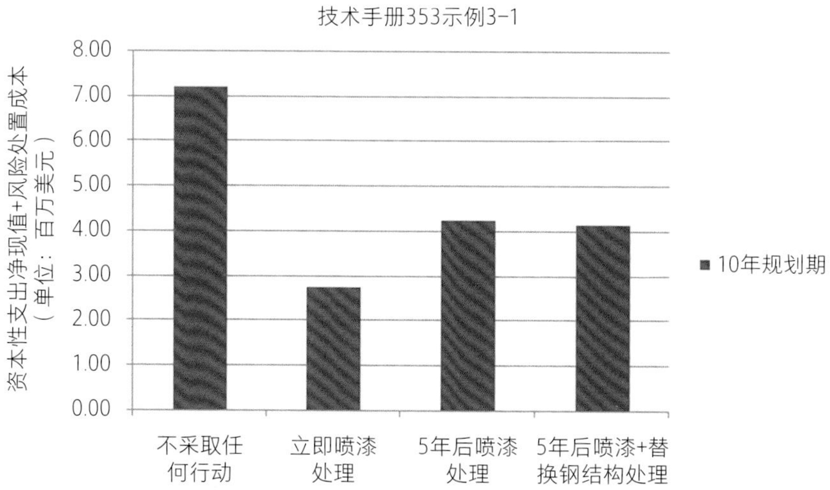

图 8-6　关于对一条使用寿命为 47 年的 100km 架空输电线进行腐蚀塔架翻新的投资时机方案考虑

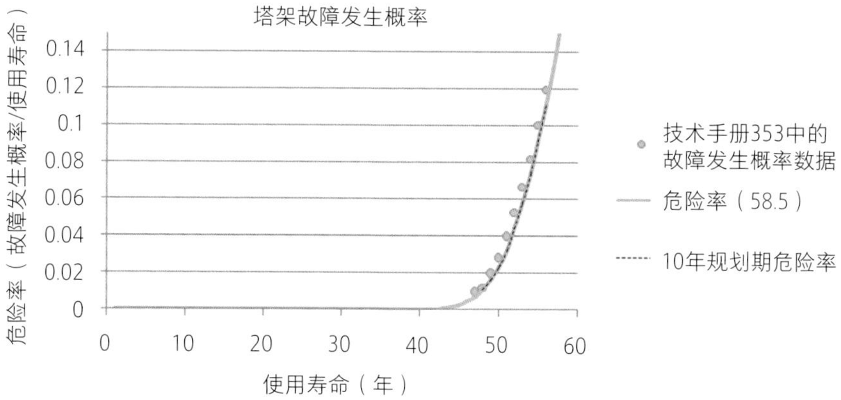

图 8-7　基于使用寿命的塔架故障发生概率（此危险率函数从使用寿命 47 年开始的后续 15 年的故障发生概率）

根据此危险率函数，可计算出最长运行至第 x 年的概率，以及第 x 年的故障发生概率。危害率函数表示各种缓慢老化过程，如变压器热绝缘老化或本示例所述铁塔钢结构腐蚀。图 8-8 为一般老化过程（CIGRE 工作组 C1.1，2006）。

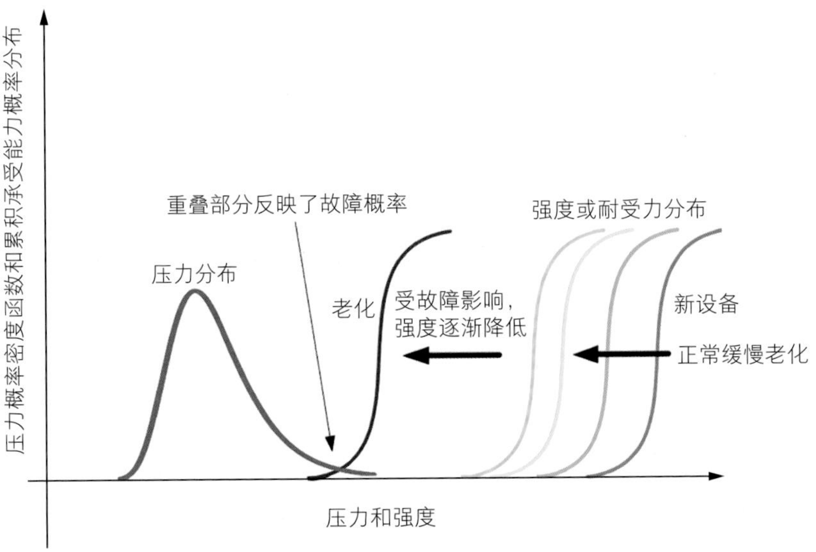

图 8-8　资产老化过程中的故障发生概率增加情况

这种情况下，随着结构件的强度在腐蚀作用下不断下降，连接处出现松动，塔架强度分布将逐渐向左移动。这些缓慢老化的过程会逐渐削弱塔架对各种极端事件的承受能力，如暴风和冰冻天气条件下所承受的荷载。对于应力分布与强度分布之间越来越高的重合度，可通过相应的危险率函数表示。

某些情况下，比如将故障发生概率完全看作随机事件，即假设故障发生概率在规划期内保持不变。这种情况下，为简化商业案例分析，可按照固定时间间隔进行基于风险的成本 / 效益分析，并将分析结果乘以规划期内的时间间隔数。

在故障发生概率不变的情况下，对于各种可选的补救策略，故障处置成本的 NPV 风险是不变的。按照前文描述的故障风险概率随时间推移而增加时，推迟投资能节约的成本会逐年下降，但是，在故障概率不变时，总成本是会随着推迟投资节约成本的增加而下降。由于风险成本并未随着投资推迟时间的延长而增加，因此，无法评估投资的最佳时机。同样，如果采用上述简化的成本/效益分析，因为并不清楚成本/效益分析的实施时间间隔，所以无法正确计算风险成本的NPV。

显然，用有效方法恰当的表示资产在规划期内的故障发生概率，对于确定商业投资方案和资产维持的时间安排具有一系列优点。这种情况下，资产的老化进程是动态的，往往会成为选择投资方案的重要考量。因此需要掌握与资产老化、故障机理的数据和信息，以及表示老化风险率的数学函数和故障发生概率等数据和信息，这些数据和信息正是资产投资商业方案分析电子表格中所需的。

出发点明显是让公用事业公司收集重要类别资产的故障数据。CIGRE 的公用事业公司曾开展过这样的工作，并在许多技术手册中都对此进行了报告。遗憾的是，由于资产老化和资产老化速率会受到诸多因素的影响，因此，对这些数据的解释存在问题，如图 8-9 所示（CIGRE 工作组 C1.1，2006）。从图 8-9 可以看出，资产老化的影响因素多种多样，从资产的最初设计和规范，到资产的维护情况，以及资产运行时的实际负荷情况。

通过 CIGRE 危险率曲线对正常负载和重过载情况下电网与 GSU 变压器进行比较，可发现电力负荷对危险率函数有非常明显的影响。正是因为受资产设计、维护和运营等多方面因素影响，才使得通过分析资产故障数据的方式得出有效的危险率函数的操作变得非常困难。

即使是特定类别的资产（如变压器、断路器），这样的数据也需要进行分类和分组，确保所用数据仅来自具有相同设计、维护记录和运行历史的同类设备。技术手册 422（CIGRE 工作组 C1.16，2010）中讲述了分析故障数据获得对应危险率函数图表的简易方法，以及对资产故障数据进行分类和分组的重要性（示例见图 8-10）。

如果某一类特定资产的故障数据具有相似性，则说明这些数据非常有可用价值。对于在同一环境下设计、维护和运行的特定资产类

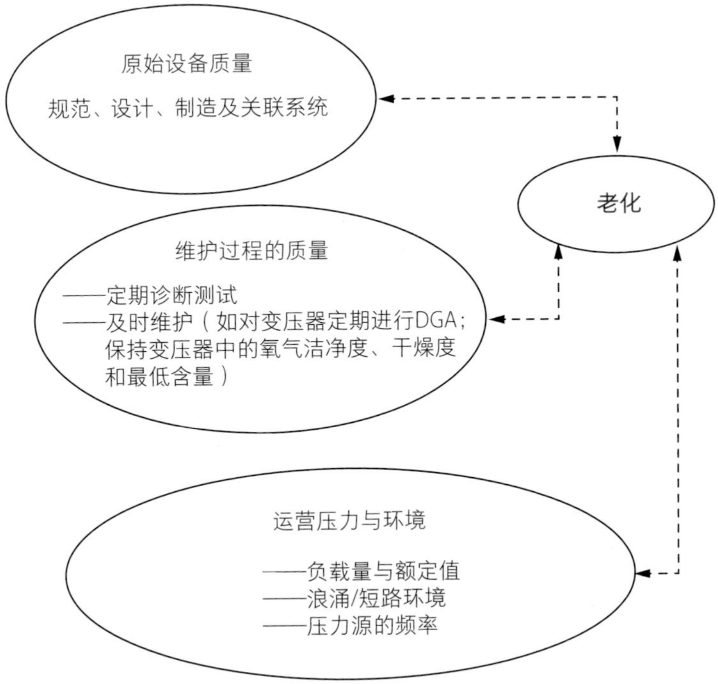

图 8-9　资产老化和资产老化速率影响因素（CIGRE 工作组 C1.1，2006）

型，对应的故障数据可用作确定危险率函数的重要依据，并进一步为其他同类资产的运营决策提供参考。上述情况多见于对资产的设计和采购早已制定相关标准，并按照这些标准对相关资产进行维护和运行的大型公用事业公司。

例如，对于运行大型发电站的公用事业公司来说，很可能拥有大量同类资产（如主要变压器、其他大型厂用变压器、通用开关设备等），而输电系统运营商可能对区域内的供电变压器进行了标准化，等等。如果存在这类数据，则需要对其进行访问、分析，并尽可能按照技术手册 422 第 5 章所记录的相关方法进行使用，相关阐述见资产群体假设（图 8-11）。

某些情况下，数据可能是有限的，有效性令人质疑，或根本不存在任何数据。这种情况下，资产管理公司有哪些选择？幸运的是，公

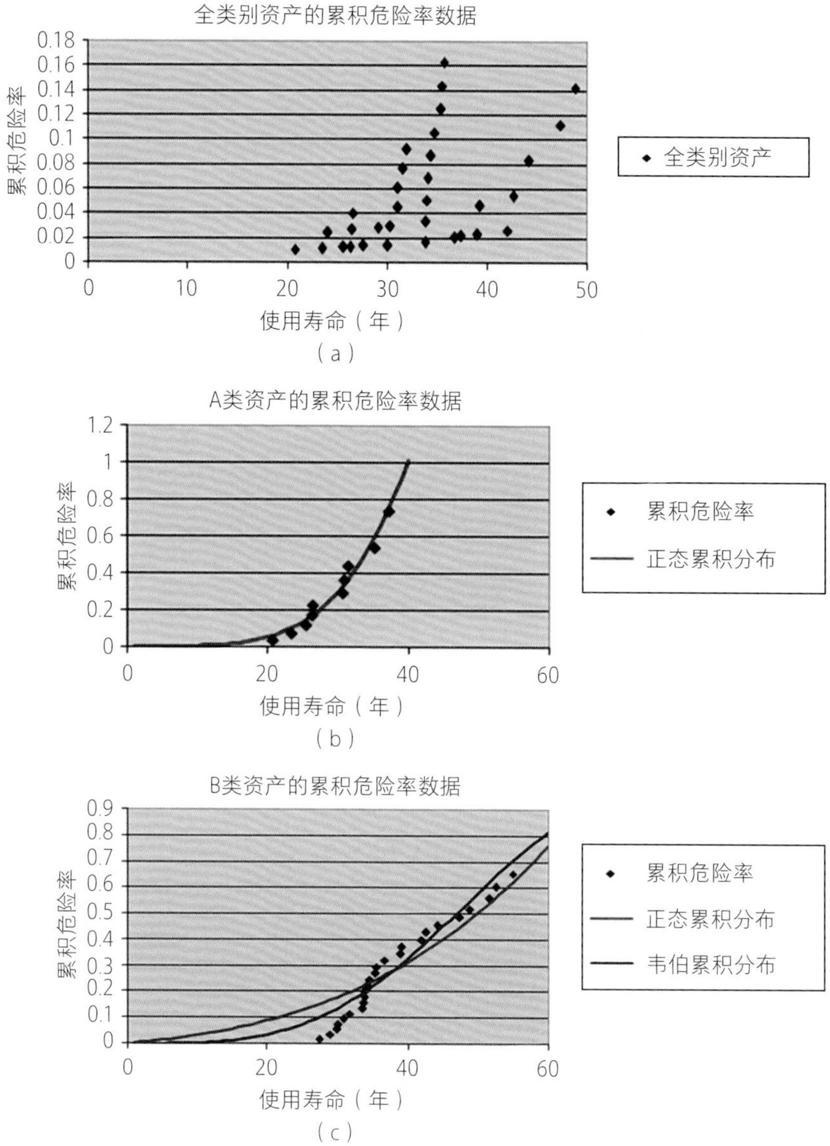

图 8-10　数据分组示例

注：图（a）展现出累积危险函数的点估计值分布情况。不同资产单元之间存在物理差异，因此这些数据可归类为图（b）的 A 类资产图和图（c）的 B 类资产图（CIGRE 工作组 C1.16，2010）。

统计数据						
使用寿命	在役数量	故障数量	列出组合资产使用寿命（年）	逆序排名K	1/K	累积危险率
1	5	1	1	615		
2	3	0	1	614		0
3	6	1	1	613		0
4	5	0	1	612	0.001634	0.001634
5	7	0	1	611		0
etc	etc	etc	1	610		0
etc	etc	etc	2	609		
etc	etc	etc	2	608		0
etc	etc	etc	2	607		0
70	2	0	3	606		0
总计	600	15	3	605		0
			3	604		0
			3	603	0.001658	0.003292
			3	602		0
			3	601		0
			3	600		0
			4	599		0
			4	598		0
			etc	etc		etc

在役设备和故障设备的总数量

突出显示故障单元

图 8-11　基于故障数据的累积危险函数获得过程图示［纳尔逊（Nelson）］

用事业公司开始认识到数据在建立各种可靠商业案例，并向高级管理层和相关监管部门说明投资理由方面的重要性。因此，CIGRE 的部分专业委员会现已公布各种可靠性数据，并且正在继续努力收集这些数据，与此同时，部分公用事业公司也根据监管过程对外公布了与资产预期使用寿命有关的实用数据。

例如，表 8-4 为 KEMA（CIGRE 工作组 C1.16，2010）在 Ofgem 委托之下而编写的报告中的一页，内容包括 KEMA 和英国国家电网输电公司对资产使用寿命的相关看法。表 8-4 罗列了英国国家电网输电公司各类资产出现重大可靠性问题的最早时间（EOSU）、最晚时间（LOSU）和寿命分布中值，以及 KEMA 对各类资产出现重大可靠性问题时间的平均值、标准差的预估及偏差。

表 8-4　资产使用寿命统计数据样本（CIGRE 工作组 C1.16，2010）

资产类别	NGET		KEMA	
	中值	EOSU（2.5%）/ LOSU（97.5%）	平均值	标准差
变压器 400kV/275kV 500 MVA ~ 750 MVA	45	30/70	50（1.25）	7.5（1.00）
变压器 400kV/275kV 1000 MVA	55	40/80	50（1.25）	7.5（1.00）
变压器 400kV/132kV GSP/GSP EE 240	55	40/80	50（1.25）	7.5（1.00）
变压器 400kV/132kV GSP FER 240	50	35/75	50（1.25）	7.5（1.00）
变压器 275kV	55	40/80	52.5（1.25）	10（1.00）
变压器 132kV	55	40/80	55（1.25）	10（1.00）
并联电抗器	45	25/60	45（1.25）	7.5（1.00）
串联电抗器	55	40/80	55（1.25）	7.5（1.00）
电容器组	30	20/40	35（1.25）	7.5（1.00）
静态无功补偿器	30	15/40	25（1.25）	5（1.00）
400kV 室外气体绝缘开关设备	40	25/60	35（1.25）	5（1.00）
400kV 室内气体绝缘开关设备	50	40/60	45（1.25）	7.5（1.00）
Switchgear 400 kV SF_6	50	40/60	47.5（1.25）	7.5（1.00）
400kV PAB-R 开关设备	50	45/60	47.5（1.25）	7.5（1.00）
400kV PAB-N 开关设备	40	35/45	47.5（1.25）	7.5（1.00）
275kV 多油断路器开关设备	45	40/50	47.5（1.25）	7.5（1.00）

考虑到英国国家电网输电公司的这些数据与其他公用事业公司所运行的特定资产群体之间的相似性，这些数据至少可用于比较分析，并在数据稀少的情况下可能用来校准。例如，某一类资产的危险率函数仅有几个零散点估计，则可将这些点估计值与行业数据（相关说明见图 8-12）进行一番比较后得到一定程度的验证。我们根据此示例所绘制的危险率函数与 KEMA 所提供的上述 132kV 变压器数据相对应，即平均使用寿命为 55 年，标准差为 10 年。蓝色点为三次故障的危险率点估计值。这种情况下，这些数据与行业数据的比较是有效的，能得出以下支持性结论：行业整体数据可以用来分析危险率数据相对稀疏的资产群体。

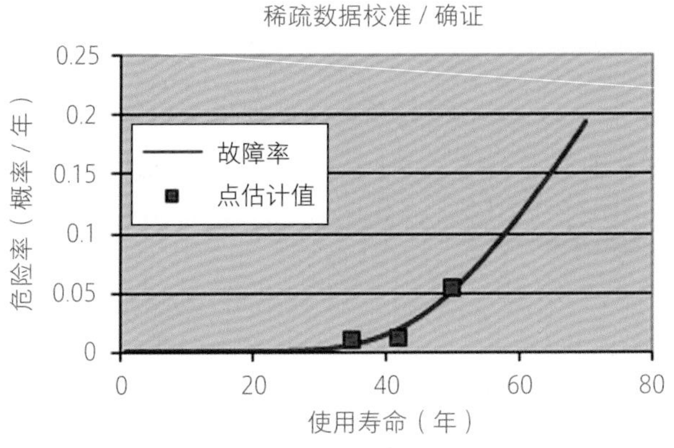

图 8-12　结合稀疏数据和行业数据，提振对行业数据进行特定应用的信心

最后，在基于风险的财务分析中，运用故障概率数据和危险率函数时，一个与电力变压器危险率函数有关的最新进展情况值得注意（Ford 和 Lacke，2016 年）。对于一台精心设计、制造、使用和维护的变压器来说，在电力负载的影响和它的状态得到维护的情况下，会缓慢老化。如同上文对老化过程的描述那样，在此过程中，强度或者说承受能力曲线将逐渐向左移动。承受能力曲线与应力概率密度分布之间的重叠度越来越高，并且这两条曲线出现交叠的情况，说明存在故

障发生概率。

对于一个正常使用的变压器，两条曲线的重叠度随着使用寿命增加而增加，故障发生概率也将相应增加（参见危险率函数）。最后，极端故障通常成为一个不可预测的随机事件，其原因是所出现的应力已经超出了绝缘系统老化后不断下降的承受强度。尽管极端故障可能与开关浪涌、雷击浪涌或短路穿越故障直接相关，但造成绝缘系统削弱后出现故障状况的根本原因在于化学和热老化过程（根据著名的阿伦纽斯关系模型）。

几十年来，人们一直都是通过这种关系模拟变压器老化过程。从蒙辛格（Montsinger）和达金（Dakin）两人的早期研究内容来看，人们在变压器负载模型方面开展了很多工作。经过多年的改进，这种方法将继续构成变压器负载设计依据，并纳入 IEC 标准和 IEEE 标准（如 IEEE 标准 C57.91 ™、IEC 60076-7）。这种比较完善的负载模型可进一步用于获得各种危险率函数，而这些危险率函数考虑了绝缘系统状况参数（水分、氧气和其他油质数据），以及变压器负载历史记录的统计数据分布。

在该模型中，采用各种标准统计方法将负载数据转化为热点温度概率密度分布，随后通过阿伦纽斯关系模型，并按照简单但精确的概率转换方法将热点温度概率密度分布转化为预期使用寿命概率密度分布。一旦获得了这种分布，则可轻松获得危险率函数，如图 8-12 所示的典型结果。

如图 8-13 所示，通过比较危险率模型和公开发布的行业数据，可以提供危险率模型在不同绝缘环境和典型负载条件下的敏感度。这些危险率曲线不仅说明趋势符合模型预期要求，该模型更重要的意义是能够根据负载和绝缘状态因素，对规划期内各年故障的发生概率进行定量估计。显然，本文所描述的模型并不比它所基于的 IEC 或 IEEE 负载模型更精确，当然也不比所使用的特定 DGA 状态数据和负载分布更精确。然而，与使用基于行业数据的平均危险率函数相比，该模型可以为资产管理公司提供更好的基于风险的资产管理决策依据。

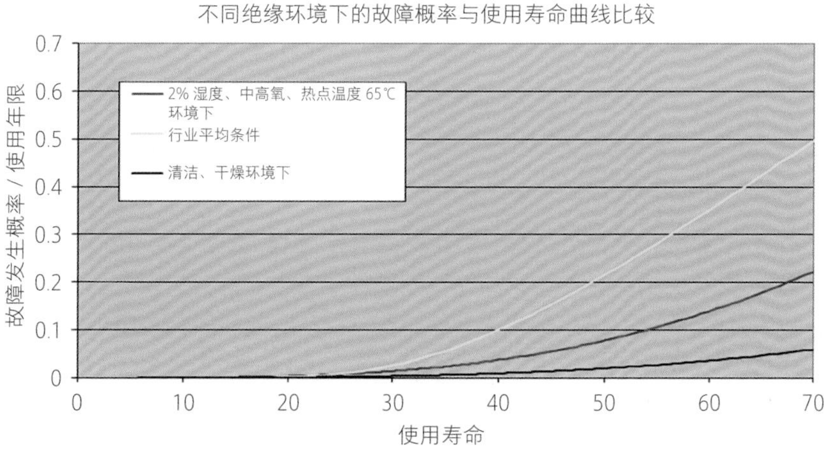

图 8-13　用作绝缘状态函数因素的预期使用寿命

校准稀疏数据获得危险率函数的方法见图 8-14 说明。

对同类资产群体进行行业危险率函数校准，可将资产统计分布数据与危险率函数进行卷积，以此计算预期故障数量，从而与资产实践数据进行比较，即当前在役资产和依据丰富经验主动替换资产的故障数量。图 8-15 是假定对 1000 台变压器资产进行危险率分析的案例说明。

图 8-16 所示电子表格参照危险率函数对资产统计信息数据进行卷积，以此估计资产群体的故障预期数量。这些资产统计信息数据可能包括在役故障的变压器以及在已知严重问题情况下主动移出服务的变压器（如果不采取移出服务行动，变压器可能会发生在役故障）。在这种特殊情况下，该模型预测了 10 次资产故障。如果这一预测与实际的故障 / 替换率数据一致，则（该模型预测的）平均值、标准差（就 CIGRE 电网案例而言，分别为 55 年、11 年）以及危险率函数是可以作为参考依据的。如果与实际的故障 / 替换率数据不一致，则可

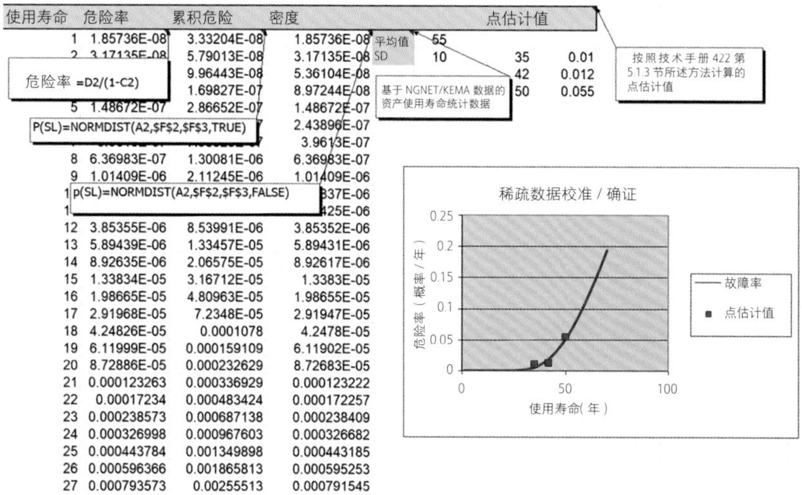

使用寿命	危险率	累积危险	密度
1	1.85736E-08	3.33204E-08	1.85736E-08
2	3.17135E-08	5.79013E-08	3.17135E-08
[illegible]	[illegible]	9.96443E-08	5.36104E-08
[illegible]	[illegible]	1.69827E-07	8.97244E-08
5	1.48672E-07	2.86652E-07	1.48672E-07
[illegible]	[illegible]	[illegible]	2.43896E-07
[illegible]	[illegible]	[illegible]	3.9613E-07
8	6.36983E-07	1.30081E-06	6.36983E-07
9	1.01409E-06	2.11245E-06	1.01409E-06
[illegible]	[illegible]	[illegible]	[illegible]
[illegible]	[illegible]	[illegible]	[illegible]
12	3.85355E-06	8.53991E-06	3.85352E-06
13	5.89439E-06	1.33457E-05	5.89431E-06
14	8.92635E-06	2.06575E-05	8.92617E-06
15	1.33834E-05	3.16712E-05	1.3383E-05
16	1.98665E-05	4.80963E-05	1.98655E-05
17	2.91968E-05	7.2348E-05	2.91947E-05
18	4.24826E-05	0.0001078	4.2478E-05
19	6.11999E-05	0.000159109	6.11902E-05
20	8.72886E-05	0.000232629	8.72683E-05
21	0.000123263	0.000336929	0.000123222
22	0.00017234	0.000483424	0.000172257
23	0.000238573	0.000687138	0.000238409
24	0.000326998	0.000967603	0.000326682
25	0.000443784	0.001349898	0.000443185
26	0.000596366	0.001865813	0.000595253
27	0.000793573	0.00255513	0.000791545

平均值	55	点估计值	
SD	10	35	0.01
		42	0.012
		50	0.055

图 8-14　基于资产使用寿命基础统计数据的危险率函数计算以及与稀疏故障数据进行比较的方法

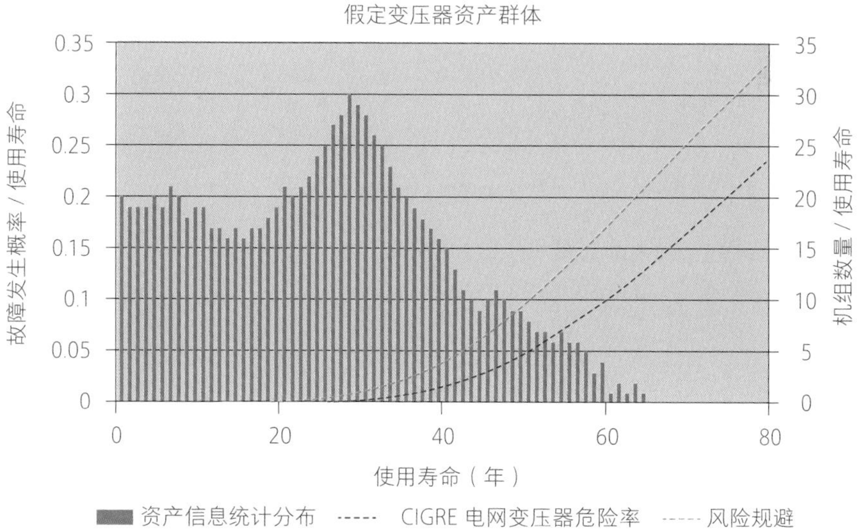

图 8-15　使用 CIGRE 电网变压器危险率函数分析的 1000 台变压器资产统计信息分布

通过调整平均值和标准差的方式校准危险率函数，从而提供与资产群体实际数据相匹配的预期故障估计值。

Mean	55	预期故障数量和主动更换的变压器总数量	10
SD	11		

故障发生率（根据风险率）乘以资产使用统计数据（对所有服务年限进行求和）

风险偏好类型	
风险中性	1
风险厌恶	0.25
极度风险厌恶	0.5
每年在役故障预期数量	8
影响成本（单位：千美元）$	16800

使用寿命	危险率	累计危险率	概率密度	风险程度	资产数据统计分布
1	2.1206E-07	4.575E-07	2.1205E-07	9.8818E-06	20
2	3.2997E-07	7.2436E-07	3.2997E-07	1.3767E-05	19
3	5.0922E-07	1.1378E-06	5.0922E-07	1.9062E-05	19
4	7.7938E-07	1.773E-06	7.7938E-07	2.6231E-05	19
5	1.1831E-06	2.7408E-06	1.1831E-06	3.5872E-05	20
6	1.781E-06	4.2036E-06	1.781E-06	4.8753E-05	19
7	2.6592E-06	6.3959E-06	2.6592E-06	6.5851E-05	21
8	3.9377E-06	9.6548E-06	3.9376E-06	8.8395E-05	20
9	5.7828E-06	1.4459E-05	5.7827E-06	0.00011792	18
10	8.4227E-06	2.1484E-05	8.4225E-06	0.00015635	19
11	1.2167E-05	3.1671E-05	1.2166E-05	0.00020601	19

图 8-16　基于有效故障率数据的同类资产群体危险率函数校准的简易电子表格

显然，与不良数据或无数据相比，人们会优先使用大而优的数据。有人会说，与无任何数据可用相比，能用一些数据（无论数据源如何，只要能提供令人可接受的答案）总归不错。

宁要模糊的正确，也不要精确的错误。[1]

然而，就资产管理者而言，必须始终维护的一个因素是其在进行商业案例分析时的诚信，而实现该诚信的最佳方式是将各种假设、数据和方法公开化。尽管数据既全面、质量又高是大家所期望的，但这种极有可能无法实现，也不切实际，甚至可能毫无必要。进行商业案例计算时，总是存在一定程度的不确定性。譬如，在财务分析过程中，必须先设定预期通胀率和贴现率，后计算现值。这两个数据均难以预测，并且其不确定性可能远超资产使用寿命数据中的任何不确定性，这一点将通过本章文末的敏感度分析展开讨论。然而，不可避免的是，对于在挖掘资产使用寿命最佳可行数据时所投入的时间和精

[1] 卡维斯·里德（Carveth Read），18 世纪《逻辑与推理》书籍作者。

力，所得到的回报将是作出更好的资产管理决策，并提高资产管理公司在提出对这些决策进行批准时的可信度和声誉。

8.5 分析方法

在进行基于风险的商业案例财务分析时，除了以危险率函数形式的资产使用寿命数据外，还需要另一些形式的输入数据。上文对简化电子表格进行了初步说明，图 8-17 则提供了一种更加实用的版本。这种电子表格在需要时，可以很容易地根据具体情况逐一构建。

B 列 2020 年的文本框提供了电子表格计算公式，并且这些计算公式在规划期的其余时间内向右传播。如图 8-18 所示，可通过具有代表性的危险率函数确定影响概率。根据前面对稀疏数据与危险率函数的拟合描述，危险率一列中的数据被突出显示，并从本例中的使用寿命 16 年开始到规划期结束这一范围进行数据复制。然后，将这些数据粘贴到电子表格的“故障发生概率”一行。

电子表格中的蓝色区域表示这种变压器发生故障时的影响成本和直接更换成本汇总情况。更换成本将可能根据之前的类似采购情况，以及制造商可能提供的最新报价（如有）进行费用预估。

该表格（图 8-17）的蓝色区域总结了此类变压器发生故障时的影响成本和直接替换成本。预估的替换成本可根据之前的同类资产采购价和制造商提供的最新报价（如有）进行计算。

对于关系到公用事业公司 KPI 的故障影响成本，通常采用一种保守估计的方法（如电子表格绿色区域所列的相关影响成本）。就本示例（代表某一大型基础负荷发电厂的发电机主输出变压器）而言，停电成本较高，平均每天为 100 万美元。据估计，拆除故障设备，并进行现场备用设备更换，停电时间为 10 天。如果紧急拆除故障设备、

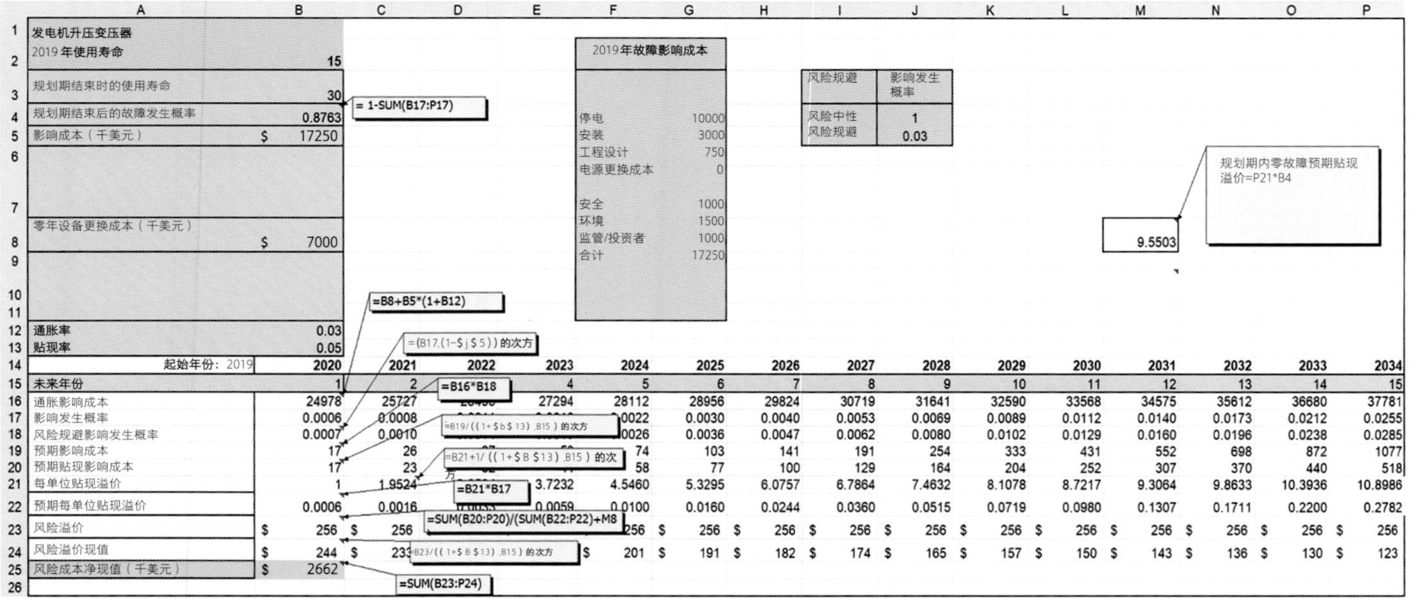

	A	B
1	发电机升压变压器	
2	2019 年使用寿命	15
3	规划期结束时的使用寿命	30
4	规划期结束后的故障发生概率	0.8763
5	影响成本（千美元）	$ 17250
8	零年设备更换成本（千美元）	$ 7000
12	通胀率	0.03
13	贴现率	0.05

	A	B	C	D	E	F	G	H	I	J	K	L	M	N	O	P
14	起始年份：2019	2020	2021	2022	2023	2024	2025	2026	2027	2028	2029	2030	2031	2032	2033	2034
15	未来年份	1	2	3	4	5	6	7	8	9	10	11	12	13	14	15
16	通胀影响成本	24978	25727	[illegible]	27294	28112	28956	29824	30719	31641	32590	33568	34575	35612	36680	37781
17	影响发生概率	0.0006	0.0008	[illegible]	[illegible]	[illegible]	0.0030	0.0040	0.0053	0.0069	0.0089	0.0112	0.0140	0.0173	0.0212	0.0255
18	风险规避影响发生概率	0.0007	0.0010	[illegible]	[illegible]	[illegible]	0.0036	0.0047	0.0062	0.0080	0.0102	0.0129	0.0160	0.0196	0.0238	0.0285
19	预期影响成本	17	26	[illegible]	[illegible]	74	103	141	191	254	333	431	552	698	872	1077
20	预期贴现影响成本	17	23	[illegible]	[illegible]	58	77	100	129	164	204	252	307	370	440	518
21	每单位贴现溢价	1	1.9524	[illegible]	3.7232	4.5460	5.3295	6.0757	6.7864	7.4632	8.1078	8.7217	9.3064	9.8633	10.3936	10.8986
22	预期每单位贴现溢价	0.0006	0.0016	[illegible]	0.0059	0.0100	0.0160	0.0244	0.0360	0.0515	0.0719	0.0980	0.1307	0.1711	0.2200	0.2782
23	风险溢价	$ 256	$ 256	[illegible]	[illegible]	256	$ 256	$ 256	$ 256	$ 256	$ 256	$ 256	$ 256	$ 256	$ 256	$ 256
24	风险溢价现值	$ 244	$ [illegible]	[illegible]	[illegible]	$ 201	$ 191	$ 182	$ 174	$ 165	$ 157	$ 150	$ 143	$ 136	$ 130	$ 123
25	风险成本净现值（千美元）	$ 2662														

图 8-17　假设 GSU 在 2019 年的 15 年服务期限注释工作表

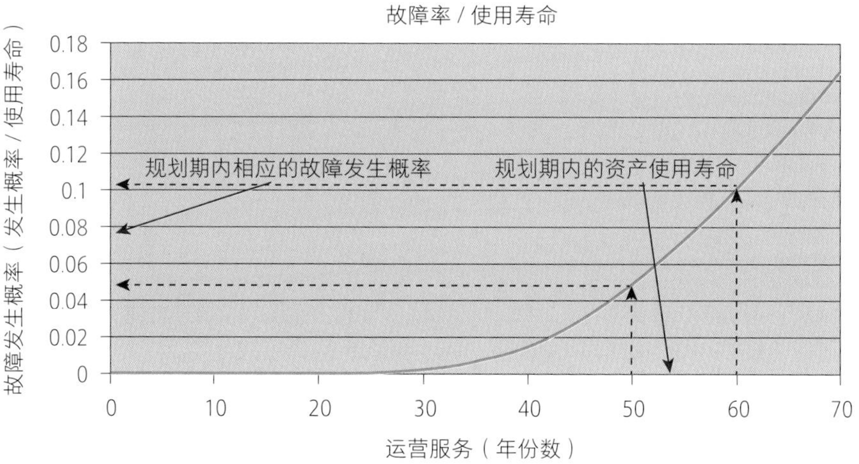

图 8-18 危险率函数在风险商业案例分析中的应用说明
（CIGRE 工作组 C1.25，2014）

将替代设备移至适当位置，并准备投入使用，则由此产生的工程和后勤管理成本估计为 375 万美元。对于这样的发电厂，当部分电力变压器发生故障时，需要从电网购买电力，来支撑自身厂内用电。然而，在本示例中，我们假设该变压器发生故障后不需要购买厂用电量。

人员人身安全和公共安全通常成为公用事业公司优先级最高的一项 KPI。对人员人身安全风险的考虑可分为两类，即自愿风险、非自愿风险。自愿风险是指人员工作性质中的固有风险。为了消除人员风险，此类风险都是按照确定性规则和工作方法进行管理的，并由公用事业公司负责提供各种培训、监控以及工作监督技术，确保能够采用安全的工作方法。

此外，自愿风险也是指工作人员自我可控的风险。然而，变压器故障、断路器故障或其他设备故障属于非自愿风险的诱因。这些故障可能涉及套管故障、或由固体颗粒物 / 热油喷射引起的油箱破裂，并可能会影响附近任何人员的人身安全。这种故障通常会引起大面积火灾，这也是一个非常重要的健康和安全问题（CIGRE 工作组 A2.33、IEEE 电力变压器委员会 2009、CIGRE 工作组 12.05，1987）。公用事业公司通常会投资各种缓解措施，如变压器外壳和各种消防系统等方面，以降低噪声水平，此举也能减少人员安全隐患。

虽说生命是“无价”的，但以无限投入成本的方法试图完全消除人员风险可能会导致一个现实的政策问题，也就是说，为了保护人类的生命，付出多少货币成本是合理的。

尽管可能不是出于商业案例分析的目的，但重视人类生命的尝试有着悠久的历史（摩西 Moses）。公用事业公司确实投入了大量资金，并充分认识到这些资金可以减少（但无法完全消除）对人员人身安全和公共安全构成的各种风险。英国健康与安全执行局就人类生命可容忍和不可接受风险之间的界限提供了一些指导（HSE，2001 年），如下所示。

“可容许”死亡风险与“不可接受”死亡风险的界限

132 对这一界限的探讨，没有一个像上面描述的广义上的可容许和可接受的风险界限一样广泛适用的个人风险标准。原因是对暴露在风险中的个体来说，等级很高的风险是难以接受的，或者风险事件引发的不良后果会产生更广泛的社会影响。客观地说，等级很高的个体风险不可能不引起社会关注，例如，正如我们已经讨论过的那样，基于公平的理由。然而，反过来说就行不通了，社会较少关注对大多数人来说风险较低、但会影响弱势群体（如孩童、老人和易感人群）的危险，这是不公平的。此外，对个人来说，暴露在某些活动中的平均风险是较低的，但对特定事件的社会政治应对措施判断，所有受影响人群的风险加起来可能是难以接受的，比如铁路事故。尽管如此，在核电站风险容忍度文件中，我们仍然建议每年千分之一的死亡率应当作为一种分界线，以此区分在职业生涯的大部分时间里，任何工种都可容许的风险和任何一个相当特殊的群体都可以接受的风险。对于“出于社会广泛利益需要”而被迫面临风险的人群来说，这一界限被认为低一个数量级，应为每年万分之一的死亡率。

133 然而，这些限制很少起作用。正如我们所指出的那样，达到一定程度的风险不仅关系到个体安全，也会引起社会关注，且社会关注往往在判定风险是否不可接受方面发挥着更大的作用。其次，这种限制是针对最难把控的活动而制定的，反映在国际层面上能够达成的共识情况。英国大多数行业的实际表现要好得多。

注：英国健康与安全执行局的可容许/不可容许风险的指导意见（HSE，2001）。

当然，建议使用的发生概率值是多重事件的组合发生概率，例如一台在役资产发生爆炸故障时有人员在附近。在这种情况下，人员安全受到影响的概率等于在役资产故障概率乘以故障发生时有人员在场的概率。如果可能面临这种人员安全风险，则进行资产投资商业案例分析时需要以货币形式来评估此种安全风险的影响程度。根据美国在

1985—2000 年期间对 16 家联邦监管机构所进行的调查研究（Viscusi，2006 年），结果显示，生命价值的预估范围，在 100 万美元到 630 万美元之间（根据 2000 年的美元水平计算）。

英国健康与安全执行局提供的最新工伤数据（2016/2017）显示，死亡事故的平均成本为 160 万英镑，而非死亡事故成本为 8400 英镑（HSE，2017）。虽然这些数据可提供参考范围，但结合公用事业公司过去与安全有关的索赔案件以及其管辖范围内的相关法律判例来看，能提供更加具体的金额。如果对涉及人员进行更详细的危险概率分析，则可能会指向一个水平低得多的风险值；然而，在本假设示例中，我们选择了 100 万美元的保守值。

同安全风险一样，要将资产故障对环境的潜在影响折算成货币，最有效的方法也是根据公用事业公司以往在解决资产故障造成的环境影响时的成本和当地司法判例。这些成本可能包括清理和补救的直接成本、法律和解成本和罚款。此外，资产故障也可能被新闻媒体报道，引起公众、监管机构和投资者的关注，处理这些影响需要的成本也很可观。这些也可以是实质性质的，如本示例所示。正如之前在人员安全影响方面所讨论的那样，以货币值表示的企业其他关键绩效指标不仅与资产发生在役故障的概率有关，还和在役故障的影响程度和范围有关。通常情况下，出于对可选投资方案进行比较的战术决策需要，人们会保守地假设如果资产发生故障，则会出现全额的货币化影响。当然，如有必要且数据可用，人们会选择直接对影响成本进行较为严格的估计。

在商业案例分析表格中，右上方绿色方框包含与风险规避和风险溢价有关的数据。在大多数情况下，直接进行风险商业案例计算，并根据风险经典定义，预期影响成本可计算为影响成本和影响概率的乘积。预期影响成本是一个理论值，相当于在诸多试验条件下可能得出的平均值。

例如，如果提供 100 美元的奖金，这是基于对抛出一枚公平硬币时正反面的成功预测，那么成功预测一次的期望值是 100 美元乘以概率 0.5，等于 50 美元。如果重复多次抛出硬币，结果分别是 0 美元或 100 美元，如果对这些结果取平均值，平均价值将会是 50 美元。但对于像变压器决策分析这样的商业案例，则没有对多起重复事件成本取平均值的机会。因此，需要制定一个能够将预期影响成本转化为可信的实际成本的机制。为此，如下一节所述，可按照保险公司所用的精算程序来计算保险费成本。

8.6 基于商业案例分析的货币化预期风险评估

Ofgem 最近发表了一份题为《输电 NOMs 方法》的出版物（Ofgem 风险附录），此出版物在 NGNET 风险附录的第 12 页中进行了如下讨论：

当考虑某一确定时期内的一次性单一风险时，风险事件会存在两种预期结果（出现该风险后，会引发全后果成本；不出现任何风险事件情况下，会引发零后果成本）。

因此，当某一确定时期内存在多种风险时，最好根据总风险成本计算需要的准备金。这是因为如果仅考虑其中一部分风险，则叠加各种风险成本得到的财务准备金将大于或小于实际需要。

在风险商业案例分析中，这个问题对公用事业公司的具体资产维持或更换投资决策非常重要。在商业案例分析过程中，公用事业公司的目标是比较可选投资方案中的成本与效益，以此确定最佳方案。对于考虑可选资产维持投资方案的公用事业公司，成本可能包括资本性成本和 / 或维护或运营成本，而在作出投资决定时，这些成本的净现值取决于规划期内该成本发生的时间节点。

这些成本需要与效益进行比较，收益通常是规避风险的影响成本。投资成本净现值会在规划期内有所减少，而不投资所导致的风险处理成本（如额外修理成本、更换成本、计划外停电成本等）会在规划期内有所增加。尽管投资成本和投资时机是可以确定的，但不投资的影响成本是需要估计的风险之一。

通常情况下，公用事业公司会根据最佳可选干预措施和规划期内的最佳投资时机选择作出最优选择。由于确定这种最优选择对公用事业公司来说十分重要，因此，在风险商业案例分析过程中，需要将年度风险成本现值相加，以此确定这些投资方案的总成本 NPV（净现值）。

公用事业公司希望并需要在 10 年、15 年或更长时间的规划期内通过这种较为复杂的基于风险的商业案例分析，以有效作出各种投资决策，并需要正确了解技术 / 财务 / 风险情况。在 CIGRE 早期版本的技术手册中，按照保险费衡量标准将预期成本转换为假定真实成本。

在某些情况下，公用事业公司会将多个相似风险打包成组合对资产进行投保，这一方式的保费大大低于公用事业公司的风险预期成本（见《电网资产管理应用案例研究》第 8 章“可选资产管理投资保险”）。在其他情况下，公用事业公司会选择进行风险自保。就 CIGRE 最近出版的技术手册中使用的方法，以及本节中详细阐述的方法，可用于对风险自保费进行估计，而这种风险自保费需要根据货币化风险或预期成本情况进行设置。这种方法在相关文献描述中得到了支持，例如在参考文献［19］以及［25］~［28］中的描述：

在能够进行风险投保的情况下，可根据投保成本（即保险费）对该风险进行影子投标定价法评估，而不是确定风险发生时的结果预期值。保险费表示承担 PPP 潜在转移风险的实际成本。如为 PSC，这些保险费的价值也可表示这些风险的价值（前提是公共部门保留这些风险）。

许多公用事业公司都是通过商业投保的方式转移部分风险。这种保险通常会涵盖具体类别资产的特定风险类型。例如，公用事业公司可从早期故障、偶然事件、非计划事件、不可预见事件这几方面对大型发电机、电力变压器等主要设备进行投保。某些形式的商业保险可能仅涵盖设备，并未包括一些附加风险如 Marsh 保险公司所报告的。但是，如《电网资产管理应用案例研究》第 8 章所述，也存在覆盖范围更广的综合险（涵盖包括间接成本在内的各种风险）。因此，对于运营超出正常预期经济寿命的老化设备，以及 / 或执行“运行到故障”的运营政策的公用事业公司，可能会或可能不会针对这些故障引起的以下间接成本进行投保：

- 业务中断成本；
- 环境清理和 / 或罚款；
- 场外疏散；
- 企业声誉损害；
- 火灾或事件响应过程中的现场和非现场人身伤害；
- 法规中的健康与安全规定的处罚。

因此，如果发生这些费用，默认由公用事业公司承担上述成本。从商业案例分析角度来看，公用事业公司需要确定承担风险的成本真实估计。部分成本可能会进行商业投保，但大部分成本则可能需要自身保险来覆盖。虽然资产投资可以选择资本成本和运营成本（CAPEX、OPEX），但根据投资方案和公用事业公司净风险成本的不同，能在一定程度上减少公用事业公司所面临的风险。为确定最佳投资方案，公用事业公司需要对其在规划期内的净风险总和与 OPEX 和 CAPEX 这两种投资成本进行一番比较。

幸运的是，在保险业所用程序的有效指导下，公用事业公司可针对风险商业案例分析中的风险或其预期成本设计一种可靠的评估方法。例如，在简单定期人寿保险案例中（参考文献 [26]），如果一名 60 岁人员希望购买一份定期人寿保险，如果他在 60 岁开始计算的 5 年内死亡，其受益人将可能获得 1 万美元的补偿金。表 8-5 讲述了保险公司在根据这种保单计算保费时所采用的一种传统方法。

表 8-5 净收入发生概率分布 [60 岁情况下的 5 年定期保单（保额：1 万美元）]

死亡年龄（1）	发生概率（2）	净收入（3）	贴现净收入（4）
60	0.0200	P–10000	$P-10000v$
61	0.0214	2P–10000	$P+Pv-10000v^2$
62	0.0228	3P–10000	$P+Pv+Pv^2-10000v^3$
63	0.0242	4P–10000	$P+Pv+Pv^2+Pv^3-10000v^4$
64	0.0256	5P–10000	$P+Pv+Pv^2+Pv^3+Pv^4-10000v^5$
65+	0.8860 1.0000	5P	$P+Pv+Pv^2+Pv^3+Pv^4$

注 简单定期保单保费计算（参考文献 [26]）。

所谓“纯保费”的计算方法是将贴现保费收入预期值减去贴现成本预期值等于零，然后求出保费 P。纯保费是指保险公司在交易中实现收支平衡所需的保费。在实践中，保险公司会在纯保费基础之上新增管理成本和利润。这种计算的结果见图 8-19。

保险总额	\$ 10,000
保险利息	0.05
现值系数 v	0.9524

投保年龄	60	61	62	63	64	> 或 = 65	总计
死亡概率	0.02	0.0214	0.0228	0.0242	0.0256	0.886	
预期贴现成本（单位：美元）	\$ 190	\$ 194.10	\$ 196.95	\$ 199.09	\$ 200.58	\$ –	\$ 981
每单元预期保费收入	0.02	0.0418	0.0652	0.0901	0.1164	4.0277	4.3612

纯保费	\$ 224.99

图 8-19 简单定期保单纯保费计算

虽然这是一个简单示例，但其基本原则可用于资产投资决策中的风险评估。在此案例中，计算依据是平衡保单期限内风险的预期货币化价值和保费溢价的预期值。上文提过的 Ofgem 的《输电 NOMs 方法》的风险附录所关注的重点需要认真考虑。也就是说，不能在规划期内对间接成本预期值进行简单相加，理由是与预期间接成本相比，实际间接成本要么非常大，要么为零，取决于在规划期内是否真的发生了故障。

人寿保险示例以同样的方式（即投保人在保单期限内可能会死亡，也可能不会死亡）反映出这一点。这一事实在计算达到 65 岁时的保费收入预期值时有所体现，由于达到 65 岁以后的几年中，死亡概率变大，为 0.886，因此考虑这一点很重要。将投保人在保单期限外发生死亡的概率考虑在内，可补偿并减少保费。

对于采用这一基本方法的人寿保险公司，输赢情况不定（赢：投保人未在保单期限内死亡；输：投保人死亡后，人寿保险公司需要按照保单面值进行赔付）。总体来说，人寿保险公司赢的情况比较多，这是因为这些保险公司能够通过对成千上万投保人采用这一方法的方式从保险费上赚取少量利润。如果公用事业公司采用这一基本方法，同样需要通过财务会计系统对大量资产群体运用此方法计算所经营的成千上万资产的自保风险。

虽然这一简单的人寿保险示例与老化资产相关的投资决策考虑明显不同，但可对部分原则进行调整。虽然人寿保险案例中的死亡间接成本恒定不变（即 1 万美元），但资产故障的间接成本极有可能会在通胀情况下有所增加。不过，与人寿保险案例如出一辙的是，如果不进行干预，根据相关资产危险率函数计算，故障发生概率极有可能会有所增加。

同样，在进行类似于人寿保险示例的计算时，运用贴现后的预期间接成本，可参照规划期内纯自身保险相对应的保费，该保费是将风险成本货币化后的值，并且能够补偿规划期结束后可能出现的间接成本。

对于规划期结束后的故障发生概率，可按照特力福（Tryfos）所述方法进行计算。对于规划期内的任何一年的故障发生概率，可通过危险率函数进行计算。对于规划期内的任何一年的故障发生概率，是根据规划期内所有年份的故障，发生在第 1 年或第 2 年或第 3 年的概率（以此类推）计算得出的。鉴于这些潜在事件具有互斥性，规划期内的故障发生总概率是指规划期内的每个年度危险率的总和。如果按照此方式计算接近报废的资产，危险率值总和可能大于一。这种情况所带来的影响是，数据预测的是规划期内的故障，这也意味着，这个计划期内的商业案例不具有现实意义。因此，必须在更短的规划期内对这类老化资产进行商业案例分析。《电网资产管理应用案例研究》第 3 章对这一情况进行了说明。超过规划期后的生存概率可根据资产在规划期外的生存概率（即 1 减去整个规划期的累积危险率故障概率）进行计算。

图 8-20 说明了某一使用年限为 15 年的发电机组（GSU）超过规划期后的危险率的计算过程。基于此方法的计算结果见图 8-21 中使用年限为 23 年的类似（GSU）变压器。假设这些变压器为某一大型核电站的主要输出变压器，并且该核电站的特点是停电成本、在役故障的间接成本都很高，因此，其风险溢价成本会极高。通过图 8-19、图 8-21 可以得知，与使用年限为 23 年的变压器相比，使用年限为 15 年的变压器风险溢价和风险溢价净现值都低得多。这是因为规划使用年限为 15 年的变压器（比使用 23 年的变压器）在规划期内每年的故障发生概率更低，而在规划期后（使用 15 年之后）每年的故障发生概率逐年上升。

为便于比较，下文将通过典型地区输电变压器电子表格进行说明。在这一案例中，表格中计算的风险影响成本能够反映这样一个事实，即绝大部分输电网络在设计时考虑了充足的裕度，以避免在变压器故障比例非常高的情况下，故障所造成的负荷缺失（图 8-22）。

对于一台规划期开始时使用寿命为 35 年的变压器来说，考虑其更换方案的实施时机，可通过此模型进行分析。分析结果取决于所假设的通胀率和贴现率，以及在规划期内发生在役故障时的影响成本估

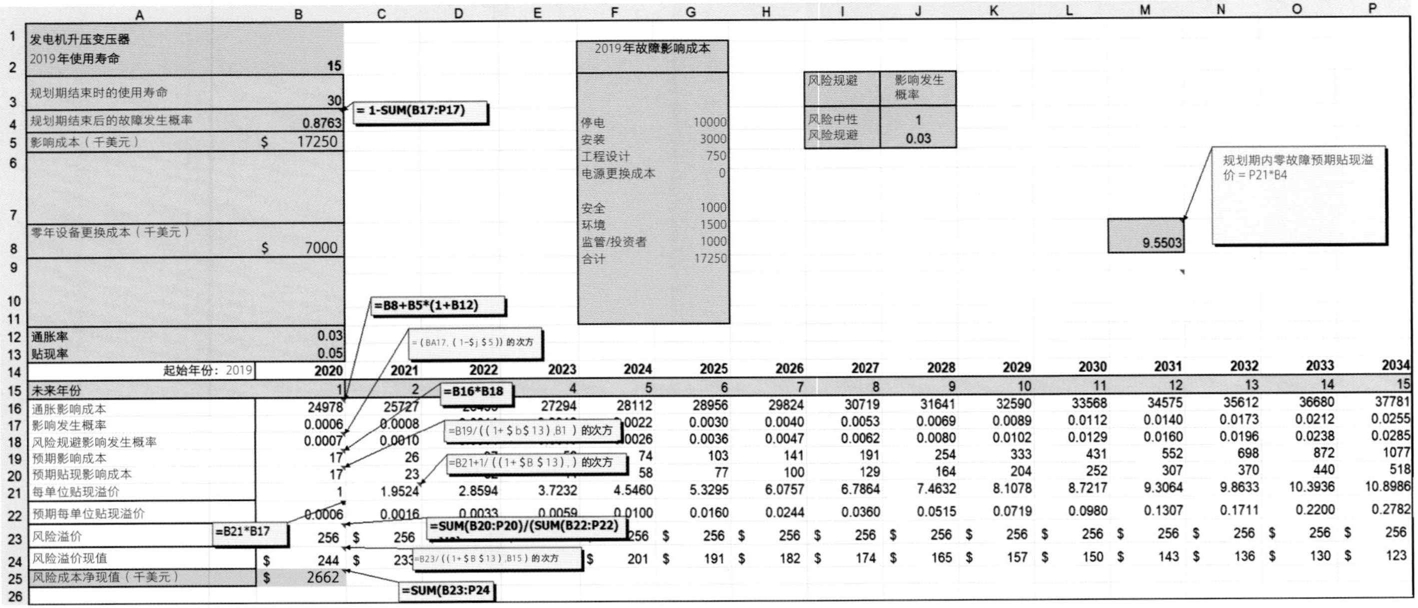

发电机升压变压器	
2019年使用寿命	15
规划期结束时的使用寿命	30
规划期结束后的故障发生概率	0.8763
影响成本（千美元）	$ 17250
零年设备更换成本（千美元）	$ 7000
通胀率	0.03
贴现率	0.05

2019年故障影响成本	
停电	10000
安装	3000
工程设计	750
电源更换成本	0
安全	1000
环境	1500
监管/投资者	1000
合计	17250

风险规避	影响发生概率
风险中性	1
风险规避	0.03

M8：9.5503

起始年份：2019	2020	2021	2022	2023	2024	2025	2026	2027	2028	2029	2030	2031	2032	2033	2034
未来年份	1	2	3	4	5	6	7	8	9	10	11	12	13	14	15
通胀影响成本	24978	25727	[illegible]	27294	28112	28956	29824	30719	31641	32590	33568	34575	35612	36680	37781
影响发生概率	0.0006	0.0008	[illegible]	[illegible]	[illegible]	0.0030	0.0040	0.0053	0.0069	0.0089	0.0112	0.0140	0.0173	0.0212	0.0255
风险规避影响发生概率	0.0007	0.0010	[illegible]	[illegible]	[illegible]	0.0036	0.0047	0.0062	0.0080	0.0102	0.0129	0.0160	0.0196	0.0238	0.0285
预期影响成本	17	26	[illegible]	[illegible]	74	103	141	191	254	333	431	552	698	872	1077
预期贴现影响成本	17	23	[illegible]	[illegible]	58	77	100	129	164	204	252	307	370	440	518
每单位贴现溢价	1	1.9524	2.8594	3.7232	4.5460	5.3295	6.0757	6.7864	7.4632	8.1078	8.7217	9.3064	9.8633	10.3936	10.8986
预期每单位贴现溢价	0.0006	0.0016	0.0033	0.0059	0.0100	0.0160	0.0244	0.0360	0.0515	0.0719	0.0980	0.1307	0.1711	0.2200	0.2782
风险溢价	256	$ 256	[illegible]	[illegible]	256	$ 256	$ 256	$ 256	$ 256	$ 256	$ 256	$ 256	$ 256	$ 256	$ 256
风险溢价现值	$ 244	$ [illegible]	[illegible]	[illegible]	$ 201	$ 191	$ 182	$ 174	$ 165	$ 157	$ 150	$ 143	$ 136	$ 130	$ 123
风险成本净现值（千美元）	$ 2662														

图 8-20　使用年限为 15 年的 GSU 计算过程说明电子表格（带注释）

发电机升压变压器	
2019**年使用寿命**	**23**
规划期结束时的使用寿命	**38**
规划期结束后的故障发生概率	**0.4656**
影响成本（千美元）	$ 17250
零年设备更换成本（千美元）	$ 7000
通胀率	**0.03**
贴现率	**0.05**

2019年故障影响成本	
停电	10000
安装	3000
工程设计	750
电源更换成本	0
安全	1000
环境	1500
监管/投资者	1000
合计	17250

风险规避	影响发生概率
风险中性	**1**
风险规避	**0.03**

5.0745

起始年份：2019	**2020**	**2021**	**2022**	**2023**	**2024**	**2025**	**2026**	**2027**	**2028**	**2029**	**2030**	**2031**	**2032**	**2033**	**2034**
未来年份	1	2	3	4	5	6	7	8	9	10	11	12	13	14	15
通胀影响成本	24978	25727	26499	27294	28112	28956	29824	30719	31641	32590	33568	34575	35612	36680	37781
影响发生概率	0.0069	0.0089	0.0112	0.0140	0.0173	0.0212	0.0255	0.0305	0.0359	0.0420	0.0487	0.0559	0.0636	0.0719	0.0807
风险规避影响发生概率	0.0080	0.0102	0.0129	0.0160	0.0196	0.0238	0.0285	0.0338	0.0397	0.0462	0.0533	0.0609	0.0691	0.0778	0.0871
预期影响成本	200	263	341	436	551	688	850	1039	1257	1506	1789	2107	2462	2855	3289
预期贴现影响成本	191	238	294	359	432	513	604	703	810	925	1046	1173	1306	1442	1582
每单位贴现溢价	1.0000	1.9524	2.8594	3.7232	4.5460	5.3295	6.0757	6.7864	7.4632	8.1078	8.7217	9.3064	9.8633	10.3936	10.8986
预期每单位贴现溢价	0.0069	0.0173	0.0321	0.0523	0.0789	0.1128	0.1551	0.2067	0.2683	0.3407	0.4245	0.5201	0.6277	0.7477	0.8798
风险溢价	$ 1217	$ 1217	$ 1217	$ 1217	$ 1217	$ 1217	$ 1217	$ 1217	$ 1217	$ 1217	$ 1217	$ 1217	$ 1217	$ 1217	$ 1217
风险溢价现值	$ 1159	$ 1104	$ 1051	$ 1001	$ 954	$ 908	$ 865	$ 824	$ 785	$ 747	$ 712	$ 678	$ 645	$ 615	$ 585
风险成本净现值（千美元）	$ 12633														

图 8-21　适用于确定使用年限为 23 年的类似 GSU 变压器的风险保费的保险模型

发电机升压变压器	
2019 年使用寿命	35
规划期结束时的使用寿命	50
规划期结束后的故障发生概率	0.6216
影响成本（千美元）	$ 1350
零年设备更换成本（千美元）	$ 2000
通胀率	0.03
贴现率	0.05

2019 年故障影响成本	
停电	0
安装	500
工程设计	250
电源更换成本	0
安全	0
环境	500
监管/投资者	100
合计	1350

风险规避	影响发生概率
风险中性	1
风险规避	0.03

	4.1238

起始年份：2019	2020	2021	2022	2023	2024	2025	2026	2027	2028	2029	2030	2031	2032	2033	2034
未来年份	1	2	3	4	5	6	7	8	9	10	11	12	13	14	15
通胀影响成本	3451	3554	3661	3770	3884	4000	4120	4244	4371	4502	4637	4776	4920	5067	5219
影响发生概率	0.0085	0.0100	0.0117	0.0136	0.0157	0.0180	0.0205	0.0232	0.0261	0.0293	0.0327	0.0363	0.0401	0.0442	0.0484
风险规避影响发生概率	0.0098	0.0115	0.0134	0.0155	0.0177	0.0203	0.0230	0.0260	0.0292	0.0326	0.0362	0.0401	0.0442	0.0485	0.0530
预期影响成本	34	41	49	58	69	81	95	110	127	147	168	192	218	246	277
预期贴现影响成本	32	37	42	48	54	60	67	75	82	90	98	107	115	124	133
每单位贴现溢价	1	1.9524	2.8594	3.7232	4.5460	5.3295	6.0757	6.7864	7.4632	8.1078	8.7217	9.3064	9.8633	10.3936	10.8986
预期每单位贴现溢价	0.0085	0.0196	0.0335	0.0506	0.0712	0.0957	0.1244	0.1574	0.1951	0.2377	0.2853	0.3380	0.3960	0.4593	0.5279
风险溢价	$ 164	$ 164	$ 164	$ 164	$ 164	$ 164	$ 164	$ 164	$ 164	$ 164	$ 164	$ 164	$ 164	$ 164	$ 164
风险溢价现值	$ 156	$ 148	$ 141	$ 135	$ 128	$ 122	$ 116	$ 111	$ 105	$ 100	$ 96	$ 91	$ 87	$ 83	$ 79
风险成本净现值（千美元）	$ 1699														
资本支出+风险净现值	$ 4196.66														

图 8-22　适用于在规划期开始时使用年限为 35 年的典型电网变压器的保险模型

计值。对于在停电影响成本适中的郊区，和在停电影响成本较高的城市中心区这两种情况，图 8-23 给出了典型分析结果。

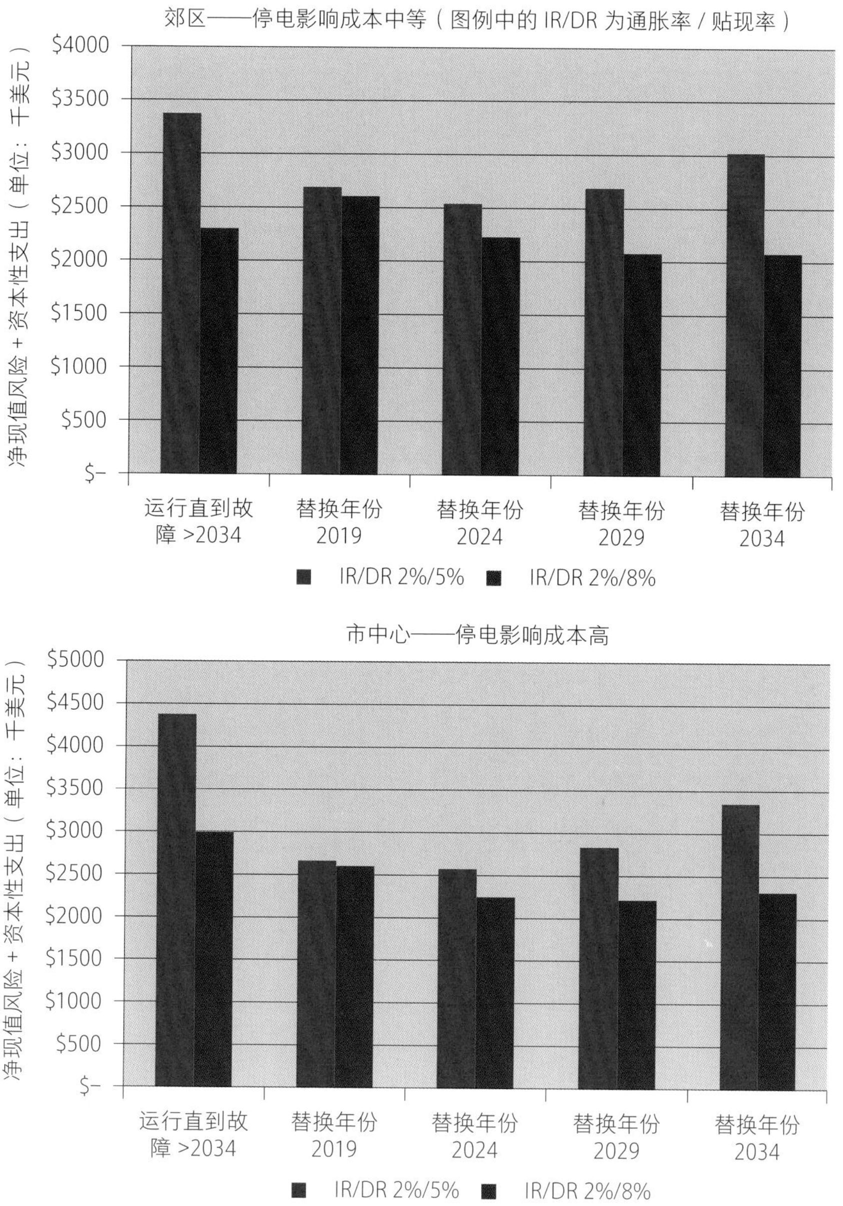

图 8-23　一台电网变压器更换方案实施时机

相关分析结果表明，如果通胀率与贴现率之间的差异相对较小，则与风险成本相比，推迟投资节省的成本不算很多，建议尽早进行更换优化。相反，如果通胀率与贴现率之间的差异较大，则推后投资能节约的 CAPEX（资本性）成本较大，优先考虑将更换时机推后。

8.7 风险偏好

风险溢价是指为避免预期风险引发的未来成本支出而需要支付的一笔金额。主要取决于决策人及其所代表的企业对风险的接受程度。例如，在抛掷硬币时，一个人可能有机会赢得 100 美元或 0 美元。如前文所述，如果公平计算（硬币质地均匀），该事件所带来的预期收益为 50 美元。

为获得赢 100 美元的机会，有的人（如彩票玩家）会愿意支付 60 美元或更多钱，这些人敢于承担各种风险。然而，有的人愿意放弃赢得 100 美元的机会，而接受确定的 30 美元固定报酬，这些人喜欢规避风险。企业对风险的规避程度，需要纳入风险商业案例分析。

如果高级管理者认为当其设施冒出浓烟或有严重漏油事件给环境造成影响时，公众和监管部门的反应是令其难以接受的负面反应，则反映出资产运营者的风险规避程度是在风险厌恶型到极度风险厌恶型区间的。从根据风险中性进行计算的商业案例情况来看，决策者既不是风险回避型，也不是风险追求型。

利用函数关系，结合企业高级管理层制定自身资产管理战略所反映出的风险回避（或风险追求）偏好（相关讨论见第 5 章），可以将输入的故障发生概率值转化为故障风险回避 / 追求概率值。众所周知，考虑到人为因素或组织机构偏差，在商业案例分析中需要调整相关概率。例如，《英国财政部绿皮书》为决策者提供了与财务分析乐观容许度有关的详细指导。显然，（提供这方面的详细指导是为了应对）在政府项目提案中，过分强调项目效益而低估项目成本的过度乐观。对于公用事业公司的资产维持决策，应更侧重于考虑消极 / 负面影响，即在风险规避方面的关注度应高于风险追求。

关于风险回避 / 追求的研究有很多而且各不相同。图 8-24 阐述了三种系数下的相对风险规避效用函数方法，即 n=–0.5 条件下的风险追求型、n=0.25 和 n=0.5 条件下的风险回避型。此外，图 8-24 还阐述了一种指数方法，以及 Arrow-Pratt（AP）度量法的变体。

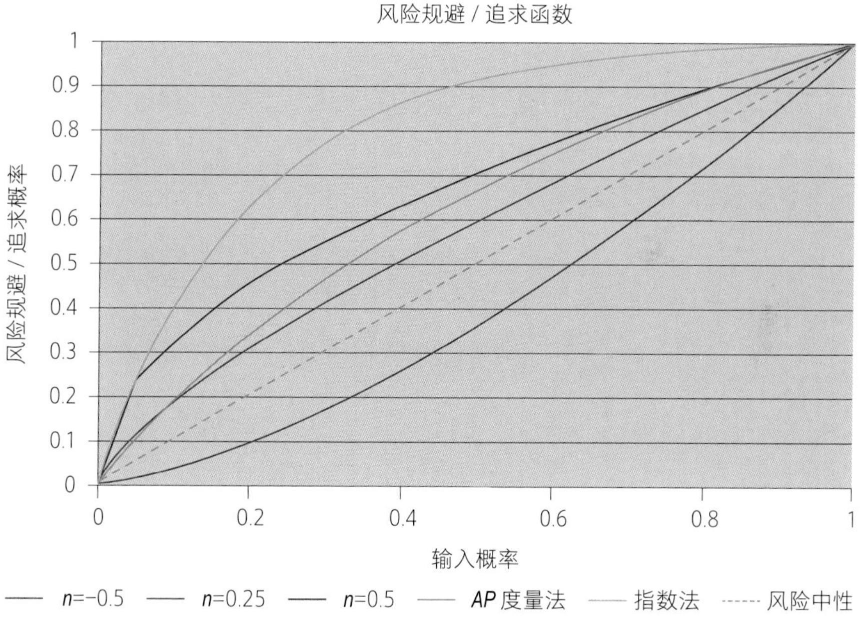

图 8-24　代表企业（或个人）风险偏好的风险分析方法

CRRA	概率（风险规避）= 概率（输入）$^{(1-n)}$
AP 度量法	概率（风险规避）=k*{1–［1/ 概率（输入）+（1/λ–1）*μ］}
指数法	概率（风险规避）=1– 指数［–α* 概率（输入）］

使用表格分析方法时，需要选择一种函数方法，以及能够正确反映所在机构对商业案例开发风险偏好的相关系数。

8.8 敏感度分析

对于风险敏感度分析法所需数据，首先，可能难以获得，其次，精度可能存在不确定性。按照完全货币化的风险财务分析法，部分输入数据的假设值存在一定程度上的不确定性。《英国财政部绿皮书》中建议，应直接、全面、透明地公布商业案例分析中的各种假设，从而站在商业案例审查者和批准者的角度树立信心。

其次，对假设条件变化对最终建议的影响程度进行直接定量评估，对提高商业案例建议和批准请求的可信度有很大帮助。解决这种不确定性的方法，是对相关输入数据进行细致的敏感度研究。

例如，根据上文所述表格示例，所有货币化 KPI 影响几乎都可能存在不确定性。就资产更换成本或停电成本而言，对各领域的影响通常是众所周知，且是可预测的。然而，就企业在电力用户或监管部门中的声誉损害影响，或环境、健康和安全影响而言，其影响程度的货币化难度较大。

同样，在几乎没有企业具体数据支撑的情况下，很难获得相应的危险率函数，而且风险规避函数的确定和企业风险偏好程度都可能具有不确定性。最后，财务数据、通胀率和贴现率都可能会在规划期内发生变化。如果在规划期内，基于企业、监管部门或政府的预期有变化，可用电子表格进行分析（见表 8-6）。

表 8-6　商业案例决策对输入假设的敏感度（CIGRE 工作组 C1.25，2013）

案例	主动投资	推迟投资	最终决策
环境成本和监管成本的 2 倍	$ 5271	$ 5299	主动投资
环境成本的 2 倍	$ 5267	$ 5216	推迟投资
环境成本和监管成本的 1.5 倍	$ 5265	$ 5175	推迟投资
环保成本的 1.5 倍	$ 5263	$ 5133	推迟投资

续表

案例	主动投资	推迟投资	最终决策
基础案例	$ 5259	$ 5051	推迟投资
环境成本的 1/2	$ 5254	$ 4968	推迟投资
环境成本和监管成本的 1/2	$ 5252	$ 4926	推迟投资
安全成本 100 万美元	$ 5259	$ 5066	推迟投资

在这一敏感度分析示例中，当监管和环境的货币化影响成本变为原本预设的 2 倍、1.5 倍或 1/2 时，可以求出相应的主动投资或推迟投资方案的净现值，并据此作出投资决策。

表 8-4 研究结果表明，一般来说，推迟投资是一种成本相对较低的方案。推迟资产更换可节约许多成本，表中推迟投资方案明显优于主动投资，只有当环境影响成本和监管影响成本均变为原本的 2 倍水平时，风险成本才会超过推迟投资所节约的成本，这种情况下，主动投资决策更有优势。

虽然基础方案的相关输入参数可视为对 KPI 影响的最真实假设，但在开发商业案例时，通过变换这些假设的方式确定是否会对决策产生重大影响也很重要。

上述种种结论均基于对通胀率和贴现率的假设。虽然这些财务参数不由公用事业公司决策者把控，但在经济和金融市场作用下，这些财务参数可能会在规划期内发生变化。因此，谨慎的做法是，同时评估投资决策对这些财务参数潜在变化的敏感度。图 8-25 为此类参数变化对“推迟投资”和“主动更换”这两种决策的影响比较情况。

通过图 8-25 可以看出，主动投资方案的净现值变化之所以比较平缓，是因为主要成本在规划期一开始就产生了，而且新机组的故障发生概率和风险影响较小，受这些财务参数的影响不大。而在贴现率约为 4.5%（恒定通胀率为 2%）或通胀率约为 2.5%（恒定贴现率为 5%）时，决策会发生反转（分界点，分界点前主动投资 NPV 高于推迟投资，分界点后主动投资 NPV 低于推迟投资）。

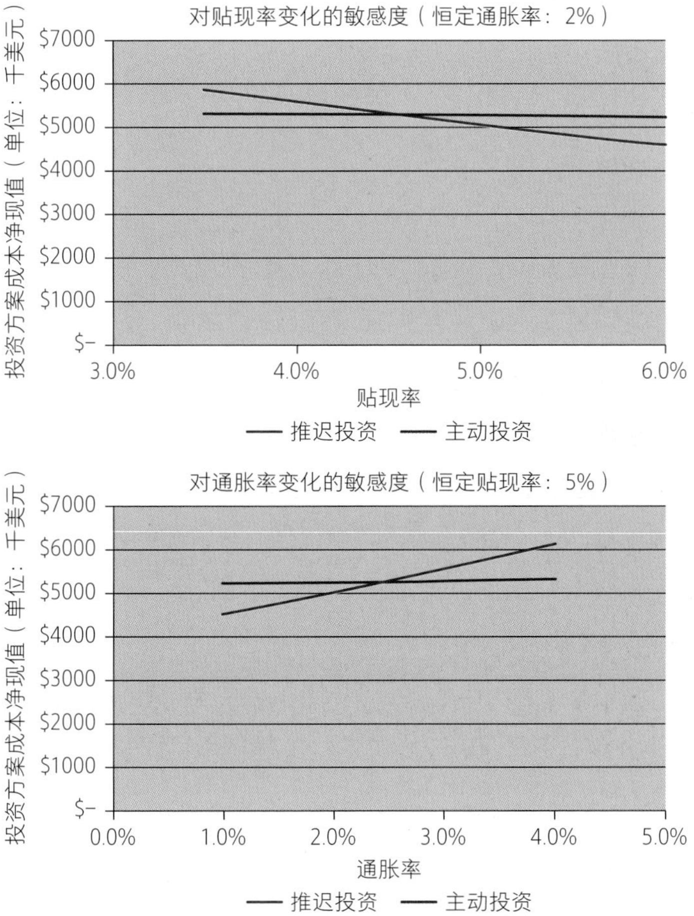

图 8-25　商业案例决策对关键财务参数（通胀率、贴现率）的敏感度

在实践中，所有输入数据都有可能遭到质疑，敏感度研究越全面，由此产生的商业案例建议可信度就越高。

8.9 总结和结论

如今，高级公用事业经理和决策者以及监管机构和监管过程的干预者，都对电力系统开发投资和资产维持投资的财务量化论证提出越来越高的要求。老化资产的剩余寿命评估和老化资产的处置管理投资受到随机过程的影响。资产运行到寿命末期时是否要主动更换，取决于如果老龄资产继续运行，公用事业公司能够承受多大的风险，以及延迟投资能够节约多少成本。

资产投资的合理性论证包括投资方案和时机，通过分析比较基于风险的成本 / 收益来确定最优投资。《英国财政部绿皮书》和《新西兰财政部有效商业案例指南》中介绍的方法，比如可轻松根据公用事业公司情况进行调整的财务电子表格框架，为商业案例的完整开发提供了有效基础。这些方法需要言之有理，并且是完全透明的，以便于非技术 / 非财务专业的审查人员及决策者充分理解，因为这些人员将对最终商业案例进行审批。参照本 CIGRE 绿皮书并结合自身对相关电子表格的基本使用能力和基本财务知识，读者应该能够顺利开展提供可靠商业案例所需的各种分析和开发工作。

对阅读本章有用的背景介绍信息在以下章节中有相关内容：第 5 章“战略资产管理”、第 6 章“运营资产管理”、第 7 章“战术资产管理”。这三个章节描述了不同组织的资产管理角色和职责，并为本章提供了有用信息。本 CIGRE 绿皮书的下册《电网资产管理应用案例研究》包括由多家公用事业公司和电力企业共著的 12 个章节，旨在通过详细记录各种资产投资案例研究的方式，提供与运营资产管理和战术资产管理有关的实用信息。上述案例研究均按照这些共著人所提交的原样纳入本 CIGRE 绿皮书，并且除了对可能产生误解的英语语法显著错误进行更正外，几乎未进行任何编辑。此外，这些案例研究还将说明通用方法和特定方法或定制方法，以及从 A1、A2、A3、B2、B3、C1 等多个 CIGRE 专业委员会的设备类型和技术视角对这些方法的运用情况。

参考文献

[1] Australian Energy Regulator, SAHA response to Draft Decision on Self-insurance . https://www.aer.gov.au/system/files/Appendix%20N%2020Saha%20Response%20to%20Draft%20Decision% 20on%20Self%20Insurance.pdf. https://creativecommons.org/licenses/by/3.0/au/

[2] CIGRE WG 12.05: An international survey on failures in large power transformers in service. Electra. 88,21-48 (1983) .

[3] CIGRE WG 22-13: Management of existing overhead lines TB 175 (2000) .

[4] CIGRE WG A2.33: Guide for transformer fire safety practices, TB 537 (2013) .

[5] CIGRE WG B2.13: Guidelines for increased utilization of existing overhead transmission lines TB 353 (2008) .

[6] CIGRE WG C1.1: Asset management of transmission systems and associated CIGRE activities TB 309 (2006) .

[7] CIGRE WG C1.16: Transmission asset risk management TB 422 (2010).

[8] CIGRE WG C1.25: Asset management decision-making using different risk assessment methods TB 541 (2013) .

[9] CIGRE WG C1.25: Transmission asset risk management TB 597 (2014).

[10] CIGRE WG C6.19: Planning and optimization methods for active distribution systems TB 591 (2014) .

[11] Ford, G.L., Lackey, J.G.: Hazard rate model for risk-based asset investment decision making CIGREC1-106 (2016) .

[12] Government of New Zealand: Guide to developing the detailed business case. http://www.treasury.govt.nz/statesector/investmentmanagement/plan/bbc and https://treasury.govt.nz/publications/guide/cbax-spreadsheet-model-0. https://debtmanagement.treasury.govt.nz/copyright-and-licensing and this link: https://www.data.govt.nz/assets/Uploads/nzgoal-version-2-december- 2014.pdf

[13] Health and Safety Executive (HSE): Reducing risks, protecting people, UK Crown Copyright (2001). https://www.hse.gov.uk/risk/theory/r2p2.htm and https://www.nationalarchives.gov.uk/doc/open-government-licence/version/3/

[14] HSE Costs to Great Britain of workplace injuries and new cases of work-related ill health. http://www.hse.gov.uk/statistics/costs.htm and https://www.nationalarchives.gov.uk/doc/open-government-licence/version/3/

[15] HM Treasury The Green Book (2015). https://www.gov.uk/government/uploads/system/uploads/ attachment_data/file/220541/green_book_complete.pdf and https://www.nationalarchives.gov.uk/doc/open-government-licence/version/3/
https://www.gov.uk/government/uploads/system/uploads/attachment_data/file/469317/green_ book_guidance_public_sector_business_cases_2015_update.pdf and https://www. nationalarchives.gov.uk/doc/open-government-licence/version/3/

[16] HM Treasury Short plain English guide to assessing business cases. https://www.gov.uk/ government/uploads/system/uploads/attachment_data/file/190609/Green_Book_guidance_ short_plain_English_guide_to_assessing_business_cases.pdf and https://www.nationalarchives.gov.uk/doc/open-government-licence/version/3/

[17] HM Treasury the Orange Book management of risk-principles and concepts (2004). https://www. gov.uk/government/uploads/system/uploads/attachment_data/file/220647/orange_book.pdf and https://www.nationalarchives.gov.uk/doc/open-government-licence/version/3/

[18] IEEE Power Transformer Subcommittee: Power transformer tank rupture and mitigation-a summary of current state of practice and knowledge. IEEE Trans. Power Deliv. 24(4), 1959-1967 (2009) .

[19] Liu, Z., et al.: An actuarial framework for power system reliability considering Cybersecurity threats. IEEE Trans. Power Syst. 36(2), 851-864 (2021) .

[20] Marsh: TranspowerNew Zealand limited pole 1 risk mitigation evaluation for continuous operation, final report18 December (2007) .

[21] Moses: Leviticus 27:2-7.

[22] Nelson Wayne, B.: Applied Life Data Analysis Chapter 4 Multiply Censored Data.© 1982 by John Wiley & Sons Inc.

[23] Ofgem: RIIO-T1: Final Proposals for National Grid Electricity Transmission and National Grid Gas . https://www.ofgem.gov.uk/ofgem-publications/53599/1riiot1fpoverviewdec12.pdf

[24] Ofgem Risk Annex: https://www.ofgem.gov.uk/publications-and-updates/decision-not-reject-mod ified-electricity-transmission-network-output-measures-noms-methodology-issue-18/

[25] Partnerships British Columbia: Methodology for quantitative procurement options analysis discussion paper (2011). https://www.livingcities.org/resources/167-methodology-for-quantitative-procurement-options-analysis-discussion-paper

[26] Tryfos: P Life insurance and pensions http://www.yorku.ca/ptryfos/pensins.pdf

[27] US Department of Energy: Insurance as a risk management instrument for energy infrastructure security and resilience, DOE technical report (2013). https://www.energy.gov/sites/prod/files/2013/03/f0/03282013_Final_InsuTance_EnergyInfrastructuTe.pdf

[28] US Department of Transportation: Federal highway administration, risk assessment for public- private partnerships: a primer, 40 (2012). https://www.fhwa.dot.gov/ipd/pdfs/p3/p3_risk_ assessment_primer_122612.pdf

[29] Viscusi, W.K.: Monetizing the benefits of risk and environmental regulation. Fordham Urb. L. J. 33(4), 101-143 (2006). https://ir.lawnet.fordham.edu/cgi/viewcontent.cgi?referer=https://www.google.ca/&httpsredir=1&article=2199&context=ulj

9 总结与未来展望

加里・L・福特（Gary L. Ford）
格雷姆・安谐尔（Graeme Ancell）
厄尔・S・希尔（Earl S. Hill）
乔迪・莱文（Jody Levine）
克里斯托弗・耶里（Christopher Reali）
埃里克・里克斯（Eric Rijks）
杰拉德・桑奇斯（Gérald Sanchis）

加里・L・福特（G.L.Ford）（✉）
PowerNex Associates Inc.（加拿大安大略省多伦多市）
e-mail: GaryFord@pnxa.com

格雷姆・安谐尔（G. Ancell）
Aell Consulting Ltd.（新西兰惠灵顿）
e-mail: graeme.ancell@ancellconsulting.nz

厄尔・S・希尔（E. S. Hill）
美国威斯康星州密尔沃基市 Loma Consulting
e-mail: eshill@loma-consulting.com

乔迪・莱文（J. Levine）
加拿大安省第一电力公司（加拿大安大略省多伦多市）
e-mail: JPL@HydroOne.com

克里斯托弗・耶里（C. Reali）
独立电力系统营运公司（加拿大安大略省多伦多市）
e-mail: Christopher.Reali@ieso.ca

埃里克・里克斯（E. Rijks）
TenneT（荷兰阿纳姆）
e-mail: Eric.Rijks@tennet.eu

杰拉德・桑奇斯（G. Sanchis）
RTE（法国巴黎）
e-mail: gerald.sanchis@rte-france.com

G. Ancell 等人 (eds.)，电网资产，CIGRE 绿皮书
https://doi.org/10.1007/978-3-030-85514-7_9

摘 要

过去20年的变化对资产管理的发展产生了深远影响。资产管理仍是一项“尚不成熟的工作”，它还没有给出特别确切的定义，资产管理方法仍处于发展的早期阶段。不同于其他CIGRE绿皮书中主要涉及成熟技术的主题，例如架空输电线路、地下电缆或变压器，其设计标准已有几十年的历史，资产管理方法在IEC标准中尚未有任何相关记录。

本绿皮书首次全面尝试从实践层面详细记录资产管理方法。遵循专业委员会C1的职能范围，本书促进了资产管理在工程和技术方面，以及使用基于风险的商业案例分析支持资产投资决策所需的财务考虑等的协作与融合。《电网资产管理应用案例研究》介绍了12个具体的案例研究，详细说明了源自几个公用事业公司的样本所使用的通用及特定或定制的资产管理方法。此外，本书中包括了资产管理分析方法的详细描述，无论是新出现的方法还是正在发展中的方法。虽然本书中所记录的方法描述了实践及新兴方法的现状，但同时也指出了公用事业机构、企业以及学术界需要开发更好的风险评估方法，促进更明智和更有利的商业投资决策。

自CIGRE开始正式启动资产管理活动以来20多年的时间里，电力公用事业部门经历了巨大的变革。政府、监管机构以及投资者所有和政府所有的公用事业的竞争性业务压力对组织、电力市场及业务管理的转型起到了推动作用。监管机构和基于消费者的干预者，通过直接和间接审查公用事业的决策过程变得比以前更加积极主动，强制性更加明显，甚至达到授权和认可公用事业公司使用的特定业务方法或工具的程度。公用事业长期以来经历了不受监管、重新监管、重组和改组的过程，以至于20年前的观察者都无法认识到今天的许多公用事业公司或它们所处的商业环境。业务管理方法已经从依赖“工程判断”作为投资决策的依据，过渡到基于各种形式的企业风险管理方法。如《电网资产管理应用案例研究》所述，这些方式具体以多种形式实现，通过结合技术、财务和概率分析等，来制定基于风险的决策分析，作为确定投资合理性的基础。

以前由大型垂直整合公用事业公司主导的电力市场的变化，以及对提高可再生能源发电水平的推动作用，衍生出一个更为复杂的商业环境。将大型综合公用事业公司拆分为多个独立的公司，这一做法已造成许多国家仅有一个或相对较少的输电系统运营商（TSOs），多个配电系统运营商（DSOs），众多不同类型及规模的传统发电公司，甚至更多小型可再生分布式发电供应商，最后，许多能源销售人员参与到有关电力交易相关的商业运营。

过去20年的发展变化对资产管理的发展产生了深远影响。在垂直整合的公用事业环境中，系统增长与开发的资产投资需求和系统维持的资产投资需求协调起来非常容易，且管理此类投资有明确的责任界限。然而，在分散的开放电力市场环境下，责任界限很不明确，资产投资的协调和规划也更为复杂且具有不确定性。如果这种变化是突然的且只发生过一次，那么适应新环境就应该很轻松。但是，在过去的20年里，这种变化是逐渐发生的，让资产管理者觉得这就像一个不断移动球门的游戏。资产管理仍是一项“尚不成熟的工作”，它还没有得到很好的定义，资产管理方法仍处于发展的早期阶段。不同于其他CIGRE绿皮书中主要涉及成熟技术的主题，例如架空输电线路、地下电缆或变压器，其设计标准已有几十年的历史，资产管理方法在

IEC 标准中尚没有相关记录。ISO 55000 系列标准中已经包含了资产管理程序和组织问题；但目前尚无相关指南或标准就资产管理者用于支持资产管理投资决策的方法或分析技术作出相关规定。公用事业公司使用了现成的业务工具以及内部开发的工具对资产数据存档，并根据近期定性资产健康状况 / 关键程度进行资产投资排名。然而，战术资产管理分析仍然掌握在有能力的分析师手中，他们可以甄别实用的资产管理选项，并在商业案例中结合技术、财务和风险分析来确定最佳投资选项及其中长期规划期间的投资时机。

本绿皮书是首次全面尝试从实践层面详细记录资产管理方法。本 CIGRE 绿皮书旨在编写一份内容不断更新的“活文档”，描述资产管理现在的实践现状和未来发展趋势。它的内容包括 CIGRE 在过去 20 年间开发的信息，以及由其他技术组织、政府组织和公用事业公司发布的与资产管理方法相关的关键信息。本书设计为手册形式，是一本教程级别的实用指南，适用于指导从事资产管理实践各个方面的管理人员和决策者（包括工程和财务）。ISO 55000 中详细记录了资产管理程序和组织方面的内容，因此，本书的重点是提供实用的方法，以弥合仅仅满足资产管理程序与以更智能的投资决策的形式实现真正的资产管理结果之间的差距。遵循专业委员会 C1 的职能范围，本书促进了资产管理在工程和技术方面，以及使用基于风险的商业案例分析支持资产投资决策所需的财务考虑因素的协作与融合。《电网资产管理应用案例研究》中介绍了 12 个具体的案例研究，详细说明了源自几个公用事业公司的样本所使用的通用及特定或定制的资产管理方法。此外，本书中包括了资产管理分析方法的详细描述，无论是新出现的方法还是正在发展中的方法。例如，尽管 20 多年前就已经确定了弓形波的存在，但是在这本绿皮书出版之前，几乎没有公共领域的出版物中提到用于分析以下问题（图 9-1）的方法。

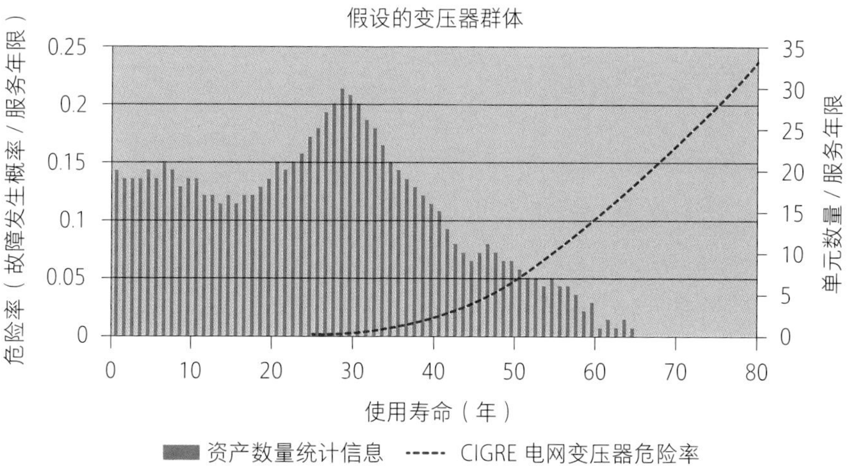

图 9-1　使用 CIGRE 电网变压器危险率函数分析的 1000 台变压器资产统计信息分布

注：假设由 1000 台电网变压器组成的设备群体的弓形波，资产管理者如何维持或改善系统绩效指标，同时还能保持运营成本和资本支出合理持平，如第 1 章及下文内容所述。

《电网资产管理应用案例研究》第 7 章中所示的方法，可以根据业务的持续情况或可选的替代策略，对具有这种不良统计数据的群体在规划期内的故障率进行定量估计。然后，为未来的选择建立必要的基于风险的商业案例时，我们面临的挑战是如何证明投资的合理性，从而控制资本支出的增加，同时管理资产风险等级并改善绩效指标，如图 9-2 所示。

资产管理挑战——面对资产结构统计数据不良的资产群体，什么是可接受的成本 / 风险 / 效能水平？

这包括对所选的风险最大的资产在整个规划期内的故障概率进行基于状态的评估，并结合对在役故障相关成本进行货币化评估。如第 8 章中所述，资产管理者在规划期间正确核算或评估货币化风险方面存在困难，正如英国国家电网电力传输公司 /Ofgem NOMs 在 2018 年发布的声明中所描述的，该声明将风险估值描述为针对单独资产投资决策的一个棘手问题。而另一方面，公用事业公司的资产管理者显然需要对单独资产投资决策进行基于风险的极为准确的业务案例分析，

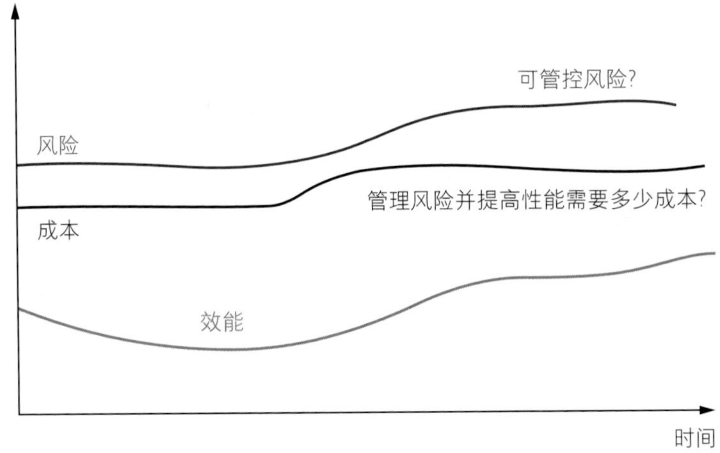

图 9-2　效能、成本以及风险之间的权衡

正如《电网资产管理应用案例研究》中提出的几个案例研究所阐明的。本书第 8 章中所述的基于风险的商业案例方法，是基于早期技术手册中记录方法的改进方法。尽管这是解决该问题的一个可行方法，但 CIGRE、公用事业公司、学术界或其他专家都希望进一步开发这种方法或提出其他可行的方法。

公用事业公司可以期望持续的监管变化。许多司法管辖区仍然在延续使用传统的监管方法。然而，公用事业公司可以期望监管机构逐渐转向更有效地运用基于消费者导向的货币化指标的绩效监管，如缺供电量（ENS）或电力损失负荷价值（VOLL）、客户满意度指标及环境和安全指标。预计监管机构和干预机构将对持续投资的合理性进行更为严格的审查，包括要求预先考虑了几种非传统选项，如投资需求管理、分布式发电等，作为同类资产替换的替代性方案。

预计公用事业公司和其他电力市场参与者（TSOs、DSOs、DER 开发商及其他市场主体）将越来越有兴趣参与协调和分担基础设施投资的风险和收益。这也将带动进一步开发相关方法和流程的需求，在监管和绩效指标、资源、资金和供应链的约束下，如第 7 章所述，实现协调及优先考虑系统开发和资产维持投资。这也将推动对更好、更快的基于风险的商业案例分析的需求，从而对此类协作的技术 / 财务 / 特定风险进行量化。虽然本书中所述方法描述了实践现状及新兴方法，但同时也指出了公用事业机构、企业以及学术界需要开发更好的风险评估方法，促进更明智和更有利的商业投资决策。